防灾减灾系列教材

地震灾害经济损失评估

袁庆禄　谢琳　著

应急管理出版社

·北　京·

内 容 提 要

本书以案例的形式介绍了地震灾害经济损失评估的基本流程，主要内容包括自然灾害及自然灾害评估、灾害损失评估方法、直接经济损失评估基本原理、地震灾害直接经济损失评估及报告编制、基于投入产出（IO）模型和可计算一般均衡（CGE）模型的间接经济损失评估及对比、地震灾害间接经济损失评估报告的编制等。

本书可作为高等院校经济管理相关专业的教材，也可作为政府工作人员、科研人员评估地震灾害经济损失的参考用书。

"防灾减灾系列教材"编审委员会

前　言

　　地震属于自然灾害中的主要灾种。从全球的地震活动特征来看，1900 年以来，全球每年发生 18 次左右 7.0 级以上地震。从 2019 年以来的实际情况看，全球地震活动水平相对较低。2020 年发生了 10 次 7.0 级以上地震，2021 年发生了 19 次 7.0 级以上地震，2022 年共发生 7.0 级以上地震 7 次，2023 年共发生 7.0 级以上地震 19 次。其中，2023 年 2 月，土耳其发生两次 7.8 级地震。据世界银行统计，地震至少造成 45000 人死亡，数百万人无家可归，直接经济损失估计高达 340 亿美元。2023 年 9 月，摩洛哥发生 6.9 级地震，截至当地时间 2023 年 9 月 13 日，摩洛哥地震死亡人数为 2946 人，受伤人数为 5674 人。

　　我国同样是世界上大陆地震频繁、地震灾害损失严重的国家之一。2008 年，汶川发生 8.0 级大地震，截至 2008 年 9 月 25 日，直接遇难人数为 69227 人，17923 人失踪，374643 人受伤，直接经济损失达 8451 亿元。汶川特大地震的发生，使我们认识到灾害经济损失评估的重要性。灾害损失的科学评估是灾后恢复重建规划制定及重建资金需求确定的重要依据。有多大程度的灾害损失，就需要投入多大程度的物力和财力，以应对相应程度的应急救援和灾后重建。"十三五"时期，我国防震减灾救灾体系得到很大的改善，成功应对了玉树地震、芦山地震、九寨沟地震等重特大自然灾害，最大限度地减少了人民群众生命财产损失，为经济社会发展提供了安全稳定环境。

　　每次地震发生以后，政府和民众多数更为关注直接经济损失，对间接经济损失有所忽略。事实上，地震灾害可以通过各类建筑物受到毁坏，以及电力、交通、通信、供水、天然气等生命线工程遭到破坏等方面形成巨大的产业链效应，造成严重的负面经济影响。例如，2008 年汶川地震后，有些企业停、减产时间长达一年或更久，这些企业一年或数年不能获得利润，甚至从此失去客户无法恢复生产。一些研究表明，灾害通过产业链中断造成的经济影响在发达地区更为严重。直到今天，地震灾害损失评估中仍以直接经济损失评估为主，地震灾害的间接影响评估得不到足够的重视，更谈不上去减少和弥补地震灾害间接经济损失。地震灾害间接经济损失是反映灾害强度、社会经济系统脆弱性的重要指标，也是地震灾后优化调整重建决策的依据。结合地震灾害直接经济损失，科学合理评估地震灾害间接经济损失可以更加系统全面地评价地震灾害的综合性影响。目前国内对地震灾害的间接经济损失研究相对缺乏，多以经验系数法为主，对投入产出模型和可计算一般均衡模型的研究多为个别性研究。

本书由两部分组成，第一部分是地震灾害直接损失评估内容，包括第一章至第四章；第二部分是地震灾害间接损失评估内容，包括第五章至第八章。第一章在阐述自然灾害概念的基础上，重点描述了我国自然灾害的特征，以及自然灾害评估的概念及分类等内容。第二章在论述自然灾害损失及自然灾害损失评估概念的基础上，重点描述了灾害损失评估的意义、分类、原则、要素、方法，以及直接经济损失评估的基本原理。第三章重点介绍了地震灾害损失评估的内容，包括地震人员伤亡、建筑结构及其震害、生命线系统及其震害，以及地震灾害直接经济损失评估实例。第四章介绍地震灾害直接经济损失评估报告的编制要求，并给出了两个案例。第五章首先解释了灾害间接经济损失及其评估的概念、方法和作用，其后重点讲解了投入产出分析概念，以及投入产出表的结构和系数计算等内容。第六章介绍了基于 CGE 模型的间接经济损失评估。第七章介绍了 GAMS 软件，并利用 GAMS 软件对 2013 年芦山 7.0 地震进行了间接经济损失分析。第八章介绍了地震灾害间接经济损失评估报告的编制内容，并给出了一个应用案例。

本书的特点是，运用案例分析的方法，既讲解了地震灾害直接经济损失评估和间接经济损失评估相关标准的内容，又对地震灾害间接经济损失评估进行了进一步的探索。本书的地震灾害损失评估可以使用 Excel 软件和 GAMS 软件实现，也可以在防灾科技学院开发的巨灾保险虚拟仿真教学平台上模拟完成。

本书由袁庆禄、谢琳合著。其中，谢琳编写了第一章至第四章，袁庆禄编写了第五章至第八章。全书由袁庆禄拟定提纲、统稿。同时，本书也是国家社会科学基金项目《信任差异视角下地震灾害风险共担的银保联动机制研究（20BJY265）》的阶段性成果。

由于作者水平有限，书中难免存在不妥之处，欢迎广大读者批评指正。

著 者

2023 年 12 月

目　　　录

第一章 自然灾害及评估概述

第一节 自 然 灾 害

一、自然灾害的定义

何谓自然灾害？尽管自然灾害很容易识别，但迄今为止还没有能让人们广泛接受的定义。20世纪60年代，自然灾害被认为是不可控事件，特别是那些造成强烈破坏状况的事件。首次提出自然灾害概念的是 Barkun（1974），他认为强烈的、突发的、对社会正常运行功能造成破坏，使社会失去控制的自然现象即可称为灾难。Westagate 和 Okeefe（1976）首次提出了社会脆弱性的概念，认为社会脆弱性与极端自然现象之间的交互作用，导致对社会造成破坏、对人身造成毁灭性伤害的事件即为灾难。Alexander（1993）及 Tobin 和 Montz（1997）将自然灾害定义为某个自然环境下，引起社会和经济系统运行混乱的突发事件，也可以理解为人与自然的不平衡，即当自然力量增强时，人类社会就会遭受冲击，这种不平衡的破坏效果通常与自然灾害的程度及人类社会的容忍性相关。Hewitt（1997）认为，从某种角度来看，灾害也会加强人类对危险性及其社会影响之间关系的适应性，由此提出了自然灾害的概念及环境脆弱性问题。Alcantara（2002）将自然灾害解释为对社会功能造成混乱，包括人员伤亡、建筑物倒塌、基础设施损坏等威胁到一定人群，并使其不得不寻求外界帮助的突发情况。葛全胜等（2008）认为，当人类赖以生存的自然环境变化程度超过一定限度，并危及人类生命财产和生存条件的安全，产生人员伤亡、财物损失等各种对人类不利的影响，这就是自然灾害。俄罗斯科学家 Porfiriev（2011）将灾害放到应急框架下进行研究，将其分为致灾因素（自然、人为、生物、社会、技术及混合因素）、空间分布（事故地点、区域、省份、国家、地区、全球）、致灾类型（故意造成和意外事故）、发生的速度（暴发型、突发型、过渡型及缓和型），以及归属类别（工业、建筑业、交通业、住宅及公共区域、农业及林业）。Hallegatte（2016）指出，如果一个自然风险事故影响到人类社会体系，即从一间房屋到一个地区，并且对该体系造成显著的、较大的负面影响，那么这个自然风险事故即可称为自然灾害。从经济视角来看，自然灾害被认为是为造成经济体系功能混乱，并对资产、生产要素、产出、就业或消费造成显著负面影响的自然事故（吴吉东等，2018）。

总的来说，这些理解都有一定的道理，但都未能准确表达自然灾害的含义。本书认为自然灾害的真正含义是由自然变异为主因而产生的，并表现为自然态的灾害，它危害人类生命财产和生存条件，是自然力超出承灾体的承受能力从而产生灾损的事件。从这个定义出发，可以看到，自然灾害需要有三个因素共同存在：自然风险事件的发生、人类社会体系的存在及造成的负面结果。

二、自然灾害的属性

自然灾害的形成既与地球的运动和全球变化有关，也与社会的响应有关，因此它具有双重属性，即灾害的自然属性和社会属性，两者都是自然灾害的本质属性，缺一不能称其为自然灾害（吴吉东等，2018）。地震、干旱和洪涝等自然现象本身并不是灾害，只有当它们对人类的生命和活动造成危害时，才称其为自然灾害。火星上的沙尘暴迄今还不能称为灾害，主要是因为人类目前在火星上的活动有限，而地球上的沙尘暴却是国际公认的灾害。

从古人以水、火为灾，到现代人将旱、涝、虫、雹、瘟疫等都归入自然灾害，表明了自然灾害与人类活动的相互关联性。一方面，随着人类活动空间和活动方式的不断扩展，自然界的物质、现象和运动不断对人类构成新的威胁，因此，在人类进化和发展的过程中，灾害的种类也不断增加。随着人类对自然界不断施加影响，如过度砍伐森林、开垦耕地、排放废气等，影响岩石圈、水圈、大气圈、土壤圈和生物圈等的平衡状态；同时，自然界反作用于人类，对人类造成伤害和影响，也会导致灾害种类和频次的增加。另一方面，人类社会发展的历史是人类与自然抗争的历史。从早期人类对自然现象充满敬畏，到人类对自然的改造。随着人类文明程度不断提高，人类不断通过科学发展和技术进步，采用工程性措施和非工程性措施，来克服灾难，减轻灾害可能造成的影响。

自然灾害的自然属性是指自然灾害作为一种自然现象，表现为对自然界天然物质及人类创造的社会物质财富的破坏，其破坏类型、强度、发生频率、影响范围和时空分布等都属于灾害的自然属性范畴。自然属性是自然灾害区别于人为灾害（含社会灾害）的根本标准。如地区冲突、经济危机、战争、交通事故等均为人为灾害（含社会灾害），而低温冷冻、地震、干旱、洪涝、山体滑坡等均为自然灾害。同时，自然灾害的自然属性是研究灾害事件的物质前提，它不受特定社会发展阶段和社会生产关系的影响，是评估和对比不同灾害类型经济影响和损失特征的客观前提。

自然灾害不仅使自然环境遭受更严重的破坏，而且使人类生命财产受到巨大损失，影响了社会经济发展与安全——这是灾害的社会属性。灾害的社会属性体现在两个方面：一是灾害产生的社会经济根源性。各种自然灾害和人为灾害追根究源，都直接或间接与人类生产方式、经济体制等社会经济因素密切相关，表现为人与自然关系失调，以及人与人之间的社会经济关系紊乱。二是任何灾害发生发展的过程不仅是一个自然过程，还是一个社会经济过程。自然现象成为灾害事件必须具备两个条件：首先，灾害必须对人类社会生产和活动产生负面影响，才称为灾害问题，否则只能算是一种自然能量运动、变异现象。其次，灾害本身产生的变异能量或破坏力必须超过承灾体的抗灾能力上限，它才能从一种潜在风险状态发展为灾害事实。另外，灾害现象都具有相对性，都是相对于具体承灾体及其抗灾能力阈值而言的，由于承灾体抗灾能力阈值的差异，对于此承灾体构成灾害的事件相对于另一个承灾体也许不能构成灾害或者演变为一种巨灾。

灾害的社会属性与特定的社会经济形态和生产制度等相联系，具体包括经济类型、社会关系、经济发展水平、财产关系等因素。这些社会经济因素往往是导致灾害经济损失、致灾原因、影响过程特征、地区及国家差异的重要决定因素。

马克思主义的辩证唯物主义深刻揭示灾害具有自然和社会双重属性："只要有人存在，自然史和人类史就彼此相互制约。"自然灾害不仅是人与自然关系的反映，还是人与人社会关系的体现。灾害的自然属性和社会属性辩证统一于灾害损失评估。

三、自然灾害的分类及我国主要自然灾害

（一）自然灾害分类

人类社会所面临的自然灾害是多种多样的，不同的自然灾害有着不同的性质和特点，它们产生的机制、形成的过程和所处的环境等是大不相同的。为了便于对各种自然灾害进行识别和评估，对种类繁多的自然灾害按照一定的方法进行科学分类是十分必要的。

按灾害的生成机制分类，自然灾害可分为以下四类：一是由岩石圈活动引起的地质灾害，如地震、泥石流、滑坡、地裂缝、地面塌陷、火山爆发、地面沉降、土地盐碱化、荒漠化、水土流失等；二是由大气圈变异活动引起的气象灾害和水旱灾害，如暴风雪、暴雨、寒潮、酷暑、霜冻、冷害、旱灾、洪灾、涝灾、龙卷风、台风、热带低气压、雷暴、大风等；三是由水圈变异活动引起的海洋灾害与海岸带灾害，如海啸、风暴潮、赤潮、巨浪、海冰、海水内侵、海平面上升和海水倒灌等；四是由生物圈变异活动引起的农林病虫草鼠害，如蝗灾、鼠灾、农业病虫害、森林火灾、草场退化、农业环境灾害、农业气象灾害等。

按灾害发生的速度分类，自然灾害可以分为突发性自然灾害和缓发性自然灾害。突发性自然灾害是指，当致灾因素的变化超过一定强度时，会在几天、几个小时，甚至几分、几秒钟内表现为灾害行为，如火山爆发、地震、洪水、飓风、风暴潮、风雹、雪灾、暴雨等。此外，有些自然灾害虽然要在几个月的时间内成灾，但灾害的形成和结束仍然比较快速、明显，所以也归为突发性自然灾害，如旱灾、农作物和森林的病、虫、草害等。缓发性自然灾害通常是在致灾因素长期发展的情况下，逐渐显现成灾的，如土地沙漠化、水土流失、环境恶化等。这类灾害通常要几年或更长时间的发展，称为缓发性自然灾害。

按灾害发生所处的过程分类，自然灾害可以分为原生灾害和次生灾害。许多自然灾害发生后常常会诱发出一连串的其他灾害，这种现象叫作灾害链。在灾害链中，最早发生并起作用的称为原生灾害，而由原生灾害引起或诱发的灾害称为次生灾害。原生灾害通常是一些等级高、强度大的自然灾害，如地震、干旱等。地震灾害发生以后通常会造成暴雨、泥石流、滑坡等次生灾害。同时，很多灾害可能是次生灾害，也可能是原生灾害。比如，前面提到的地震之后的暴雨是次生灾害，但如果暴雨是灾害链中最初发生的灾害，则是原生灾害。

（二）我国主要的自然灾害

我国是个多灾的国家，主要的自然灾害有以下七类。

1. 气象灾害

气象灾害是指因气象因素引起的灾害，主要包括旱灾、暴雨灾害、热带气旋灾害、风灾、雹灾、寒潮、低温冷害和冰冻灾害、雪灾、高温热浪、干热风、龙卷风灾害及沙尘暴灾害、雷暴灾害、雾灾等。

2. 洪涝灾害

洪涝灾害，俗称水灾，是指由于降雨、融雪、冰凌、风暴潮等引起的洪流和积水造成的灾害，包括洪水灾害和渍涝灾害。洪水灾害包括暴雨洪水、冰凌洪水、溃坝洪水；渍涝灾害包括渍灾和涝灾。洪涝灾害是对我国威胁最严重的自然灾害。

3. 海洋灾害

海洋灾害是指因海洋水体、海洋生物和海洋自然环境发生异常变化导致在海上或海岸带发生的灾害，包括风暴潮灾害、风暴海浪灾害、海啸灾害、海冰灾害、赤潮灾害等。我国海洋灾害广泛发生在东部沿海，但不同地区灾害种类和危害程度不同。根据主要海洋灾害的分布特点，中国海区可分为三个海洋灾害区：渤海和黄海区域、东海区域（包括台湾海峡、巴士海峡和台湾以东海域）、南海海域。其中，东海海域海洋灾害最严重，台风风暴潮、海浪、海啸、赤潮灾害约占全部海区的 54%；渤海和黄海海域海洋灾害种类最多，除台风风暴潮、海浪、海啸、赤潮外，还有其他海域所没有的温带风暴潮和海冰灾害，各种灾害约占全部海区的 18%；南海区域最辽阔，各种海洋灾害约占全部海区的 28%，主要分布在 12°N 以北地区，以南地区较少。

4. 地震灾害

地震灾害是指地震造成的人员伤亡、财产损失、环境和社会功能破坏的灾害。我国地震活动广泛、频繁而又强烈，所以大部分地区遭受地震威胁。根据 1990 年国家地震局编制的第三代中国地震烈度区划图，全国地震基本烈度达到Ⅲ度和Ⅴ度以上地区的面积占全国总面积的 32.5%，处于Ⅲ度和Ⅳ度以上地区的城市占全国城市总数的 46%，其中 100万以上人口的大城市占 70%。在广阔的高烈度区内生活的人口已接近 9 亿。从地区分布看，以华北、东南沿海和台湾、甘肃、新疆、青海、西藏、四川、云南的一些地区烈度最高，黑龙江、内蒙古、华中、华南地区烈度较低。

5. 地质灾害

地质灾害是指由地壳物质运动或其他地质作用形成的灾害。地质灾害又可分为自然地质灾害和人为地质灾害，由降雨、融雪、地震等因素诱发的称为自然地质灾害，由工程开挖、堆载、爆破、弃土等引发的称为人为地质灾害。常见的地质灾害主要指危害人民生命和财产安全的崩塌、滑坡、泥石流、地面塌陷、地裂缝、地面沉降六种与地质作用有关的灾害。

6. 农业生物灾害

农业生物灾害是指因病原物、害虫、杂草、害鼠等有害生物暴发或流行，严重破坏种植业、林业、牧业、养殖业的灾害。我国农业生物灾害种类繁多，从总体上可分为病害、虫害、草害、鼠害四大类。对我国农业生产造成严重危害的生物灾害有 1649 种，其中病害 724 种、虫害 839 种、恶性杂草 94 种、鼠害 22 种。

7. 森林灾害

森林灾害是指有害生物暴发流行或森林大火及其他危害森林、林木的因素造成森林和林木损失的灾害。森林灾害包括森林病害、虫害、鼠害和森林火灾等。森林病害中，主要有杨树烂皮病、松疱锈病、松萎蔫病、枣疯病、溶叶病、泡桐丛枝病等。我国森林鼠害主要发生在东北西部、华北北部、西北等森林生态较差的地区。同时，我国也是森林火灾严重的国家。1949—2000 年，全国平均每年发生森林火灾 13200 次，受灾森林面积 94.1 万 hm^2，森林大火受灾率达 8.5%。

四、自然灾害的影响

（一）自然灾害对社会安定的影响

随着自然灾害的变化和社会人口、经济的发展，自然灾害对社会的影响在不同历史时段和不同地区是不相同的。早期我国经济、文化、科学技术落后，抗灾能力差，没有条件开展有效的防灾、抗灾、救灾工作。在这种情况下，各种自然灾害连年发生，而且以地震、洪水、旱灾、台风代表的巨灾频繁，对社会经济造成巨大破坏和深远影响。主要危害如下。

1. 造成人民生命财产的巨大破坏，人民生活受到严重影响

据不完全统计，1950—1979 年平均每年全国自然灾害的受灾人口为 1.1 亿，约占全国总人口的 15%，其中重灾年超过 2 亿，占全国总人口的 30% 以上。该期间因洪水、地震等灾害共造成大约 48.5 万人死亡，平均每年死亡 15650 人，其中 1976 年唐山地震死亡 24.2 万人；1950—1964 年因灾非正常死亡共计 113.5 万人，平均每年 75700 人，其中 1961 年和 1960 年非正常死亡分别为 64.7 万人和 37.5 万人；自然灾害直接死亡和间接死亡总计约 162 万人，平均每年 5.4 万人，约占同期全国总人口的 0.074%。

自然灾害破坏房屋、铁路、公路、桥梁等工程设施，造成严重的经济损失。据统计，1950—1979 年因灾倒塌房屋共计 9620 万间，平均每年 321 万间。自然灾害共造成直接经济损失 12429 亿元（按 1990 年不变价核算，以下经济损失皆同），平均每年 414 亿元，大约占同期全国国内生产总值（Gross Domestic Product，GDP）的 8.8%，相当同期全国财政收入的 29.0%。

2. 严重危害农业生产，破坏经济发展和社会稳定

我国自古以来就是一个以农业为主的国家，农业生产是主导产业，但属于传统的自然农业，生产方式和耕作技术落后，抗灾能力特别低，基本上是靠天吃饭。在这种情况下，农业生产成为自然灾害的主要危害对象，造成的破坏损失严重。旱涝风雹等大多数的自然灾害会对农业生产造成危害，轻灾年减产率一般在 20% ~50%，重灾年减产率超过 50%，甚至绝收。自然灾害成为控制农作物产量和农业生产的关键因素。

由于农业是旧中国的支柱产业，国家收入和人民生活主要依靠农业生产，所以农业受灾程度直接影响人民生活、国家收入和社会稳定。在大灾年，伴随饥荒、瘟疫，盗匪横行，天灾人祸交织，社会混乱，民不聊生。

3. 严重冲击社会经济发展

新中国成立以后，为了尽快恢复战争创伤，摆脱贫穷落后，迫切需要国家稳定，经济发展，在这一进程中，自然灾害成为重要障碍。该时期每年都要有 1 亿 ~2 亿人受灾，几万人死亡。特别是 1960—1962 年，非正常死亡上百万人，人民生活十分困难，大部分农业、工业生产指标无法如期完成，产值出现负增长，国内经济发展受到阻碍。

其他一些巨灾也对社会经济产生严重冲击。例如，1954 年因江淮流域特大洪水，使当年粮食和棉花减产，仅完成计划的 94% 和 80%；1976 年唐山大地震对工业、农业、交

通运输业等造成严重破坏，加上种种因素的影响，国内经济面临崩溃边缘——粮食、棉花及钢铁、发电等都没有完成计划指标，农业产值出现负增长，财政收入比 1975 年减少 39 亿元。另外，人心浮动，社会不稳。

随着改革开放的不断深入，中国社会经济发生深刻变化——经济持续快速增长，对自然灾害的承受能力和防治水平不断增强，自然灾害对社会经济可持续影响呈现出新的特点：自然灾害的受灾人口不断增加，但所造成的人口伤亡不断减少；农作物受灾面积、减产粮食数量及直接经济损失不断增加，但相对损失比例持续减小；伴随减灾能力不断提高，自然灾害对社会经济的直接冲击作用不断减小，也就是说，随着社会经济的发展，自然灾害损失在增加，但对社会安全的影响强度在减小。

（二）自然灾害对资源环境的影响

现代工业社会以来，自然灾害与资源、环境及人口、经济、社会之间相互作用，呈现特别复杂的关系，即自然灾害对资源、环境的破坏作用愈来愈突出，而资源和环境状况对人民生活及社会经济的持续发展产生更加广泛的影响。具体而言，自然灾害对资源环境的破坏主要表现在以下方面。

1. 破坏土地资源

近年来，自然灾害对我国土地资源破坏呈不断严重趋势。平均每年因各类灾害增加的被破坏的土地面积为：水旱灾害 31 万 hm^2；水土流失 1 万 km^2；沙漠化土地 2460 km^2；盐渍化土地 3 万 hm^2；草场退化、沙化、碱化 200 万 hm^2；其他 7 万 hm^2。

自然灾害导致土地荒漠化、水土流失、土地盐渍化，影响建筑场地稳定性，破坏耕地等。例如，1963 年海河大水，水冲沙压导致失去耕作条件的农田达 200 万亩。黄河决口泛滥对土地的破坏更为严重，每次黄河泛滥决口，使大量泥沙覆盖沿河两岸富饶土地，导致大片农田毁灭。例如，1938 年黄河人为破堤南泛之后，约有 100 亿 t 的泥沙带到淮河流域，豫东、皖北及徐淮地区形成了 4.5 万 km^2 的黄泛区，在豫东黄泛主流经过的地区，如尉氏、扶沟、西华、太康等县境，黄土堆积浅者数尺，深者逾丈，昔日房屋、庙宇多被埋入土中，甚至屋脊也杳无踪迹。整个黄泛区遍地芦茅丛柳，广袤可达数十里，黄泛区内原先肥沃的土地受到毁灭性破坏。自然灾害对土地资源的破坏，使得可利用土地数量减少，质量下降，因此削弱经济发展的基础可持续发展能力，加剧贫困，从而对灾区及区域社会经济的可持续发展造成深远的危害和影响。

2. 破坏水资源和水环境

1）破坏水资源

多种自然灾害以不同方式破坏水资源和水环境，加剧了我国水资源紧缺和水环境恶化。在各种自然灾害中，以干旱、地面沉降、矿山灾害、海水入侵等自然灾害最为严重。

我国水资源分布严重不均，一些地区为了满足急剧增长的供水需要，过量抽取地下水，使很多地区的地下水位下降，因此引起海水入侵、地面沉降、地面塌陷等灾害，进一步加剧了水资源危机。还有不少地区水质不佳，如缺碘、高氟、高铁及微量元素异常等，因此导致多种地方病发生。例如，山东半岛沿海地区海水入侵面积总计达 830 km^2，主要分布在莱州湾沿岸和胶州湾沿岸，其他地区零星分布。海水入侵造成水质恶化、供水井报废、土地退化、粮食减产，影响区域经济可持续发展。

近年来我国北方干旱化日趋严重，城乡用水量不断增长，导致河流径流量和入海水量持续减少，许多河流频繁断流。黄河 1972—2000 年累计断流 702 次，1997 年累计断流 226 d，长度达 704 km，因此不但加剧了黄河下游地区水资源供需矛盾，严重影响人民生活和工农业生产，而且加剧了土地沙化，并对黄河三角洲和渤海水文生态环境产生广泛而深远的影响。2006 年，重庆发生了 50 年一遇的旱灾，致使部分长江支流断流。

2）破坏水环境

我国水体污染主要包括河流水系污染、湖泊污染和海域污染。全国江河湖泊普遍受到不同程度的污染，且除部分内陆河流及大型水库外，污染呈加重趋势。造成污染的原因除与我国农业向化学农业转化及城市化的发展，导致排污量增加有关外，连年干旱，径流减少也是重要的原因，特别是北方地区尤其突出。

此外，洪水泛滥也可引起水环境污染，包括病菌蔓延和有毒物质扩散，直接危及人民健康。一方面，洪水泛滥，使垃圾、污水、人畜粪便、动物尸体漂流漫溢，河流、池塘、井水都会受到病菌、虫卵的污染，导致多种疾病暴发，严重危害人民身体健康。如 1991 年江淮特大洪水，据无锡市饮用水质化验，大肠杆菌比洪水前增加了 10 倍；安徽省农村情况更为严重，有一些重灾区，据医疗队取样化验，细菌总数比标准饮用水高 100 倍，大肠杆菌比标准饮用水高出 700 倍以上。洪水期间还容易发生地方性疾病流行和扩散。每次水灾发生以后，随之而来的疾病蔓延，甚至导致瘟疫的流行，在历史上是屡见不鲜的。中华人民共和国成立以后，由于积极预防，水灾过后，大面积瘟疫流行的情况已杜绝，但是灾后某些传染病和一般疾病仍然难以避免。

另一方面，洪水泛滥使得有毒物质的扩散。未经处理的工业废水、废渣和药剂中的有毒物质如汞、锌、铅、铬、砷等从污染源直接排入水域，其污染物的物理、化学性质未发生变化，属于一次污染物，水环境污染主要由一次污染物造成的。一次污染物排入水体后，在物理、化学、生物作用下，发生变化，形成的新的污染物，称为二次污染物。二次污染物对环境和人体危害通常比一次污染物更严重，如无机汞化合物通过微生物作用转变成甲基汞化合物，对人体健康的危害比汞或无机汞要严重得多。

3. 破坏生态环境

我国森林资源相对较少，由于自然灾害和人为砍伐，森林破坏严重，特别是可供采伐的成熟林和过熟林蓄积量大幅度减少，导致森林资源结构严重失衡，生态功能退化。

环境污染和生态破坏导致了动植物生存环境的破坏，我国有 15% ～20% 的动植物种类受到威胁，高于世界 10% ～15% 的平均水平。在《濒危野生动植物物种国际贸易公约》中所列的 640 个物种中，我国占了 156 个。滥捕乱杀野生动物和滥采乱伐珍稀植物，以及侵占或破坏自然保护区的违法行为屡禁不绝。

同时，在自然灾害期间，由于自然条件骤变，生活条件受到破坏，生活质量降低，人体免疫力下降，因此常导致疫病发生。历史上常见的"大灾之后有大疫"，即属于这种现象。

（三）自然灾害对经济发展的影响

自然灾害伴随人类发展的历史，在经济发展总体态势变化中，出现的阶段性经济没有保持可持续发展的时期，除与社会因素有关外，还与自然因素特别是自然灾害的影响有关——已有资料证明，社会稳定、自然灾害较轻时段均为经济持续快速发展时段；相反，经济停滞甚至倒退时段均为社会动荡或自然灾害较严重的时段。自然灾害造成的影响极其复杂，自然灾害对经济发展的利害关系主要可以从自然灾害影响的时间尺度来考虑。

从宏观经济发展层面来说，自然灾害造成的经济影响，大致可以分为短中期影响（1~5年）和长期影响（5年以上）。其中，GDP是研究宏观经济发展影响的一个关键的分析指标。通常而言，自然灾害通常会对GDP增长有一个短期的负面影响，这种短期影响主要体现在两个方面：一方面，自然灾害破坏房屋、铁路、公路、桥梁等工程设施，通常造成严重的经济损失。据不完全统计，1950—1979年因灾倒塌房屋共计9620万间，平均每年321万间，自然灾害共造成直接经济损失12429亿元（按1990年不变价核算），平均每年414亿元，大约占同期全国GDP的8.8%，相当同期全国财政收入的29.0%。另外一方面，自然灾害中断了部分经济活动，造成资本资产的损失，也对短期经济发展产生负面影响。

自然灾害短期内对经济发展有负向作用，但这种影响是暂时性的还是永久性的则需要更加深入地分析。部分研究发现，自然灾害对经济长期发展有积极作用，出现"因灾利得"的情形。灾后重建时资本和技术迅速涌入，生产力重新布局，产业部门比例得以调整，从而使各种资源得到更好的利用，灾后的重建往往刺激经济的发展和技术的变革，国内经济发展进度加快。然而还有研究发现，自然灾害对经济长期发展也会产生各种不利影响，如经济的缓慢增长，高债务和更高的区域和收入不平衡问题。环境和社会成本更加难以用货币形式估算（Charvériat，2000）。灾后固定资产和其他资源由于自然灾害遭到严重破坏，未受破坏的资产和劳动力由于产业关联、基础设施和市场的破坏，生产力下滑，自然灾害永久性地减少了生产资本，而新的经济发展均衡建立在一个较低GDP水平上。特别是大的灾害超过了当地重建能力，实则导致贫困加深。

当然，灾后恢复的快慢与灾前经济发展水平也有较大关系，原来经济发展蓬勃，则恢复也快，相反则恢复缓慢，甚至一蹶不振。例如，1998年10月大西洋5级飓风米奇（Mitch）袭击洪都拉斯，70%~80%的交通基础设施遭到破坏，包括几乎所有桥梁和二级公路，1/5的人口无家可归，农作物和动物损失导致食物短缺，而卫生条件不足导致疟疾、登革热和霍乱的暴发，以至于洪都拉斯总统卡洛斯·弗洛雷斯（Carlos Flores）说由于这次灾害其国家的发展要倒退30~50年（U. S. National Climatic Center et al.，2004）。

综上，自然灾害反映在经济上是对经济系统的扰动，自然灾害对区域社会经济发展的影响受灾前经济发展水平、灾害损失大小、灾区经济恢复能力、灾种差异、灾后恢复重建策略、灾害管理水平和灾害保险体系完善程度等因素制约。

第二节　我国自然灾害特征

综合我国各方面研究及有关统计资料，我国自然灾害具有以下特征。

一、灾害成因背景复杂

我国是一个疆域辽阔、自然条件复杂的大国，辽阔的疆域，具有复杂的地形、多样的气候、错综复杂的板块结构等特点，这些造成了我国自然灾害多样、灾情严重等问题。

我国地形和地质构造都很复杂，新构造运动强烈。我国处在欧亚板块、太平洋板块、印度板块的交绥地区，新构造运动十分活跃，处在世界两大地震带之间。据研究认为，太平洋板块、印度板块每年分别以 10 cm、7.5 cm 的速度漂移。我国地势西高东低，且呈阶梯状下降；地貌类型复杂多样，尤其风沙、黄土、岩溶地貌分布地区，都成为各种地质、地貌灾害多发地区。

我国大部分领土位于受季风控制下的气候不稳定地带，冬、夏季风时空变异复杂；平均每年遭热带风暴侵袭次数达 6~7 次，寒潮入侵 3~4 次。

我国人口众多，开发历史悠久。区域经济水平相差甚大，防、抗、救灾能力各地不一。

二、自然灾害种类多

地球上几乎所有自然灾害的类型在我国都发生过。我国突发性自然灾害主要有：洪涝、台风、冰雹、霜冻、雪灾等气象灾害；地震灾害；滑坡泥石流等地质地貌灾害；病虫害等生物灾害；森林、草场火灾等。环境灾害主要有：干旱、低温冷害、高温热害；水土流失、沙化、盐渍化、草场退化；地面沉降、地裂缝；海水侵没；环境污染等。

三、灾害频率高、强度大

区域性洪涝、干旱每年都会发生，东南沿海地区平均每年有 7 个台风登陆，同时，我国大陆地震占全球破坏性地震的 1/3，是世界上大陆地震最多的国家。

我国有史以来就是地震频发的国家。21 世纪以来，全球共发生 7 级以上大地震 1200 余次，其中 1/10 发生在中国，21 世纪我国大陆地震占全球大陆地震的 29.5%，三次 8.5 级特大地震，两次在我国。我国城市的 46% 及许多重大工程设施分布在地震带。登陆台风每年 6~7 次，居同纬度大陆东部首位。2155 年中（公元前 206—公元 1949 年）发生水旱灾害 1750 次，其中大旱灾 1000 多次，大水灾 600 多次，平均 81% 的年份都经受不同程度的水、旱灾害。每年大小崩塌、滑坡数以百万计，有泥石流沟一万多条，现在全国受泥石流威胁的城市有 70 多个。我国有 20 多个城市包括天津、上海、宁波、常州、嘉兴、西安、太原、北京等都发生了不同程度的地面沉降，沉降速度最大（塘沽）可达 188 mm/a，有 200 个县、市发现了地裂缝。干旱威胁着我国大部分地区，现在我国已有 236 个城市缺水，今后全国缺水可能超过 300 亿方，部分农村饮用水也将面临危机。土地风蚀沙化面积局部控制，整体扩展，目前沙漠化土地扩展速率每年仍在 1000 km² 以上。

四、灾害群发

1877—1879 年，山西、山东、河北、河南四省连年大旱，虫、疫等灾害群发，使 1300 多万人死亡。旱震相关，同时造成灾害，如 16—17 世纪，地震频发、低温冷害及干旱多发形成灾害群发期。此外，在历史上由于灾害群发，还导致严重的社会动荡，如 1625—1658 年，气候恶劣，灾害群发，大旱、大涝、地震频发，蝗灾遍地，瘟疫蔓延……人民痛不堪生，终于导致了农民大起义，明朝灭亡。

五、地域分异明显

我国 32 个省区市均不同程度地受到自然灾害的影响，70% 以上的城市、50% 以上的人口分布在气象、地震、地质、海洋等灾害的高风险区。

根据历史和现代自然灾害发生的时空分布规律，虽然各类灾害在地区上交织发生，但相对以某一主导灾害为核心，伴生其他自然灾害。旱灾主要分布在黄淮海平原和黄土高原；水灾多出现在七大流域中下游沿河两岸；台风多见于东南沿海，雪灾、寒潮大风主要分布于青藏高原和内蒙古高原；沙暴多发生在西北地区；地震主要发生在华北、西北、西南三大地震带上；滑坡、泥石流集中在地貌二级阶地上且以西南地区最盛；生态脆弱带（沿海、长江中上游、北方农牧交错带）环境灾害严重。

六、灾害多发与少发交替

我国 20 世纪 50、80 年代多发水灾；60 年代，水灾、寒潮、雪灾、霜冻多发；70 年代多发旱灾。根据气候变化规律，20 世纪末至 21 世纪初将是气象灾害与气候灾害相当严重的时期。唐山地震后我国一度平静，但从 80 年代中期开始，地震活动又趋频繁。CO_2 及其他气体含量的增高，使"温室效应"对环境影响更加明显，未来气候变暖，不仅使海面上升，淹没沿海滩涂及其他资源，而且使区域水热配置关系重新组合，这样使一些地区的环境灾害必然加重。

近年来，随着全球气候的变暖，导致我国极端天气气候事件增多、增强，高温、洪涝、干旱的风险进一步加剧，地质灾害的风险也越来越高，而这些高灾害风险区又都集中在东部的人口密集和经济发达地区。因此，我国自然灾害面临更加复杂的严峻形势和挑战。

第三节　自然灾害评估的分类及内容

一、自然灾害评估的分类

依据评估不同目的和具体要求，自然灾害评估可以划分为多种类别。

1. 依据自然灾害孕育与发展过程的分类

依据自然灾害的孕育与发展过程，分阶段进行评估，一般可分为三类。

（1）灾前预评估或风险评估，即根据致灾因子评价、历史灾害规律研究、承灾体性质和易损性分析、防灾能力等因素，在灾前对可能发生灾害的损失做出估计。这是制定防灾规划和经济建设规划的重要依据。

（2）灾时跟踪评估，即随着灾害的发展，及时对已经造成的损失和将要造成的损失进行评估。这是抗灾、救灾和灾害应急的重要依据。

（3）灾后实地评估或灾后定评，即在灾后进行实地考察，经统计分析后评定灾害损失。这是灾情统计和灾害善后工作的重要依据。

2. 依据自然灾害构成因子的分类

依据自然灾害构成因子，可分为自然灾害灾变评估、受灾体易损性评估和减灾能力或减灾有效度评估。

（1）自然灾害灾变评估，主要指对自然灾变强度、频度及危害范围的评估。

（2）受灾体易损性评估，主要指对受灾体易损毁的程度和受灾率、损失率的评估。

（3）减灾能力或减灾有效度评估，主要指对减灾基础能力与管理能力的评估。

3. 依据自然灾害影响层次的分类

（1）直接灾害损失评估，即评估由灾害直接造成的社会和环境损失，主要是人员伤亡和经济损失，也包括由原生灾害引起的突发性次生灾害造成的损失，如地震火灾、地震滑坡等造成的损失。

（2）间接灾害损失评估，即由于直接灾害损失对人类、社会、环境的影响所造成的损失，如交通中断、工厂停工等所造成的损失。

（3）衍生灾害损失评估，即由于直接灾害损失、间接灾害损失对人类、社会、环境所造成的长效性或由此衍生的损失，如工厂停工使某种产品停产，其他工厂由于缺少这种产品而影响生产所造成的损失，即衍生灾害损失。

4. 依据受灾体类型和灾害影响范围的分类

（1）受灾体损毁程度评估，指对人、房屋、生命线工程等不同种类受灾体，在各类自然灾害破坏影响下的损毁等级及经济损失的评估。

（2）地区灾害评估，指对省、地、县或某一特定范围内自然灾害危险性、危害性和风险性的评估。

（3）年度灾害评估，指对某一范围内年度自然灾害影响程度和等级的评估。

5. 依据自然灾害影响程度的分类

（1）受灾率评估，指对受灾体因自然灾害造成的损失比率进行评估，如人口伤亡率、农田受灾率、房屋倒塌率等。

（2）相对损失评估，如自然灾害与 GDP 之比的灾害深度评估。单类自然灾害与全部自然灾害损失之比的灾害比例评估等。

（3）受灾模量评估，指对单位面积内灾害损失的数量评估等。

6. 依据自然灾害类别的分类

依据自然灾害类别，一般可分为地震灾害评估、地质灾害评估、气象灾害评估、洪涝灾害评估、海洋灾害评估、农业生物灾害评估、森林灾害评估。

其中，每一类又可分若干亚类，每一亚类又可分若干种，各类之间又往往穿插交错。总之，自然灾害特别是巨大的灾害对人类、社会、环境的影响是深远的、广泛的，因此评估的内容相当繁多，难以一一列举。不过在我国当前工作中，最重要的还是灾害直接损失评估。

二、自然灾害评估的基本内容

自然灾害评估是一项系统工程，根据社会需求和评估的目的，自然灾害评估涵盖了 4 个方面的基本内容。

1. 危险性评估

危险性评估是对一个地区所经历的或所面临的灾害危险性进行评估。评估的结果需要指出这个地区过去或未来发生某一个等级的灾害的概率有多大；其可能达到的最大灾变等级有多大。

根据灾害的种类不同，灾害危险性评估又可分为单类灾害危险性评估和综合灾害危险性评估。单类灾害危险性评估，如地震、旱灾、水灾、农业病虫害、风暴潮等，由国家地震局编制的第三代烈度区划图即属此类。综合灾害危险性评估则是针对多种灾害的综合危险性的评估。

2. 危害性评估

危害性评估是对一次灾害事件或对一个地区自然灾害所造成的人员伤亡和经济损失程度所进行的评估，可分为单类灾害危害性评估与综合灾害危害性评估。灾害危害性评估一般是在危险性评估的基础上进行的。为了进行灾害危害性评估，还必须进行人口密度和经济密度，以及受灾体易损性评估和抗灾能力评估。

3. 风险性评估

风险性评估是指对某一地区或某类灾害未来发生的可能性及其可能产生的危害的评估。

4. 减灾效益评估

减灾效益评估是对减灾的投入和产出（灾害损失减轻）进行综合评估，以总结经验，制定防灾减灾的最优化方案。

三、自然灾害评估的工作内容

自然灾害评估是一个极其复杂而庞大的系统。对于如何进行灾害评估，目前尚没有建立起公认的准则、模型和标准方法，然而一般而言，自然灾害评估通常包括以下工作。

（一）建立自然灾害评估指标体系及指标数据库

自然灾害评估指标系统的研究与建立是自然灾害评估的基础性工作。自然灾害评估指标是一个复杂的体系，包括自然灾变指标、自然灾害损失指标、抗灾能力指标、防灾投入与产出指标等。

1. 自然灾变指标

自然灾变指标，指自然灾变强度的量级，如地震震级或烈度、降雨雨量、洪水流量、台风等级、风暴潮增水幅度等。

2. 自然灾害损失评价指标

自然灾害损失的量级既与自然变异的强度有关，也与人口的密度、社会经济发达程度，以及对自然灾害的防御与承受能力有关。因此，需要建立自然灾害对社会造成的损失程度的度量标准。马宗晋建议称为灾度，并提议分为 A、B、C、D、E 五级，每级均以人口死亡数和经济损失量作为确定的依据。人口死亡数通过认真调查可以准确确定，但经济损失量的估算却是一个极其复杂的问题。一般经济损失可分以下几种。

（1）直接经济损失（direct damage costs），指原发性自然灾害直接造成的各类动产与不动产损失累加数。损失指标可分属性指标（如地震的严重破坏、一般破坏；农作物灾害的减产、绝产等）和数量指标，数量指标又可分绝对数量、相对数和平均数指标。

（2）间接经济损失（indirect impact costs），指由次生灾害与衍生灾害及灾害对社会经济影响所造成的损失。间接经济损失的估算，可以由直接经济损失与间接经济损失比例系数的乘积确定；也可由各项间接经济损失数累加获得。

由次生灾害与衍生灾害及灾害对环境、资源、人口、社会、经济发展的影响所造成的间接损失，与直接损失的界定是有待进一步研究的一项工作。

此外，防灾救灾投入即防灾救灾过程中的人力、物资和资金消耗，也应纳入灾害损失。

3. 减灾效益评价指标

减灾效益评价是定量地说明减灾活动的效益，是优化减灾对策的主要依据。

减灾效益直接经济指标（Z）由灾害减轻数（J）与减灾投入数（T）之差获取，即

$$Z = J - T$$

直接经济指标最好用价值表示，但有时也可用物质（包括动产与不动产）或能量（如防灾能力、抗灾工程能力）表示。

减灾效益比例指标（b），即

$$b = \frac{Z}{T}$$

投资效益比（b_t），即

$$b_t = \frac{J}{T}$$

4. 边际效益评价指标

自然灾害除造成直接经济损失和间接经济损失外，还常常更长时间、更大空间尺度对资源环境造成危害和损失。减轻自然灾害的任何防治措施，都是以放弃或牺牲某些利益而保护另外更大利益为代价的。放弃或牺牲的利益与保护的利益之比、减灾投入与灾害可能引起的尺度更广泛的损失减轻量之比，称为边际效益评价指标。这些潜在的减灾经济效益，是自然灾害评估待深入研究的内容。

5. 成灾度的评价指标

成灾度是指在一定灾变强度下的灾度等级。一般情况下，成灾度 = 灾度/灾变强度。

6. 单元成灾度评价指标

单元成灾度是指单位面积的成灾度等级。一般情况下，单元成灾度 = 成灾度/灾害发生面积。

7. 分析性指标

为一定目的对描述性指标进行进一步处理后得出的统计分析指标。

对上述各项指标，要分别按地区、分时间段、以重大灾害事件，进行调查统计分析，并将结果储存于数据库。这是进行各种自然灾害评估的基础。

（二）制定各项致灾因子和灾情评估、统计标准

为了进行自然灾害评估，对成灾的各项因子，如灾变等级、防灾能力等级、承灾体损毁等级及灾害损失的等级都应制定统一的标准；没有统一的标准，灾害评估就没有统一的尺度，就不可能进行正确的灾害评估和灾情统计。

当前已进入信息时代，国家的、地区的、部门的灾害信息系统都在建立，而所有这些工作，都必须建立在统一的国家标准的基础上，纳入国家信息系统，在此我们也呼吁大家重视与支持这项工作。

（三）确定自然灾害评估方法

不同内容的灾害评估，有不同的方法。概括而言，一般有以下几种方法。

（1）绝对指标评估方法。该方法主要是评估灾害造成的人员伤亡和经济损失的绝对值。

（2）相对指标评估方法。该方法根据一定的指标体系评估出灾害危险性和危害性的相对等级或相对指数。

（3）综合指标评估方法。该方法指对各类灾害损失进行综合评估。

（4）建立灾变－灾度关系曲线，根据灾变指数，进行灾害评估。

（5）调查累计评估，即对受灾体的损失逐项进行评估，然后累加在一起。

（6）抽样调查统计评估，即在不同受灾程度的地区，进行抽样调查，然后用统计学方法进行计算。

（7）遥测遥感快速评估，即利用现代遥测、遥感、地理信息系统、全球定位系统及计算机技术进行快速评估。

（四）建立致灾因子评价系统

灾害损失的程度与大小，受多种致灾因子制约，为了对灾害损失进行评价，需对各种致灾因子进行综合评价。

例如，为了对水灾进行预评估，需对该地区降水量、径流量、地形、地貌及不同风险区的人口和经济密度、各类承灾体遭受灾害侵袭时表现的脆弱性、防洪能力等因子进行历史的、现今的、未来的评价，建立评价系统。

（五）构建评估模型

评估模型是根据灾害损失评估的要求和准则、综合指标体系、灾害损失评估的目标和层次建立起的数字模型，一般分为：经济计量模型、灰色系统模型、模糊综合评估模型、系统动力学模型。

（六）灾情调查

灾情调查是对灾害的各种情况进行调查，获取基础数据，然后选用不同的方法和模型进行灾害评估。调查的主要手段有：①灾区实地考察（最基本的手段），包括专业人员的系统考察和地方政府部门的灾情调查；②历史资料调查分析；③各部门对各灾类的各种监测结果；④卫星航空遥感监测分析；⑤计算机模拟。

这些方法主要用于对灾害的跟踪监测、灾害快速宏观评估、灾害前兆观测、灾害区划编图等方面。

（七）建立自然灾害评估系统

自然灾害评估是一项系统工程，其工作程序和成果主要由灾害评估系统集中反映出来。从图1－1可知，自然灾害评估系统的建立要以系统科学思想为指导，以各部门各学科相结合的社会减灾工作系统为中心，以实地考察与调研为基础，充分运用各种先进的技术手段，并要紧密地与我国减灾对策和社会经济发展战略相结合。

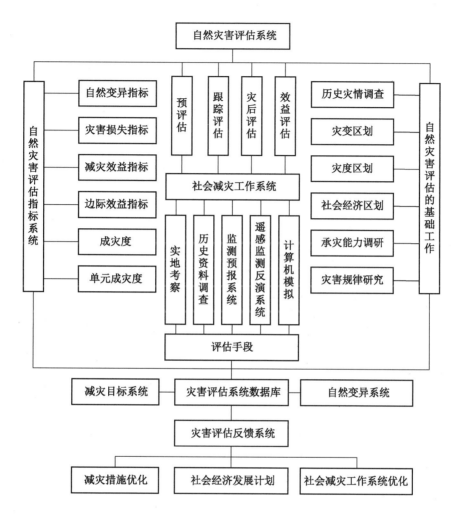

图1-1　自然灾害评估系统

（八）自然灾害评估数据库

数据库是自然灾害评估系统各项工作的联系纽带，也是评估成果的集中体现。灾害评估的许多信息需要储存在计算机中，并与地理信息系统相结合后建立减灾综合数据库，从中可以得到各类有关灾害资料的时间和空间分布。一般来讲，综合数据库包括以下方面的内容。

1. 地理信息库

根据不同需要，采用不同比例尺的地图底图。在这一数据库中，除给出经纬度等地理位置外，还应包括地名、境界、山系、水系、海拔高度、铁路、公路等，应能随时显示或打印输出国内任一地区的地图，并具有与其他有关灾害要素相叠加的功能。

2. 社会经济背景库

社会经济背景包括各地基本情况，如各种人口数据（人口总数、人口密度等）、面积数据（土地、市区、水域、陆地、总耕地、总播种、粮棉油播种面积等）产值数据（总产值、工业产值、农业产值、财政收入、人均收入等）、产量数据（粮、棉、油、其他等）、总量数据（客运、货运、邮电、电站、海港、内河等）及其他若干数据（如道路、交通、海岸线等）。以上数据应能进入电子地图以图形方式显示使用。

3. 历史灾变因子库

历史灾变因子库包括各类灾变的历史资料，如热带气旋（台风）路径、强度及降水资料、重要暴雨过程资料、历次较大地震发生时间、地点、震级等。历史灾变因子的强度、时间、地点、范围等。

4. 历史灾情库

历史灾情库包括历史上曾发生的重大灾害事件的时间、地点、受灾面积、受灾人口、死亡人口、倒塌房屋、直接经济损失等数据。

5. 减灾工程数据库

减灾工程数据库包括各地区各类减灾工程的名称、规模、等级、数量及防灾功能等。

6. 承灾体数据库

承灾体数据库包括各地区各类承灾体的类型、名称、数量、质量及易损性等。灾害评估是科学问题，也是社会行为，必须建立国家、部门、地区、行业的灾害评估管理系统，以保证建立统一的灾害评估标准和指标体系，界定灾害评估的范围，理顺灾情评估与统计的渠道，审定评估的方法和模型，最后对评估的数据做出法规性或权威性的认定。只有这样，才能保证灾害评估的准确性、权威性，使灾害评估在减灾与社会发展中发挥更大的作用。

 练习题

一、名词解释

1. 自然灾害
2. 自然灾害评估
3. 危险性评估
4. 危害性评估

二、简答题

1. 简述自然灾害的含义和分类。
2. 如何理解自然灾害的双重属性？
3. 简述自然灾害评估的工作内容。

第二章　灾害损失及评估

第一节　灾　害　损　失

一、灾害损失的概念

灾害损失针对的是灾害的社会属性，是指灾害对人类社会各种既得或预期利益的丧失，既可以是物质财富和经济利益的丧失，也可以是社会利益、政治利益等的丧失，既可以是有形的经济损失，也可以是无形的精神痛苦或尊严的丧失等。灾害造成的损失不仅与"灾"的强度有关，而且极大地依赖于当时社会的经济发展水平、人口密度和活动范围等社会环境条件。因此，灾害损失是社会状态的函数（赵阿兴和马宗晋，1993）。宏观层面，灾害损失就是灾害给人类生存和发展所造成的危害和破坏程度的度量（吴吉东等，2018）。

灾害是客观存在的自然、社会现象，其在总体上具有不可避免性（郑功成，2010）。灾害损失的不可避免性体现在以下两方面。

一是各种灾害的发生是无法完全避免的。首先，自然灾害是自然界灾变运动的客观结果，是不以人的主观意志为转移的客观自然现象。灾害同其他自然现象和社会历史现象一样，具有发生发展的历史必然性，人类不能避免各种自然灾害，更不可能消灭自然灾害，因而也不存在人定胜天的客观必然性，人类社会发展的历史某种程度上也是与各种自然灾害斗争的发展史。对人为灾害来说，尽管从技术上不断改进和提高防范灾害的措施，但是人为事故（如车祸）仍然较为常见，虽然这种人为事故有其局地性特点，但是人为事故对人身安全造成的威胁要大过自然灾害，只能防范其发生，而不能消灭这种灾害。其次，人类认识和改造自然的能力有限。由于人类认识水平的有限性，即使在科技发达的今天，人类依然不能非常准确地预测地震等某些自然灾害。因此，灾害损失是不可完全避免的，关键在于社会面对自然灾害时所采取的态度，不要由于人为的原因将灾害变成灾难。由于人类改造自然的能力远比认识自然的能力高，这种改造在某种程度上可能又增加了社会的易损性，但人类很难控制自身的这种行为，只能通过采取工程性或非工程性措施，减轻灾害造成的损失。

二是灾害损失和影响不可避免。灾害是自然变异与人类活动相互作用的结果，人类不合理的生产和生活方式常是一些自然灾害和人为灾害发生的重要诱发因素。随着人类社会的发展，人类向自然索取的速度不断加强，其造成的损失是不可避免的。同时，随着人类活动的日益广泛和联系的日益紧密，社会财富不断积聚和膨胀，灾害造成的损失也日益严重，且呈上升趋势（吴吉东等，2018）。因此，经济发展中长期防灾减灾规划的实施对减轻灾害的危害是至关重要的。

二、灾害损失的演变特征

（一）受损标的数量呈下降趋势

2010 年以来，不论是在自然灾害受灾人口、死亡人数，还是在农作物受灾、绝收面积方面，我国自然灾害损失都呈现明显下降趋势。从受灾人口数量来看（图 2-1），出现了"由高变低"的趋势，由 2010 年的 42610.2 万人次缓降至 2013 年的 38818.7 万人次，此后出现快速下降趋势，在 2021 年受灾人口减至 10731 万人次。从因灾死亡人数来看（图 2-2），2010 年死亡人数达到 6541 人的峰值，然后大幅下降，从 2017 年降低至 1000人以下。从农业受灾情况来看（图 2-3），农作物的受灾面积由 2010 年的 37425.9 千公顷降至 2021 年的 11739.2 千公顷，而绝收面积由 2010 年的 4863.2 千公顷降至 2021 年的1632.8 千公顷，二者均呈现明显下降趋势。

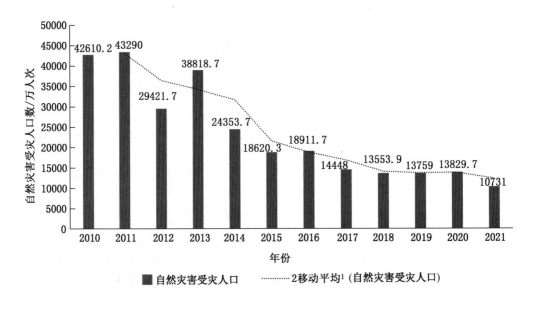

注1：2 移动平均指每两年的移动平均值，下同

图 2-1 2010—2021 年我国自然灾害受灾人口数柱状图（资料来源：国家统计局）

（二）经济损失规模呈上升趋势

在自然灾害受损标的数量不断下降的同时，我国每年因自然灾害所致的直接经济损失规模下降得较为缓慢。从图 2-4 可以看出，2010 年以来，有 3 个年份的损失规模超过了5000 亿元，2010—2021 年的平均直接经济损失高达 3793.08 亿元。

尽管过去几年我国自然灾害造成的损失规模相对稳定，但是需要注意其中潜藏的不利因素。首先，随着我国经济和社会的不断发展，人口、产业和财富都不断聚集在中心城市和沿海发达区域，出现非常明显的"区域不均衡"状态，一旦这些区域发生严重的自然灾害，潜在的损失规模将是巨大的。其次，随着现代经济的不断发展，分工的范围和领域

图 2-2　2010—2021 年我国自然灾害造成死亡人数柱状图（资料来源：国家统计局）

图 2-3　2010—2021 年我国农作物受灾与绝收面积柱状图（资料来源：国家统计局）

不断扩大，专业化水平也不断提升，社会生产出现了片断化和关联化的趋势，如果其中某个生产环节因自然灾害中断，整个社会生产都会受到影响，由此将产生巨大的间接损失。

图 2 - 4　2010—2021 年我国自然灾害直接经济损失柱状图（资料来源：国家统计局）

（三）灾种致损分布不均衡

2010 年以来，我国自然灾害灾种差异明显（图 2 - 5）。其中，地质灾害发生频率最高，总体呈逐年下降趋势；森林火灾事故发生频率次之，总体逐年下降趋势明显；海洋灾害平均每年发生 79 次；地震灾害发生频率很低，年均 14 次。

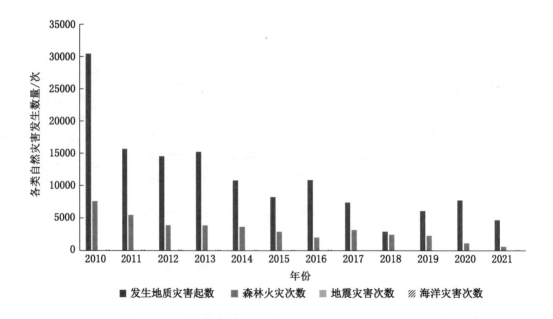

图 2 - 5　2010—2021 年我国各类自然灾害发生数量柱状图（资料来源：国家统计局）

　　然而，在造成人员伤亡方面（表2－1），2010年以来，地震灾害造成的人员伤亡最为严重（平均每起造成223.46人伤亡），海洋灾害次之（平均每起造成0.70人死亡）。地质灾害和森林火灾造成人员伤亡相对较少。在经济损失方面，地震灾害造成的直接经济损失也明显高于其他灾种，海洋灾害次之，森林火灾造成的直接经济损失相对较低。

表2－1　2010—2021年我国各类自然灾害损失规模一览表

灾　种	伤亡人数/人	直接经济损失/亿元
地质灾害	8408	549.79
地震灾害	37765	2891.09
海洋灾害	662	1036.13
森林灾害	679	15.64

资料来源：国家统计局。

（四）损失空间分布不均衡

　　我国自然灾害损失的空间分布也呈现出明显的地区差异性。从2010—2021年自然灾害造成的平均受灾人数（图2－6）和直接经济损失（图2－7）来看，灾害相对严重的省份主要为四川、云南和贵州等西南地区和山东、浙江、广东、湖北、湖南等沿海沿江地区。同时，自然灾害的死亡人数和直接经济损失在一定程度上呈现地区分离性，如贵州省平均每年自然灾害受灾人数达1234.53万人次，其直接经济损失为110.84亿元，平均每人次损失不足1000元；尽管北京市平均每年因自然灾害受灾人数为21.24万人次，其经济损失却达到了21.69亿元，平均每人次损失达到10211.85元。

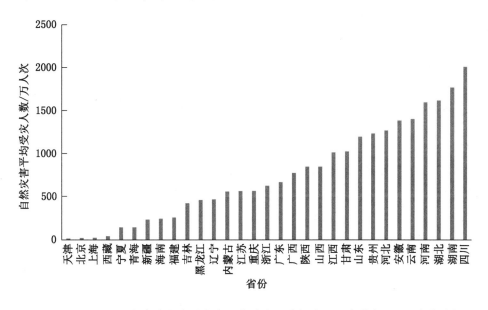

图2－6　2010—2021年各省份自然灾害平均受灾人数柱状图（资料来源：国家统计局）

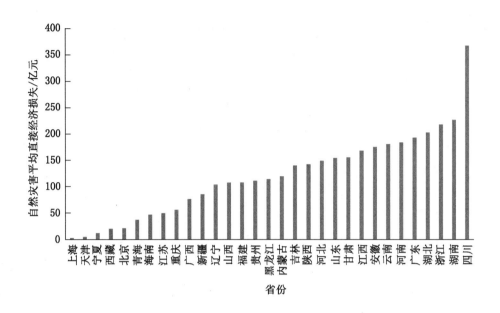

图2-7 2010—2021年各省份自然灾害平均直接经济损失柱状图(资料来源:国家统计局)

2010—2021年,自然灾害导致各省份的农业损失也存在空间不平衡性(图2-8和图2-9)。值得一提的是,受农业生产规模、农业生产环境等因素的影响,各省份农作物受灾情况与自然灾害导致的经济损失在时空分布上有较大的区别。例如,自然灾害所致经济损失严重的广东、浙江、四川等地,农作物受灾情况反而较小,而自然灾害所致经济损失相对较轻的黑龙江、内蒙古等地,年平均农作物受灾和绝收情况却比较严重。另外,对

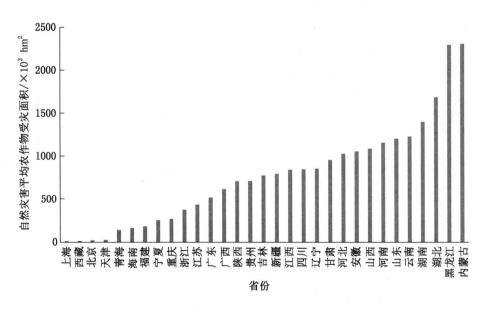

图2-8 2010—2021年各省份自然灾害平均农作物受灾面积柱状图(资料来源:国家统计局)

于山东、河南、河北、湖南、湖北等地，其自然灾害所致经济损失及农作物受灾情况都比较严重，而西藏、宁夏、海南等地自然灾害造成的各方面损失都较轻。

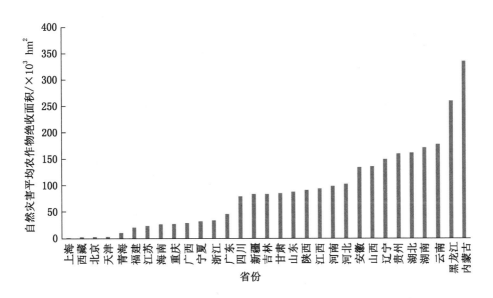

图 2 - 9 2010—2021 年各省份自然灾害平均农作物绝收面积柱状图（资料来源：国家统计局）

三、灾害损失的分类

对自然灾害损失进行分类是灾害评估的首要环节，但自然灾害带来的损失往往是十分复杂的，如何对这种复杂而又多变的形态进行分类，迄今还没有形成一个固定的原则或统一的标准。下面介绍国内外对灾害损失的分类。

（一）国外对灾害损失的分类

1. 联合国国际减灾战略对灾害损失的分类

2013 年，联合国国际减灾战略（United Nations International Strategy for Disaster Reduction，UNISDR）基于灾害对社会经济的影响过程，或者说影响波及面幅度的大小，定义了直接经济损失、间接经济损失、更广泛的影响、宏观经济影响四个维度的灾害损失，具体内容如图 2 - 10 所示。

（1）直接经济损失。直接经济损失是不动产和存货的全部或部分损坏，包括对厂房、设备、最终产品、半成品、生产原材料的破坏。

（2）间接经济损失。间接经济损失是直接经济损失或企业供应链破坏造成的商业中断，对其他客户、合作伙伴和供应商造成的影响，最终使产出和收入下滑，影响盈利能力。

（3）更广泛的影响，是指市场份额丧失、竞争力下降、劳动力不足、声誉和形象受损。

（4）宏观经济影响。由于灾害的上述三项损失或影响对一个国家或地区经济稳定和

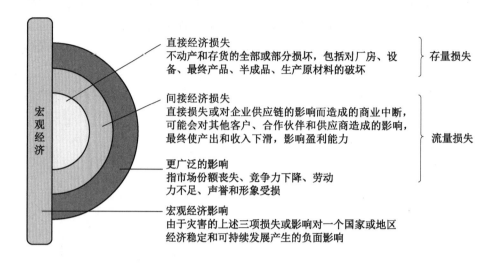

图 2-10　UNISRM《全球减少灾害风险评估报告》定义的不同维度的灾害损失

(资料来源：UNISDR，2013 年)

可持续发展产生的负面影响。

这四个维度的灾害损失关系如下：直接经济损失属于存量损失（stock losses）；间接经济损失和更广泛的影响属于流量损失（flow losses）；而灾害带来的更广泛的影响持续时间较长，往往难以量化，但可能会超过灾害带来的直接经济损失和间接经济损失；灾害的宏观经济影响是上述三种影响的综合反映或者说是另一种表达形式，因而不能与前三者相累加。

间接经济损失中，商业中断损失可能是资产破坏直接导致的停减产，也可能是关键基础设施（如电站、港口、交通系统、供水系统）破坏或中断造成的——即使企业资产未遭受灾害直接经济损失，也可能因交通、能源和供水网络等关键基础设施服务的破坏而使企业生产中断，最终导致企业产出的下降。从汶川地震损失评估报告中可以看出，基础设施的直接经济损失占总直接经济损失的 22%（国家减灾委员会–科学技术部抗震救灾专家组，2008），但是，关键基础设施中断可能造成的间接经济损失相当大（Xie et al.，2014）。

2. 美国科学院对灾害损失的分类

美国科学院的经济损失分类（NRC，2012）包括存量损失（财产破坏带来的资产损失）和流量损失（商业中断带来的产量损失）。这两类损失都包含直接经济损失和间接经济损失（表 2-2）。例如，地震导致的房屋倒塌、基础设施破坏是典型的资产损失中的直接资产损失；地震中火灾导致的房屋烧毁是资产损失中的间接资产损失；灾区企业临时关闭导致的停产减产属于产量损失中的直接产量损失；企业关闭给上游产业和下游产业的正常生产造成影响，这属于产量损失中的间接产量损失。又如，全球经济一体化程度越来越高，产业链之间的相互关系越来越密切，自然灾害在全球范围的波及就是间接产量损失的典型例子。

表 2-2 美国科学院对灾害损失的分类

存量损失（资产损失）		流量损失（产量损失）	
举例：房屋倒塌、基础设施破坏		举例：企业减产	
直接资产损失	间接资产损失	直接产量损失	间接产量损失
举例：地震中房屋、基础设施的破坏	举例：地震引发的火灾、危险化学品泄漏	举例：单个企业因为厂房设备破坏减产	举例：产业链中断导致上下游产业减产

资料来源：NRC，2012 年。

3. 美国联邦应急管理署对灾害损失的分类

早在 20 世纪 90 年代，美国联邦应急管理署开始开发灾情评估系统，并将其命名为 Hazus 系统。至今已经开发出地震、洪水、飓风三种灾害的灾情评估系统，并不断更新，其中对于灾害损失的分类如下（FEMA，2001）。

（1）实物型直接经济损失（direct physical damage）。一般包括自然灾害对住房、公共设施（医院、学校、应急救援中心、警察局、火警中心）、交通网络、市政设施（供水设施、污水处理设施、输油管道、输气管道、通信设施）、汽车、农业等所造成的损失。

（2）实物型诱发灾害损失（induced physical damage）。火灾导致的损失、危险化学品泄漏导致的损失等。

（3）价值型直接经济损失（direct economic loss）。把实物型直接经济损失转换成货币型损失。

（4）价值型间接经济损失（indirect economic loss）。前向关联和后向关联导致的损失称为间接经济损失。

4. 欧盟第七框架计划对灾害损失的分类

2013 年，欧盟第七框架计划以风险管理成本核算为视角，从损失致因和损失是否有形两个维度对灾害损失类型进行了划分（Kreibich et al.，2014），具体见表 2-3。首先，按损失致因分为直接经济损失、商业中断损失、间接经济损失；进而每种损失类型又区分为有形损失和无形损失。同时，灾害损失又可归类为灾害破坏损失和风险减缓成本两大类。

表 2-3 欧盟第七框架计划对灾害损失的分类

灾害损失类型		有 形 损 失	无 形 损 失
灾害破坏损失	直接经济损失	资产的物理破坏：建筑物、室内财产、基础设施	人员伤亡、健康影响、环境损失
	商业中断损失	机械设备损毁导致的生产中断	生态服务中断
	间接经济损失	产业关联效应引起的产出损失	灾后恢复困难幸存者脆弱性增加
风险减缓成本	直接成本	减灾措施的设计和建设运转和维护成本	环境破坏（由于减灾基础措施建设等引起）
	间接成本	减灾措施诱发的其他部门成本支出	

资料来源：Kreibich et al.，2014 年。

欧盟第七框架组的灾害损失分类中包括以下主要内容。

（1）直接经济损失，是指由于灾害对人类、经济资产等的直接物理破坏而造成的损害成本。例如，建筑物、室内财产和基础设施损坏或生命丧失。

（2）商业中断损失，发生在灾害直接影响的地区。例如，如果人们由于工作场所被摧毁而无法工作，造成业务中断的损失或由于缺水引起的工业或农业产出减少。

（3）间接经济损失，发生在灾区内部或外部，由于直接经济损失或业务中断继而诱发的产出损失，具有时间滞后性。例如，直接受灾害破坏企业的相关联供应商和客户的生产损失。

相对于建筑物破坏、产出减少等可以用货币度量的有形损失，无形损失是指不易在市场上交易，从而不能以货币衡量对人、物品和服务的损害。例如，无形损失包括与环境影响、健康影响和文化遗产影响有关的损失。

风险减缓成本是自然灾害风险管理总成本的一部分，由于这些风险管理投资不是以促进经济增长为目的，而是为了保障国民财富安全而不得不增加的成本支出，因而被认为是损失的一个重要类型。其中：①直接有形损失具体指风险减缓措施实施过程中发生的研究设计，基础设施建设、运行和维护成本及其他措施的成本；②直接无形损失是指风险减缓措施的任何非市场健康或环境影响，如由于减灾措施而造成的环境破坏；③风险减缓措施的间接成本涉及对与防灾减灾设施投资没有直接关联的经济活动的二次成本（或称外部性）。

5. 拉丁美洲和加勒比经济委员会对灾害损失的分类

联合国拉丁美洲和加勒比经济委员会（Economic Commission for Latin America and the Caribbean, ECLAC）于1991年发布并于2003年更新的《灾害的社会经济和环境影响评估手册》，将灾害损失分为直接经济损失、间接经济损失和宏观经济影响，并对灾害的间接经济损失进行了更加系统的界定，具体见表2-4。

表2-4　ECLAC对灾害损失的分类

灾害损失类型	描　　述
直接经济损失	指不动产和存货（包括产品、半成品、原材料、材料和零件）可能受到的（全部或部分）直接损毁。 直接损失包括灾害发生时实际发生的资产损失。 直接损失的主要项目包括有形基础设施、建筑物、装置、机械、设备、运输和储存工具、家具、农田、灌溉工具、水库等全部或部分损毁
间接经济损失	（1）物理基础设施和存货破坏造成的运营成本上升或产出和收入损失，如易腐烂商品不能及时销售或储存造成变质而不能售出造成的损失； （2）生产活动全部或部分瘫痪造成的产出或服务减少，如不能按时履行合约的违约成本； （3）恢复生产过程中的额外成本，如绕道和道路抢通增加的成本支出； （4）预算调整或重新分配导致的成本增加； （5）公共事业系统（电力和饮用水）不提供或部分提供服务而导致的收入减少，以及失业或被迫兼职而导致的个人收入减少； （6）应急救助支出； （7）应急过程中的额外支出，如预防流行病的支出； （8）产业关联损失，即由于供需不均衡造成的产业链前向关联和后向关联损失； （9）其他外部因素的损失或获益，包括未受灾害直接破坏地区的损失或获益，如环境污染成本、应急培训的好处等

表2-4（续）

灾害损失类型	描述
宏观经济影响	反映了在国家主管部门不做任何调整的条件下，灾害对主要宏观经济变量的总体影响，如GDP、国际收支和公共财政等； 灾害最重要的宏观经济影响是那些与GDP和部门生产增长有关的影响；经常账户余额（主要包括贸易逆差、旅游业和服务业的变化，以及用于支付进口和外国服务的资金流出等）；债务和货币储备；公共财政和总投资

需要指出的是：灾害间接经济损失评估要避免重复计算问题，如果从生产侧评估了间接经济损失，就不能再把收入损失累加进间接经济损失。灾害的宏观经济影响可以从GDP增长、投资、国际收支、公共财政、价格和通货膨胀、就业的影响进行评估。同时，ECLAC也提出自然资源直接经济损失价值的测量方法，如林木资源的破坏可以针对林木类型、林龄等参数采取重置成本法、收货现值法或市场价倒算法等进行测算。

值得说明的是：①ECLAC对灾害损失进行了详细划分，并针对社会影响、基础设施、产业部门、环境、宏观经济、社会发展、金融等领域的各类灾害损失提供了损失调查评估方法，提高了损失评估的可操作性；②不仅评估灾害的负面影响，也评估灾害可能产生的获益影响。该种灾害损失分类先后被欧盟、世界银行等相关机构灾害损失调查手册编制所继承和借鉴，如世界银行开发的损失和需求评估手册及欧盟开发的《灾后需求评估手册》。

6. 欧盟、联合国和世界银行《灾后需求评估手册》中灾害损失的分类

在继承ECLAC灾害经济影响评估方法的基础上，2013年，欧盟、联合国和世界银行联合发布了《灾后需求评估手册》（European Union et al., 2013）。如图2-11所示，《灾后需求评估手册》评估灾害影响的目的是服务于灾后恢复重建需求估计，包括灾害后果和灾害影响。其中，灾害后果指的是灾害直接造成的后果，包括灾害造成的有形资产损失和流量经济损失。灾害影响包括灾害的短期、中期和长期的宏观和微观影响，以及对人类生活质量的长期影响，目的是为恢复重建策略制订提供依据，特别是减少灾害风险的考虑。最终，针对社会部门、基础设施、产业部门、人类和社会发展、宏观经济、金融、环境、职业生计、管理和降低灾害风险等进行了细分和评估，以服务于灾后恢复重建需求估

灾害损失
- 灾害后果（disaster effect）
  - 基础设施和有形资产受损(damage)：公共和私营部门毁坏资产的数量和货币价值
  - 经济损失(losses)：生产部门产出下降，以及商品和服务运转的成本增加
  - 商品和服务的中断：包括服务的质量和可以获得的数量，以及生活和生计需求
  - 管理的社会过程的中断：评估灾害对社会和管理过程的影响
  - 风险和脆弱性增加：评估由于灾害而增加的风险，以及如何增加了人口脆弱性
- 灾害影响（disaster impact）
  - 灾害的宏观和微观经济影响
  - 人类发展的影响：灾害对短、中、长期人类生活质量的影响

图2-11 《灾后需求评估手册》中灾情分类

计，并在不发达国家或地区得到广泛应用，如尼泊尔地震（The Government of Nepal，2015）、菲律宾台风（World Bank，2011）和洪涝灾害（World Bank，2015）的灾后损失评估和需求评估中都得到应用。

7. 政府间气候变化专门委员会对灾害损失的分类

政府间气候变化专门委员会（Intergovernmental Panel on Climate Change，IPCC）发布的《管理极端事件和灾害风险推进气候变化适应特别报告》将灾害损失分为直接经济损失、间接经济损失和无形损失（IPCC，2012），具体分类如下。

（1）直接经济损失：灾害造成的有形的、直接的影响。例如，灾害破坏的私人住宅、农业、厂房、设备、基础设施、公共设施、自然资源。

（2）间接经济损失：灾害造成商品和服务流中断，进而影响经济活动，也叫作次生损失。例如，飓风导致输电线路中断，从而引起下游企业停产，导致工人失业，最终酿成社会安全问题。又如，长期干旱会造成灾区经济衰退、移民、饥荒、灌溉区消失和雨养农业难以维持生计等。

（3）无形损失：不可以用货币衡量、不能在市场交易的人类生命、文化遗产、生态服务的损失。

（二）国内对灾害损失的分类

我国对灾害损失的分类主要有以下几种。

1. 存量损失和流量损失

灾害损失最早被分为存量损失和流量损失。存量和流量是经济学分析中最基本的两种变量。存量是指一个时点上某一变量的量值。例如，劳动力、资产、存货、土地等，属静态概念。流量则是指在一段时间内所累积变动的量。例如，固定资产投资是一个流量变量，它是指一定时期内（如2020年）新增固定资产的总和，以及国内生产总值、收入、产出、消费等指标，其大小有时间维度。总之，存量反映的是一种状态，没有时间量纲；流量反映的是一种过程，流量大小与时间长短有关。

基于这两种变量的本质属性差异，可以把灾害损失分为：存量损失、流量损失和其他损失。其中，存量损失包括人力资本损失，建筑物、基础设施、生产性资本和存货损失，自然资源损失和其他动产损失。其他动产包括室内财产、汽车、牲畜等，具有有形的特征。流量损失包括灾害破坏造成的企业停减产损失、产业关联损失、因灾增加的额外成本及宏观经济影响。额外成本包括应急救灾支出、灾后恢复重建规划等成本。其他损失是指很难界定到存量损失和流量损失范围内的损失，包括灾害对社会影响、政府服务能力、环境宜居性和地区影响力等产生广泛影响，社会影响包括灾害对公众身心健康、社会稳定、贫困化及教育文化卫生等条件的影响，是灾害造成的存量损失和流量损失进一步造成的更广泛的损失。

2. 经济损失和非经济损失

吴吉东等（2018）认为灾害损失既可以是物质财富和经济利益的丧失，也可以是社会利益、政治利益等的丧失，既可以是有形的经济损失，也可以是无形的精神痛苦或尊严的丧失等（郑功成，2010）。可以用经济价值计量的那部分灾害损失称为经济损失。无法或很难用经济价值计量的灾害损失称为非经济损失。经济损失也被称为市场损失（market losses)，是指市场流通的商品和服务的损失，具有明确的价格或价值。非经济损失（也被称为非市场损失（non - market losses），是指不能通过修复或重置的灾害损失，对于这些损失很难用价格或经济价值进行衡量。例如，干旱引起儿童营养不良对其发育的影响，自然灾害导致的历史文化遗迹的损毁或损坏，而且受地域差异等影响使评估标准很难统一可比。因此，直接经济损失可以区分为直接经济损失和直接非经济损失，间接经济损失可以区分为间接经济损失和间接非经济损失。

3. 社会损失和经济损失

灾害损失可分为社会损失和经济损失（殷杰等，2011）。社会损失指人员生理心理损伤和对人类正常生活、社会组织、社会活动、社会发展及生态环境破坏造成的影响等；关于经济损失，目前国内外公认的自然灾害经济损失分为两大类：直接经济损失和间接经济损失。由于存量损失是灾害直接对有形资产破坏造成的损失，因此，存量损失也可称为直接经济损失，具体是指自然致灾物理事件发生对人类社会直接造成的不利后果，如地震导致的房屋破坏和人员伤亡，洪水导致的道路损毁。以存量损失为诱因，由两个及两个以上因果关系导致的流量损失和其他损失，具有时间滞后性和时间跨度的间接特性，因此，被称为间接经济损失。直接损失主要包括建筑物自身破坏损失、室内外财产损失、基础设施的损失及对资源造成的破坏损失等。间接损失，主要包括救灾投入，灾后的重建费用，企业减停产、搬迁、延期交货违约、原材料价格上涨、库存不能及时销出等造成的损失，工资收入损失、地价变动、公共服务部门损失等（殷杰等，2011）。同时，殷杰等（2011）认为次生灾害损失同样可分为次生直接损失和次生间接损失，在进行灾害损失计算时可以直接归入直接损失和间接损失之中。表2-5给出了沿海城市灾害损失分类表。

表2-5　沿海城市灾害损失分类表

灾害总损失 L	社会损失 S	人员损失 T	人员生理心理创伤，生活行为方式的改变等
		社会活动 H	对社会活动的破坏，社会习俗和文化的改变，社会矛盾激化，社会秩序恶化，社会组织管理机制的失效等
		社会发展 G	人口流失，生态环境恶化等造成社会发展减速、停滞或倒退
	经济损失 E	直接损失 D	建筑房屋损失 D_1	居住用房损失 D_{11}，商业用房损失 D_{12}，行政用房损失 D_{13}，公共事业用房损失 D_{14}
			室内外财产损失 D_2	室内财产损失 D_{21}，室外财产损失 D_{22}
			生命线系统损失 D_3	给排水系统损失 D_{31}，电力系统损失 D_{32}，供气系统损失 D_{33}，供热系统损失 D_{34}，通信系统损失 D_{33}
			交通设施损失 D_4	铁路设施损失 D_{41}，公路设施损失 D_{42}，桥隧设施损失 D_{43}，机场设施损失 D_{44}，轨道交通损失 D_{45}，港口设施损失 D_{46}，航道码头损失 D_{47}

表 2-5（续）

灾害总损失 L	经济损失 E	直接损失 D	关键设施损失 D_5	水利工程设施损失 D_{51}，核设施损失 D_{52}，军事设施损失 D_{53}，危险物堆放点损失 D_{54}，民防工程损失 D_{55}
			自然资源损失 D_6	动植物资源损失 D_{61}，土地、矿产资源损失 D_{62}，水资源损失 D_{63}，自然旅游景观资源 D_{64}
			其他损失 D_7	市政公用设施损失 D_{71}，文物古迹损失 D_{72}，文化场馆设施损失 D_{73}
		间接损失 I	救灾重建投入 I_1	救灾直接投入（物质和费用）I_{11}，搬迁安置费用 I_{12}，灾后重建费用 I_{13}
			社会经济损失 I_2	减停产（业）损失 I_{21}，关联产业损失 I_{22}，公共部门损失 I_{23}，宏观经济影 I_{24}

资料来源：殷杰等（2011）。

    直接经济损失和间接经济损失有以下几个特点：一是直接经济损失都表现为实物形态损失，是通过资产、财产、资源等的实物损失而实现的，间接经济损失则不表现为一定实物形态损失，它表现为企业或产业部门因灾少生产的产品或劳务的价值；二是直接经济损失表明了灾害造成的已有社会财富的减小量，而间接经济损失则表明了灾害造成的社会生产的下降程度。

    实务工作中，根据灾害经济损失的特点，并兼顾灾害损失评估的需要，不同部门对灾害经济损失有不同的界定和划分方法。

    《地震现场工作 第 4 部分：灾害直接经济损失评估》（GB/T 18208.4—2011）给出的地震灾害直接经济损失是指地震造成的人员伤亡、地震造成物质破坏的经济损失及救灾投入费用。地震灾害间接经济损失指由于地震灾害间接导致正常的社会经济活动受到影响而产生的经济损失，包括企业停减产损失、产业关联损失、地价损失等。

    民政部自然灾害统计规范中也给出了直接经济损失的定义，指出直接经济损失是指受灾体遭受自然灾害袭击后，自身价值降低或丧失所造成的损失。直接经济损失的基本计算方法是：重置受灾体所需费用、折旧率、损毁率（损毁程度）三者之积（民政部，2008；袁艺，2010）。

    国家统计局发布的《中国统计年鉴》公布了每年自然灾害的直接经济损失，但是在指标解释中并未给出直接经济损失的定义和范围。

    综上所述，从指标体系的系统性和损失评估的可操作性来看，ECLAC 的灾害损失分类起步早、全面系统，且经过实践应用检验，其在灾害管理中的适用性较强；美国科学院的灾害损失分类和界定更多的是从经济学视角关注灾害的经济损失；欧盟第七框架组为从灾害风险管理出发透视灾害成本提供了新的视角，即将减轻灾害风险的成本纳入灾害损失的核算体系；《灾后需求评估手册》为进行全面、系统的灾害损失调查评估和灾后需求评估提供了指引。

    同时，也可以看出，直接经济损失和间接经济损失是上述损失分类中常见的两种常规类别，但是不同分类的区别集中在间接经济损失的内涵。其相同点在于产业关联损失归为间接经济损失，不同点在于间接经济损失是否包含商业中断损失，如欧盟第七框架组与 ECLAC 的界定差异，而从经济学视角来说，商业中断损失和产业关联损失都属于流量损失。间接经济损失是否包含次生灾害造成的财产存量损失，如美国科学院存量损失中的间接经济损失指的是次生灾害导致的资本存量损失，而不是流量损失的概念。

第二节　灾害损失评估

一、灾害损失评估的意义

中国是个多灾的国家，据不完全统计，平均 15 年发生一次死亡超过 10 万人的灾害事件，60～70 年发生一次死亡超过 100 万人的灾害事件。近 50 多年来，全国每年有 1.5 亿～3.5 亿人受灾，有 25%～30% 的农作物受灾，20 世纪 90 年代以后，每年突发性自然灾害造成的直接经济损失已达 2000 亿元人民币以上（高庆华等，2007）。

严重的自然灾害不仅影响了人民生活与安全，还制约了国内经济的发展。但是，在 20 世纪 90 年代以前，各类自然灾害评估研究的重点都是对其自然属性，而对其社会属性则没有进行系统的研究，更没有健全的自然灾害评估制度和科学的自然灾害评估方法。因此，所谓灾情数据，事实上并不准确。一次大灾发生后，不同的部门评估出来的灾情数据相差几倍，甚至十几倍。

灾情数据不准确，微观层面，会影响到企业的发展，如保险公司的理赔业务，影响到国家和地方救灾资金和物资的分配发放；宏观层面，将影响到国家、地方和部门防灾、减灾的决策和组织实施和影响社会经济发展计划的制订。可以说，如果不抓好自然灾害评估工作，不能准确掌握灾情，对减灾事业来说，就像战争时期不明敌情一样，将会出现严重的不良后果。

灾害损失评估本身并不能减少地震等灾害的威胁，但是可以基于灾害损失评估的研究成果，采取合理、有效的减灾和应急策略、措施、政策制度等。因而从某种意义上说，灾害损失评估是减轻灾害的基础，也是自然灾害科学研究直接为社会服务的途径和成果。具体来说，对灾害损失评估的探讨具有以下意义。

（1）自然灾害损失评估是自然灾害区划、自然灾害管理和自然灾害规律研究及自然灾害风险预测的基础。

（2）自然灾害损失评估工作是制定防灾救灾规划和具体安排防灾救灾措施的基础，是政府有关部门合理安排筹措救灾资金、保险部门进行灾后损失赔偿和政府分配救灾资金的依据。

（3）自然灾害损失评估有利于调整国内经济发展布局，促使国内经济协调发展。我国地域辽阔，自然灾害种类繁多，每年的经济损失占国内生产总值的 2%～3%，对国内经济发展有较大的影响，且地域分布十分不均。正确地评估灾害损失，特别是对重大自然灾害的预测预报和损失的估价和测算，对调整国内经济发展布局具有重要的决策参考价值。

（4）自然灾害损失评估有利于防灾减灾和灾后重建科学化。由于目前自然灾害的损失评估无一套科学的评估指标体系、标准和模式，从而常使防灾减灾救灾及灾后的恢复重建工作处于一种盲目被动的境地。目前，灾害损失评估和统计上报缺乏科学依据，主观随意性较大，这就给政府和各级救灾部门的防灾、灾后恢复重建工作的正确决策和规划带来一定的困难。

（5）自然灾害损失评估有利于争取外援。依靠正确的灾害损失评估理论与方法，可以对自然灾害的损失得出科学的评估结果，便于向世界各国和救灾组织申请援助和进行科学交流。

（6）灾害经济损失评估有利于推动和完善灾害经济学的研究。灾害经济损失评估方法和理论研究的不断深化和完善，也将促进灾害经济学更加充实和成熟。对灾害经济学的研究，有利于提高社会预测和抵御各种灾害的能力。

（7）灾害损失评估有利于使政府和人民正确认识灾害、了解灾情、提高灾害意识。灾害影响的量化结果，有助于政府、社会、家庭和个人了解包括防灾、抗灾和保险等在内的各种减灾措施的投资效益，可以使决策者和民众能够正确认识自身所面临的灾害风险、了解灾害威胁可能造成的损失，提高全社会的灾害意识，推动减灾文化的发展，促进社会经济的可持续发展。

二、灾害损失评估的分类

依据灾害损失的类别，灾害损失评估可以划分为直接经济损失评估和间接经济损失评估。

在灾害评估中，直接经济损失包括各种实物形态的物资或产品直接受灾害破坏后，因流失或构件（部件）功能损毁所造成的经济损失，其数额相当于它们的修复成本或重置（重建）成本。间接经济损失主要指人类生产活动和资源、环境遭受灾害破坏后，因产值、效益、价值减少所形成的延续性经济损失。救灾费用是指社会各方面为减少灾害损失而采取各种措施的费用。直接经济损失是自然灾害对人类财产的"显形"破坏作用的反映，所以是灾情统计的基本内容。

间接经济损失是自然灾害对人类生命财产的"隐形"破坏作用的反映，而且它的构成具有很大的模糊性和不确定性，难以比较准确地界定和核算，所以除对森林、草原这些容易遭受灾害破坏，而且易于价值核算的资源破坏进行统计外，其他间接经济损失一般不作为灾情统计的基本内容。减灾活动对于保护人们生命财产安全、减少灾害损失具有十分重要的意义，因此在灾害发生前后为防灾、抗灾、救灾所采取的措施而投入的费用，可作为单项内容进行调查评估。

三、灾害损失评估的原则

需求驱动和科学性是灾害损失评估的两大基本原则。

1. 需求驱动原则

需求驱动原则是指灾害损失评估的目的和存在是服务于灾害管理的某些需求。灾害管理的需求是灾害损失评估的驱动源。需求驱动原则又包括以下基本原则。

（1）适用性。灾害损失的分类和具体评估指标设计要符合社会和政府的管理需要，能为有关部门所接受，实用性强。

（2）可行性。损失评估指标可通过调查统计等进行量化，应能与现有国家统计部门统计体系相衔接，可操作性强。

（3）标准性。为便于国内外和不同时间段的对比，损失统计指标分类、指标内涵、范围和计算方法应统一，做到统计指标的标准化，以便于损失数字的横向和纵向对比。

（4）及时性。灾前、灾中和灾后的灾情动态评估是灾害管理决策优化的重要手段，而灾害损失评估要满足不同时期灾害管理决策的需要，如灾中灾害损失的应急评估对于应急响应预案的启动级别至关重要。

2. 科学性原则

科学性原则是指必须保证损失评估结果的科学性，从而为恢复重建规划提供有效依据。科学性原则包括以下基本原则。

（1）系统性。为了从总体上反映灾害影响的全貌，灾害损失指标体系设计应分级，便于归类分组，在体现各种指标相互区别的同时，又能体现各指标之间的有机联系，避免重复和遗漏。

（2）完整性。灾害损失统计指标体系力求全面。例如，灾害影响不仅是直接的物理财产损失，还应该评估灾害对社会、自然资源和经济系统短期、中期和长期的影响。

（3）重点突出。不同灾害损失的特征各异，对地震灾害来说，人员伤亡和财产损失是灾情的重点关注指标，而对于干旱灾害来说，农作物的减产是关注的重点。

（4）物量与价值损失计量相结合。相对于价格和价值确定的难度，在保证损失物量统计的基础上，根据是否能够进行价值量化，评估灾害的经济损失，而对于非经济损失，物量损失仍可供决策参考。

（5）损失与效益评估兼顾。在灾害间接经济损失评估过程中，应考虑灾后恢复重建带来的积极影响，如设备技术的更新换代、产业结构的优化等对经济发展带来的益处，而这种效益评估也可以凸显灾后保险、政府救助等经济补偿措施在促进地区经济可持续发展中的重要性。

四、灾害损失评估的要素

我国灾害损失评估机制涵括以下 5 个基本要素：评估制度、评估主体、评估方法、评估内容、评估结果。评估制度是评估主体实施灾害损失评估的遵循，正确的评估方法为评估内容提供技术支撑，决定有效的评估结果，评估结果又反作用于评估主体，为灾害治理服务，由此构成灾害损失评估的闭环结构。

（一）评估制度

评估制度是灾害风险与损失评估工作实现常态化业务化运转的先决条件。1997 年 12 月 18 日，国务院在总结新中国成立以来减灾经验基础上制定第一部国家减灾工作规划——《中华人民共和国减灾规划（1998—2010 年）》，确定了翔实的减灾任务和基本规划。迄今，我国灾害损失评估工作制度建设有相当的进展，如《国家综合防灾减灾规划

(2011—2015 年)》《国家防灾减灾科技发展"十二五"专项规划》《"十四五"国家综合防灾减灾规划》，对于推动灾害损失评估工作的发展发挥作用。体制层面要求健全制度，避免滞后于灾害评估业务的需求，厘清灾前防灾、灾中救灾、灾后恢复重建等各类专项工作对灾害损失评估的实际需求，把灾害损失评估纳入工作日程，推动其业务化。技术层面要求通过制度加以固化，各类专项工作对相关灾害损失评估的技术要求，制定技术规范，保障相关工作开展的成果符合决策的需求。从体制需求和技术需求两层面考虑制度建设形成合力，保障灾害损失评估工作对决策的实际效用。

（二）评估主体

实施灾害损失评估工作首先需要明确的就是评估主体的问题，即由谁来执行评估。从我国现行的灾害治理体制机制来看，评估主体可以划分为内部和外部两部分。首先是内部的评估主体——涉灾政府部门。因为涉灾政府部门在灾害损失评估工作中是直接参与者，也是灾害治理的主导者，主导整个评估工作的流程、规划和目标；外部评估主体是指政府行政行为之外的市场主体，如独立的第三方专业评估机构、保险公司的核灾机构等。综观当前灾害损失评估的内外部主体运转情况，具体的灾害损失评估实践中，评估多是由涉灾政府部门主导进行，全权委托专业的第三方评估机构进行评估工作的较少。

（三）评估方法

灾害损失评估的方法归纳起来，可分为定性评估方法、定量评估方法和定性与定量相结合的综合评估方法。

定性评估方法主要是以访谈记录为基本资料，依据评估人员的专业知识与经验，通过总结历史数据及特殊案例等非量化资料，以理论推导演绎的分析框架，对资料进行整理，进而对灾害状况做出评估结论的过程。在灾害损失评估中常用的定性评估方法主要有：历史比较法、因素分析法、专家调查法、逻辑分析法。定性评估方法的优点是有评估主体实际参与灾害现状调查、访谈，得出的评估结果更深刻、更全面；主要的不足是主观性强、对评估者本身的要求极高。

定量评估方法是指运用量化的统计方法对灾害造成的损失进行评估。按照灾前、灾中、灾后的灾害过程可以划分出多种评估方法。灾前风险评估常使用基于承灾体易损性的评估方法，原理是"制定承灾体易损性分类体系→构造承灾体易损性判断矩阵→计算承灾体易损性参数"的定量，确定承灾体易损性参数技术方法，此方法也可运用在灾中动态评估灾害损失及损失发展趋势；灾中涉灾部门常态化派出救灾工作组，常采用现场调查方法评估灾害的实际损失；科技的发展运用使得评估效率大幅提升，大灾巨灾发生后，涉灾部门通常采用遥感卫星监测评估灾害造成的损失及损失变化趋势；目前，灾后更多的是使用政府体制内基层统计上报的方法，统计评估灾害各类损失。定量评估方法的优点是评估结果数据直观，一目了然，且比较客观严谨。但有时为了得到量化数据，致使复杂因素简单化、模糊化，甚至因量化而导致某些风险因素可能被曲解。

定性与定量相结合的综合评估方法是取长补短，相得益彰。定量评估提供灾损数据支撑，是定性评估的前提和基础；定性评估从质的方面全面分析和综合，鉴定和判别灾害损失和变化趋势，揭示灾害发生发展的内在机理。通过比较分析三种评估方法，可以认为定性与定量相结合的综合灾情评估方法有明显的优势。

（四）评估内容

现阶段评估灾害损失情况一般把灾害损失分为4个方面：实物量破坏损失、直接经济损失、间接经济损失、社会系统损失。

（1）实物量破坏损失。综合利用现场调查、经验模型、地方统计上报和遥感解译等多种方法，包括人口伤亡人数、房屋毁损数量、农业损失数量、工业损失数量、居民财产损失数量、基础设施损失数量、土地资源损失数量等人、财、物的毁损数量。

（2）直接经济损失。以实物破坏量评估为基础，成本核算房屋毁损、农业损失、工业损失、居民财产损失、基础设施损失、土地资源损失等，用经济学、统计学方法市场化货币化后，统一一核算为直接经济损失。

（3）间接经济损失。间接经济损失可看作是直接经济损失的后延效应，是因直接经济损失迁延而派生的损失，属于动态的、非实物性破坏损失，时间上限于灾害发生至重建完成，空间上限于灾害影响范围内的损失。例如，工厂生产资料因灾直接破坏导致停工停产造成的损失，或者因受灾致使下游需求降低等原因造成的损失，都列入间接经济损失。

（4）社会系统损失。社会系统损失主要是指灾害对受灾区域社会经济发展造成的影响，如对社会组织系统解构，对经济发展、医疗、就业、教育等方面的影响损失。

（五）评估结果

灾害损失评估作为一项判断评价灾害全过程的重要工作，其评估结果直接关系灾害预警预测、灾害应急处置与灾后恢复重建。得到全面科学的评估结果并据此建立完善的数据分析，不断优化灾害损失评估机制，提高灾害损失评估的科学化水平。

对于政府而言，精确的评估结果可以及时准确地反映灾害情况，并决策采取有效应对灾害的应急措施。重要的是，政府还可以根据动态的评估结果来衡量灾害应对决策是否科学合理。避免由于灾情信息失真，使得救灾成本增高，资源配置不合理而导致浪费，影响政府做出的救灾决策，甚至直接放大灾害损失，引发社会不稳定，影响政府的公信力。

对于受灾地区而言，持续而准确的评估结果能使受灾地区群众知悉本地区受灾情况，防止谣言以讹传讹，稳定公众情绪，避免不必要的社会恐慌。灾害损失评估结果更重要的是要为受灾地区的灾后重建提供科学依据。

对于社会公众而言，真实的评估结果可有效引导社会捐助，做到不盲目、不盲从，根据损失评估结果公众可提供更符合受灾地区的实际需求。同时，一些社会组织也可根据损失评估结果，在政府引导下，有序而又有针对性地提供服务，避免社会组织大量涌入受灾地区，造成灾区交通要道堵塞，导致更大的衍生损失。

第三节　灾害损失评估方法

灾害管理中如何进行灾害损失评估应遵循一些基本方法。下面归纳了不同的灾害损失类别评估方法和灾害损失评估中的主要计量方法。

一、不同灾害损失类别的评估方法

依据不同灾害损失类别有不同的灾害损失评估方法。

（一）人员伤亡及健康影响的经济损失评估方法

灾害造成的人员伤亡及健康影响损失评估方法包括：①支付意愿法，是指人们为改善自己和他人的健康而愿意支付的货币金额，如对于人员死亡，美国不同机构采用支付意愿法统计的生命价值在100万美元（美国联邦航空管理局）至630万美元（美国国家环境保护局)(2000年价格)；②人力资本法，基于人力资源的经济价值创造力，依据劳动力的平均工资收入或社会劳动生产力进行计算；③疾病成本法，测算生病的医疗费用成本和误工的收入损失等。其中，支付意愿法可以反映被测人群的个人意愿和偏好，可以相对全面地反映灾害带来的经济损失和痛苦等负效用；人力资本法忽视了老人、小孩等非劳动力人群的健康影响；同时，人力资本法和疾病成本法无法反映健康损害造成的负效应和福利损失（Viscusi and Aldy，2003）。上述方法已经在雾霾的健康影响评估中得到应用（黄德生和张世秋，2013）。

（二）自然资源及生态系统服务的经济损失评估方法

土地是各种资产的重要载体，森林、草地等自然资源为人类提供各种环境功能和服务。资源与环境经济研究已经发展出各种计量资源和环境价值的方法（United Nations et al.，2003）。对于灾害造成的自然资源直接经济损失，以森林资源为例，可以采用成本法、市场法和收益法进行价值评估，并已经被用于保险产品开发中不同林龄和树种森林保险金额的确定（国家林业局，2015；叶涛等，2016）。对于清新的空气、美好的环境等无法直接用市场价格衡量的损失，可以利用替代性市场法进行评估，即寻找可替代的市场价格来衡量，如旅行费用法用旅游者支付的门票价格、旅游者前往旅游地所需费用和旅途所用时间的机会成本，来衡量旅游景点的损失。

对于灾害直接破坏造成的生态系统服务功能下降的损失，可采用生态系统有机物质生产量、营养物质循环与储存、涵养水源、水土保持、释放氧气、生物多样性、气候调节、娱乐文化等服务价值进行损失价值的评估（何浩等，2005；谢高地等，2003）。

对于灾害导致的环境污染及环境质量恶化可以通过恢复费用法将受损环境恢复到灾前状态所需的成本或机会成本法进行测算（李莲芳等，2006）。

（三）间接经济损失评估方法

对于停减产损失，可采用分部门调查统计的方法进行评估。具体来说，以灾前各部门单位时间内的产出或服务能力为参数，通过实地调查或专家经验估计各部门产出和服务能力的下降程度，以及恢复所持续的时间，进而由产出或服务能力与持续时间的乘积作为停减产经济损失的评估值。

对于产业关联损失，则需要借助经济学模型进行估计，包括经济学中的投入产出模型、可计算一般均衡模型及专家经验法（吴吉东等，2009）。例如，美国联邦应急管理署的多灾种灾害损失管理平台利用投入产出模型进行灾害间接经济损失评估。专家经验法根据灾害直接经济损失程度大小，确定一个经验系数与直接经济损失相乘作为灾害间接经济损失的大小。需要指出的是，收入和产出是度量经济发展成果的两个方面，如果用产出来度量灾害的间接经济损失，就不能将其与用收入度量的间接经济损失进行累加，以避免重复计算问题。后续章节将详细介绍投入产出模型和可计算一般均衡模型在灾害间接经济损失评估中的改进和应用。

二、灾害损失评估的计量方法

自 20 世纪 90 年代以来，灾害损失定量评估方法研究取得了大的进展，提出的方法包括概率和统计方法、指数方法、层次分析法、模糊综合评判法、灰色关联度分析法、人工神经网络法、灰色综合评估法、加权综合评价法、主成分分析法、基于信息扩散的评价方法、模糊聚类法等多种方法（曾庆田，2022）。

（一）概率和统计方法

概率论是研究随机不确定现象的重要数学理论，它主要探求随机事件的统计规律。灾害事件的发生具有随机不确定性。灾害现象的模拟是灾害统计分析应用很广的方法，在统计理论中的数学模式就是分布函数。对于复杂的灾害现象过程或系统基本上很难设计确定的模式，但是可以设计统计模式。概率和统计法在灾害研究中的应用包括灾害极值推断、异常事件的频数分布、等级排序统和器次定律分布分析等（许飞琼，1998；Jinman，2001；袁艺等，2006）

（二）指数方法

指数是综合反映由多种因素组成的现象在不同时间或空间条件下平均变动的相对数。它主要表现为动态相对数形式，实际上就是运用计算百分比的方法，基期为 100 来表示报告期相对于基期的数值。指数方法在灾害评价和预测中应用，如杨挺（2000）利用城市局部地震灾害危害性指数来揭示城市内各局域间危害性的相对水平及其形成原因，陈香等（2007）利用灾损度指数法对台风灾害的经济损失进行评估等。

（三）层次分析法

层次分析法（analytic hierarchy process，AHP）是美国 20 世纪 70 年代初期提出的重要的决策方法。层次分析法虽然只应用一些简单的数学工具，但从数学原理上有其深刻的内容，从本质上讲是一种思维方式。层次分析法把复杂问题分解成各个组成因素，又将这些因素按支配关系分组形成逐阶层次结构。通过两两比较的方式确定层次中各因素的相对重要性，然后综合决策者的判断，确定决策方案相对重要性的排序（王莲芬和许树柏，1990）。层次分析法又是一种定量与定性相结合，将人的主观判断用数量形式表达和处理的方法。因为这是一种对较为复杂、较为模糊的问题做出决策的简易方法，因此近年来在灾害评估领域，如城市火灾（侯遵泽等，2004）、热带气旋的影响（李春梅等，2006；扈海波等，2007）、地质灾害边坡失稳（陈善雄等，2005；王国良，2006）等领域得到了广泛应用。

（四）模糊综合评价法

按确定的标准对某个或某类对象中的某个因素或某个部分进行评价，称为单一评价，从众多的单一评价中获得对某个或某类对象的整体评价称为综合评价。综合评价是在日常生活和工作中经常遇到的问题，如产品质量评定、科技成果鉴定、某种作物种植适应性的评价等，都属于综合评价问题的实际应用。评价的对象往往受各种不确定性因素的影响，其中模糊性是最主要的。因此，将模糊理论与经典综合评价方法相结合进行综合评价将使结果尽量客观从而取得更好的实际效果。模糊综合评价法，是应用模糊关系合成的原理，从多个因素对被评判事物隶属等级状况进行综合性评判的一种方法。

正如前文所述，灾害系统十分复杂，是自然系统与社会经济系统相互作用的结果，而系统的复杂性与精确性是互斥的，模糊综合评价法将人们对复杂事物的认知定量化，从而提高了认知的精确性，因此许多科研人员将该方法应用到灾害损失评估（陈敏刚等，2006；潘华盛等，2000）、社会防灾能力评估（吴红华等，2006）、灾度或灾害等级评估（刘加龙等，2001）、恢复力评估（纪燕新等，2007）中，收到了较好的效果。

（五）灰色关联度分析法

一般的抽象系统，如社会系统、经济系统、农业系统、工业系统、生态系统、教育系统等都包含许多种因素，多种因素共同作用的结果决定了系统的发展态势。我们常常希望知道在众多的因素中，哪些是主要因素，哪些是次要因素；哪些因素对系统发展影响大，哪些因素对系统发展影响小；哪些因素对系统发展起推动作用需强化发展，哪些因素对系统发展起阻碍作用需加以抑制。灾害系统是由致灾因子、承灾体和孕灾环境构成的复杂系统，灾害的发生和大小由三者相关因素所决定，但各个因素的作用大小并不确定，因此要考察灾害系统的情况就必须进行系统分析。灰色关联度分析法弥补了采用数理统计方法进行系统分析所导致缺陷。它对样本的多少和样本有无规律都同样适用，而且计算量小，十分方便，更不会出现定量化结果与定性分析结果不符的情况。目前，使用灰色关联度分析对灾害系统的研究也取得了不少成果（游桂芝等，2008；刘海松等，2005；刘伟东等，2007；郑宇等，2002；魏海宁等，2011）。

（六）人工神经网络法

人工神经网络法是一种以生物体的神经系统工作原理为基础建立的一种网络分析方法。该网络中的基本单元是一种类似于生物神经元的人工神经元，也是一种广义的自动机；该网络是由许许多多类似的人工神经元经一定的方式连接起来形成的网络，表现出系统的整体性特征。影响灾害的因素众多，彼此之间相互作用具有复杂性和不确定性的特征，而神经网络不需要建立研究对象的数学模型，具有良好的非线性信息处理能力，对未知系统可以进行分析、辨识和预测，为解决灾害评估中的相关问题提供了新的方法。魏一鸣等（1997）建立了基于神经网络的自然灾害灾情评估模型；金菊良等（1998）建立了基于遗传算法的洪水灾情评估神经网络模型；冯平等（2000）利用人工神经网络对干旱程度进行评估；黄涛珍等（2003）应用人工神经网络对风暴潮增水进行预报；赵源等（2005）则将人工神经网络应用到泥石流风险评价中等，极大地推动了灾害评估定量化研究的发展。

（七）灰色综合评估法

灰色综合评估是指基于灰色系统理论，对系统或因子在某一时段所处状态，进行半定性半定量的评价与描述，以便对系统的综合效果与整体水平形成一个相互比较的概念与类别。灰色综合评价法适用于信息不充分、不完全的问题。考虑到灾害系统涉及的因素较多，在评价过程中未必能准确掌握过去所有的数据，存在部分信息不完全、不明确的情况，可把灾害事件看作一个灰色评价对象，利用灰色系统理论对其进行多层次评价（安永林等，2006；赵艳林等，2000；赖德莲，2007）。

（八）加权综合评价法

加权综合评价法是假设由指标 i 量化的不同因子的影响程度而存在差别，用公式表

达为

$$C_{vj} = \sum_{i=1}^{m} Q_{vij} W_{ci} \qquad (2-1)$$

式中 C_{vj}——评价因子的总值；

  Q_{vij}——对于因子 j 的指标 i 的值；

  W_{ci}——指标 i 的权重值；

  m——评价指标的个数。

加权综合评价法综合考虑了各个因子对总体对象的影响程度，是把各个具体指标的优劣综合起来，用一个数量化指标加以集中，表示整个评价对象的优劣。因此，这种方法特别适用于对技术、决策或方案进行综合分析评价和优选，是目前较为常用的计算方法之一。

（九）主成分分析法

主成分分析法是把各变量之间互相关联的复杂关系进行简化分析的方法。在进行复杂系统研究时，为了全面系统地分析和研究问题，必须考虑许多指标，这些指标能从不同的侧面反映我们所研究的对象的特征，但在某种程度上存在信息的重叠，具有一定的相关性。主成分分析法试图在力保数据信息丢失最少的原则下，对这种多变的侧面数据进行最佳综合简化。这些综合指标就称为主成分。当前，在灾害研究领域，研究人员利用主成分分析法进行建模，通过对灾害因素降维，保留了影响不同类型灾害的主要因素，提高了模型的精度和工作效率。易燕明（1998）将主成分分析法用于旱灾等级综合评估；范文等（2001）将其用于地质灾害危险性综合评价；Cutter 等（2003）在对全美的县级社会脆弱性进行评估时，借助主成分分析法成功实现了指标精简，由此大大提高了脆弱性评估的效率。

（十）基于信息扩散的评价方法

信息扩散的原始概念是从实际工程数据的分析中建立起来，主要是为了解决知识样本集不足以表现观察对象在论域上的客观规律这一问题。由于样本集不足，于是产生了把一个知识信息多次利用的想法。信息扩散就是为了弥补信息不足而考虑优化利用样本模糊信息的一种对样本进行集值化的模糊数学处理方法，这是一种较为新颖的定量评价方法。研究表明，通常概率风险评价和系统推导法是该方法的特例（黄崇福，2005）。目前，该方法在灾害风险评估中得到了许多应用，有力地指导了减灾工作（张俊香等，2007；冯利华和程归燕，2000）。

（十一）模糊聚类法

传统的聚类分析是一种硬划分，它把每个待辨识的对象严格地划分到某类中、具有"非此即彼"的性质，因此这种类别划分的界限是分明的。实际上，大多数并没有严格的属性，它们在形态和类属方面存在着中介性，具有"亦此亦比"的性质，因此适合进行软划分。模糊集理论的提出为这种软划分提供了有利的分析工具，人们开始用模糊的方法来处理聚类问题，并称之为模糊聚类分析。模糊聚类法在灾害损失评估、灾害区划等研究中也取得了可喜的成果（徐海量和陈亚宁，2000；陈刚，2005；刘利平，2006）。

第四节　直接损失评估基本原理

直接损失评估是开展灾害管理工作的基础。近年来，中国对直接损失评估非常重视，相关部门已经建立了灾种门类较为齐全、统计内容稳定、上报形式固定的灾情损失统计机制，在防灾减损中发挥了重要作用。2011 年发布的《地震现场工作 第 4 部分：灾害直接损失评估》(GB/T 18208.4—2011) 和 2014 年发布的《特别重大自然灾害损失统计调查制度》在评估受灾面积和倒损房屋的基础上，特别强调分部门的直接损失评估目标，并明确了直接经济损失的基本计算方法是受灾体损毁前的实际价值与损毁率的乘积。因此，直接经济损失评估要首先调查统计受灾体损毁情况，然后根据受灾体损毁数量和损毁程序，核算受灾体价值损失，据以评估自然灾害事件的直接经济损失。

一、受灾体损毁情况调查评估

由于自然灾害损失都是通过受灾体损坏表现出来的，所以调查评估统计受灾体损毁数量和损毁程度，是核算经济损失的基础。

调查评估统计受灾体损毁数量和损毁程度的基本途径有三种：一是实地全面调查——对灾害区内的全部受灾体逐一进行实地调查，全面查看记录受灾体损毁表现，确定损毁等级，评估受灾体灾前价值和灾后价值，确定损毁比率，进而核算灾害经济损失；二是实地抽样调查——对不同类型、不同受灾程度的受灾体进行实地抽样调查，根据损毁表现来确定损毁等级和损毁比率，进而评估核算全灾害区经济损失；三是遥感调查——利用遥感、遥测手段，结合实地抽样调查和地区统计数据，运用计算机技术界定灾区面积和不同地区的灾变程度，确定不同类型受灾体的数量和损毁程度，进而核算全区的经济损失。三种途径的应用条件不同：实地全面调查适用于灾区范围小、受灾体数量比较少，即灾情比较简单的灾害，如崩塌、滑坡、塌陷、雷暴等；实地抽样调查是最常用的方法，适用于灾区范围大、受灾体数量多的灾害，如洪水、地震、风暴潮等；遥感调查是一种科学先进的方法，快速、准确，节省人力，适用于洪水、地震、农作物灾害、森林火灾等大范围灾害的跟踪调查评估，但由于需要先进的遥测手段和复杂的解译、评估系统，所以要由专业部门完成。鉴于我国灾情评估仍然以实地调查为基本手段，所以下面介绍的经济损失核算方法是以此为基础的。

二、受灾体价值损失核算

不同受灾体因灾价值损失的表现形式不同，总体上可分为两类：一是成本价值损失，指灾害造成的劳动产品自身成本投入的损失，如农产品、房屋、设施、机器设备等产品因灾可使成本投入全部损失或部分损失；二是经济效益价值损失，指灾害造成受灾体可能取得的正常经济收益的损失，如农作物和果树因灾减产或绝收，部分流通商品的市场利润损失等。在灾情统计中，大部分受灾体经济损失基本上相当于成本价值损失；一部分受灾体经济损失基本上相当于效益价值损失；还有一部分受灾体的经济损失，既包括成本价值损失，又包括效益价值损失。在成本价值中，大部分受灾体为制造成本或培植成本，部分为修复成本（恢复成本）或重置成本。由于大多数受灾体具有商品性，所以在经济损失核算中对受灾体损毁价值一般采用市场价为核算基础。

灾害经济损失构成虽然不尽一致，但它们的最终表现形式均为价值损失。因此，在灾害评估中，可采用财务评价方法核算灾害经济损失，即以单位受灾体价值损失乘以受灾体损毁数量作为基本模型进行经济损失核算。

 练习题

一、名词解释

1. 自然灾害损失
2. 自然灾害损失评估
3. 自然灾害损失评估主体
4. 层次分析法

二、简答题

1. 灾害损失评估的意义。
2. 灾害损失评估的分类。
3. 简述灾害损失评估的几种传统方法。
4. 灾害直接损失评估的基本原理。

第三章 地震灾害直接经济损失评估

第一节 地震成灾机制及危害

一、地震成灾机制

地震是突发性的自然灾害，绝大多数情况都不能准确预报地震的发生，因此地震发生时人们往往措手不及。地震灾害的一个突出特点是成灾时间极短，一次地震的主要振动持续时间大多在十几秒，有的可能长到几十秒，在这样短的时间内造成的房倒屋塌，人们很难躲避，尤其在夜晚更来不及采取避难措施。地震时释放的能量随震级大小有巨大差别，震级相差一级，能量大约相差 32 倍，因此大震的破坏和损失远比小震要严重，大震的损失占地震灾害总损失值的大部分。

地震成灾机制是指地震对人和社会造成危害的原因、方式和过程，是将地震灾害作为一个过程所进行的动态研究。对地震成灾机制的研究可以揭示出地震成灾的原因和结果之间的内在联系，对于综合防灾、应急抢险救灾、震后恢复重建等有积极意义。地震的成灾主要取决于地震本身的性质、自然环境条件和社会环境三方面因素。

1. 地震本身性的致灾因素

地震成灾的本身性质，如地震的大小、位置、时间等都是地震成灾的影响因素。其中，震级的大小、烈度的强弱起到重要作用。一般震级高，烈度就高，震级小，烈度就小。烈度是衡量地震成灾大小的尺度。如汶川 8.0 级地震，烈度高达Ⅺ度，四川、甘肃等 8 省（区、市）受灾，面积达 10 万 km^2，死亡 69227 人，伤 374634 人，直接经济损失 8451.4 亿元。一般情况下，地震烈度大于Ⅵ度时才会有显著震害。低于这个烈度，几乎没有地震灾害或地震灾害很轻微。

双震型地震或强余震活动，都会使地震灾害加重或叠加。2003 年 10 月 25 日 20 时 41 分，甘肃民乐、山丹交界发生 6.1 级地震，仅隔 7 min，又发生 5.8 级地震，两次中强震使震害叠加，造成民乐、山丹、肃南、永昌、青海祁连等 40 余个县镇和山丹军马场受灾，面积 3229 km^2。岷县漳县 6.6 级地震后 1.5 h，又发生一次 5.6 级强余震。主震和余震震害叠加，使灾情加重。

2. 自然环境致灾因素

地震灾害也与受灾体及其所处的环境条件有关。这包括受灾体的震害防御能力（结构特征、抗震能力、布局外形等），所处场地的地形、土层条件等。所以，同一次地震中同一烈度区内不同的受灾体、不同的场地条件和外部环境，地震灾害的受损程度可能存在很大的差异。地震是一种具有极强破坏力的、突然发生的自然灾害，紧随其后的地震次生灾害往往会带来很大的损失和危害。地震的次生灾害是以地震的破坏后果为导因，而引起一系列其他灾害，如崩塌、滑坡、泥石流、海啸、火灾、水灾、爆炸、有毒气体逸散、放射性污染等。

3. 社会环境致灾因素

受灾地区的社会经济、防御灾害的水平、居民的防灾意识等，都对灾害的形成产生重要影响。同等烈度下，受灾地区防御灾害能力的大小使灾害损失截然不同。

二、地震带来的危害

地震是一种自然灾害，强烈的地震会引起地面强烈的振动，直接和间接造成破坏。这种由地震引起的破坏，统称为地震灾害。地震灾害是由于地震发生而导致的人员伤亡、财产损失和环境破坏。地震成灾的程度不仅取决于地震自身的震级和震源深度，还与震区场地条件、各类工程结构、经济发展程度、建筑物质量、人口密度、地震发生的时间和对地震的防御状况等条件有很大关系。

我国地震活动广泛、频繁而又强烈，大部分地区遭受地震威胁。根据1990年国家地震局编制的第三代中国地震烈度区划图，全国地震基本烈度达到Ⅶ度和Ⅶ度以上地区的面积占全国总面积的32.5%，处于Ⅶ度和Ⅶ度以上地区的城市占全国城市总数的46%，其中100万以上人口的大城市占70%。在广阔的高烈度区内生活的人口已接近9亿。从地区分布看，以华北、东南沿海和台湾、甘肃、新疆、青海、西藏、四川、云南的一些地区烈度最高，黑龙江、内蒙古及华中、华南地区烈度较低。

地震是伤亡人口最多，对人类震慑最大的自然灾害。主要危害如下。

1. 造成人员伤亡，损害人体健康

地震对人的伤害包括三个方面：人员死亡，生理损伤，心理、精神创伤。1976年，唐山一次地震即造成24.2万人死亡，还使70多万人受伤，其中19万人重伤，而心理、精神受创伤者则数以千万计。在唐山地震后的半年里，几乎整个中国东部都笼罩着悲痛和对地震的恐慌气氛。

2. 破坏工程设施，造成经济损失

主要表现为破坏建（构）筑物，如房屋等；破坏生命线工程，主要指水、电、交通、通信设施等；破坏工农业生产条件，如中断水源、能源，破坏农田、水利设施等。

发生在人口密集的唐山地震，对工程设施的破坏最严重，几乎将唐山市的建筑全部摧毁，仅公产房就摧毁了1043万 m^2，约占全市总数的77%。全市供水、供电、通信等生命线工程均遭到破坏，占京津唐电网发电量30%的发电设施被毁；15个市、县、区对内对外通信全部瘫痪；京山及市内其他铁路45%的设施遭到破坏；蓟运河、滦河上的两座大型公路桥梁塌落，切断了唐山与天津和关外的公路交通；市区供水管网和水厂建筑物、结构物、水源井破坏严重，全市供水中断。一瞬间，整座城市成为一片废墟。

地震造成建筑物、生命线工程等的直接破坏，导致社会组织和社会功能的破坏、停工停产，从而造成更大的经济损失。

据统计，20世纪以来，中国发生灾害性地震1000多次。1949—1997年中国大陆发生5.0级和5.0级以上地震1210次，造成人员死亡和万元以上经济损失的灾害性地震约710

次，共造成 278501 人死亡，约 85 万人受伤；1100 万间民房、170 万间工业和公共建筑、5500 多座桥梁、近 900 座水库毁坏；直接经济损失 460 亿元（1990 年不变价）。其中，死亡 1 万人以上的地震灾害 2 次，死亡 1000～10000 人的地震灾害 5 次；直接经济损失 1 亿元以上（1990 年不变价核算）的地震灾害 28 次。

3. 破坏生态环境，诱发次生灾害

地震对自然环境的破坏是指地震对土地和水资源的破坏。例如，山体在地震作用下崩塌或滑坡，地表裂缝、塌陷、上隆或喷砂冒水等。

由地震直接引起的工程设施和自然环境破坏所诱发的其他灾害，称为地震次生灾害，主要有次生地质灾害、次生水灾、次生火灾等。

1）次生地质灾害

1920 年 12 月 16 日，宁夏海原发生 8.5 级地震，引发大量滑坡，分布面积约 5 万 km²，大量土屋、窑洞被掩埋，人员死亡无数，仅宁静县全部覆没的村庄就有 20 多个。1933 年 8 月 25 日，四川叠溪发生 7.5 级地震，引起大量崩塌，60 多个集镇、村寨覆灭，其中叠溪镇覆于两座崩山之下，全镇 500 余人仅 5 人幸免于难。据统计分析，地震次生地质灾害与地震强度有关，其大致关系是：震级小于 5.0 级，地震烈度小于Ⅵ度，次生地震地质灾害很少发生，即使发生，规模也很小；震级 5.0～6.0 级，地烈度Ⅵ～Ⅶ度，地震次生地质灾害普遍发生数量较多，规模较大；震级大于 6.0 级，地震烈度大于Ⅶ度，地震次生地质灾害活动强烈不但数量多，而且规模大。

2）次生火灾

火灾是常见的地震次生灾害，1966 年邢台地震引起严重火灾，自 3 月 8 日隆尧 6.8 级地震后，火灾不断发生，据邢台、邯郸、衡水、石家庄 4 个地区截止到 4 月 12 日 35 天的统计，共发生火灾 383 起，烧死 36 人、烧伤 52 人。其中，3 月 22 日 7.2 级地震在距震中 100 余千米的太行山区造成多起不稳定岩石崩落，因岩块互相撞击，引起小型局部山火，烧山 1200 亩。唐山地震时，在唐山市发生大型火灾 5 起，其中酒库、火柴着火，一连烧了数日。震后防震棚火灾，在震中区和波及区也普遍发生。

3）次生水灾

地震水灾的危害是极其严重的，虽然世界上发生的地震水灾次数较少，但单次灾害的伤亡损失严重，有的甚至超过地震的直接灾害。1933 年 8 月 25 日，四川叠溪发生 7.5 级地震诱发的滑坡、山崩堵塞岷江，形成了十余个地震湖，使岷江上游沿江淹没，45 天后湖水溃决，水头高达 20 m，势不可挡，两小时冲出 60 km，沿江村镇、关堡之房屋、城墙被一扫而光。这次水灾淹死 2500 余人，毁房 6800 多处，毁田 7700 亩，死牲畜 4500 头。地震水灾分为以下六种类型（周魁一，1992）。

（1）水利工程破坏后引起的水灾。强震破坏挡水和输水建筑物，包括大坝、堤防、水闸等设施，导致洪水。例如，1668 年郯城 8.5 级大地震时，江苏高邮因水决堤防，致使环城水高二丈，漂溺人畜，死者数万。

（2）地震堰塞湖及其溃决引起的水灾。在高山峡谷区，当地震发生时，促使不稳定岩体发生大规模崩塌、滑坡，有时堵塞河道，形成"地震堰塞湖"。当来水量超过蓄存能力时，就会漫溢，或遇强余震时土堰崩决，造成下游水灾。1786 年四川康定发生 7.5 级地震，山崩后塞河，断流十日。泸水忽决，高数十丈，一涌而下，"舟船遇之，无不立覆"，"嘉定、泸州、叙府沿江一带人民漂没者不下数十万"。

（3）地震时江、河、湖、海激起涌浪造成水灾。1668年郯城8.5级大地震时，江苏沭阳"海水大涨，滨海之家尽没"；1830年磁县7.5级地震时，"声震耳……面前渠水泼溅，亦高丈许""井水涌丈余，蜿蜒而上，浪鼓溢如层峦，高约四五丈不等"。虽未成灾，但如果有村镇、居民或船只，肯定会造成人员伤亡和财产损失。

（4）地震海啸引起的水灾。地震海啸是指海底地震所激发的波长可达几百千米的海洋巨浪，它在滨海区域的表现形式是海水陡涨，瞬时侵入滨海陆地，吞没农田和城镇村庄，然后海水又骤然退去；这种涨退反复多次，常造成严重的生命财产损失。

（5）地面陷落灌水引起的水灾。地震时，常出现地表大面积陷落，当湖、海、河或地下水体灌入之后会引起房屋倒塌和人员伤亡。1605年，海南岛琼州地震是我国历史上一次导致陆地陷没成海的大地震。据《琼州府志》等记载，琼山田地陷没者不可胜计，调唐等地农田沉海千顷，县东五十里新溪港沉陷数十村，文昌县南五图村突陷成海。至今，在琼州海峡南侧的北洋港、铺前湾一带海底中，尚残存这次地震陷没于海中的村庄和大片坟场。沉陷深4～5m，最大超过7m。1679年三河-平谷大地震时，也有"山海关、三河地方平沉为河"的记载。

（6）地震时地下水发生异常变化，使地面突然喷水冒砂。喷出的砂水淹没农田，毁坏机井、水渠、道路等。此外，井竭、泉废、河水暴涸暴涨及水质污染也是这类灾害的常见现象。

1966年邢台地震、1976年唐山地震都发生过大面喷水冒砂和伴随地裂的沉陷现象，水渠、机井等农田水利遭到不同程度的破坏。地下水含水层受到扰动，更多的现象是此地水竭，彼地水涨。例如，1830年磁县7.5级地震"河与河水尽涸，而陆地忽多涌泉"，东武仕平石桥下通釜阳河发源之水"地动水涨则井涸"，临漳"惟以地滨水，水沿裂出地，一定则水旋消"。

4. 毒气、细菌、放射性污染

毒气污染、细菌污染和放射性污染是城市潜在的次生灾害，一般局限于生产、储存、使用这些物质的部门。1949年以前，我国很少有生产、储存及使用这些物质的部门，因此在唐山地震前的我国历次地震中，均未发生过毒气污染灾害。唐山地震发生在化学工业较集中的天津市附近，发生7起毒气污染灾害，使3人死亡、18人中毒。此外，汉沽的天津化工厂距震中50km，震后氯气的阀门松口，氯气外溢，3名当班工人中毒死亡。

5. 疫病

强烈地震可使幸存居民瞬间失去衣、食、住等基本的物质生活条件，水井、厨房、澡堂、厕所及垃圾箱等生活卫生设施遭到严重破坏，停水停电，交通阻塞，通信中断，救援物资运入灾区困难。夏天人畜尸体很快腐烂发臭，给排水系统被破坏，污水、粪便、垃圾无人管理，形成大量传染源，蚊蝇密度很快增高。水源、空气污染严重。居民离开住所大批流动露宿或住临时抗震棚、帐篷等，夏季棚内炎热，蚊蝇很多；冬季棚内寒冷，容易感冒和冻伤。由于人口密集，卫生条件极差，灾区居民精神上受到打击，正常生活规律被打乱，身体抵抗力下降，这些条件利于传染病的发生和流行。

1976年7月28日唐山地震时，正值盛夏，天气炎热，阴雨连绵，人畜尸体腐烂发臭的同时，厕所倒塌，下水道堵塞，粪便垃圾大量堆积，饮用水被严重污染，蚊蝇大量孳生。市区群众一度开始饮用游泳池、澡堂、坑水，饮用水中大肠杆菌超过国家饮用水卫生标准几十、几百、几千甚至上万倍。一些地方，每平方米粪便上的苍蝇密度可达四五百只，文化宫附近每平方米达到 1000 只；繁华闹市小山一带的垃圾堆、草地等处，苍蝇黑成一片，无法计算，每平方米垃圾堆上平均每小时生蚊蛆三四百只，每千克垃圾土中含蛆高达 405 个。震后第三天，肠胃消化系统传染病（如肠炎和痢疾）发生了，并迅速蔓延开来，3～4 天后达到高潮，与 1975 年同期相比发病率高出几十倍，甚至上百倍。根据医疗队 7 月 28 日至 8 月 23 日对路南区几个居委会的调查，居民患病率达 4.26%～18.6%，其中肠炎患病率达 4.3%～23.1%。根据典型调查，在震后的半个月至一个月内，灾区 80%～90% 的家庭中出现了肠炎、痢疾病人；震后半个月，菌痢发病率高达 9.2%～14.7%；市区患病率达 10%～28%，农村高达 20%～30%；肠炎与痢疾的总发病率达 14.4%～36.1%。当时的发病情况，有两个显著特点：一是发病后迅速扩散，形成相对集中成簇状分布现象；二是从发病开始到一周左右至两周之内形成第一个高峰，而后势头有所减弱，但过半个月后又出现第二个高峰。到 8 月 10 日前后，整个灾区肠炎与痢疾已扩散开来，大部分家庭发现了病人，菌痢肠炎已经成为地震后最主要的威胁。

6. 诱发社会性灾害

常见的社会性灾害有瘟疫和饥荒，这是古代社会或近、现代不发达地区极易发生的灾害，而且后果严重。世界历史上死亡人数最多的是 1556 年华县 8.0 级大地震，死亡 83 万人，实际上有 70 多万人死于次年的瘟疫和饥荒。近代社会地震后还容易出现经济失调、停工停产、社会秩序混乱，以及由心理创伤造成的一些灾害。例如，唐山地震后，在全国出现乱搭防震棚现象并由此引起了防震棚火灾；在一些地震中，出现盲目跳楼避震造成伤亡的现象。1985 年 5 月 21 日，中国南黄海发生 6.2 级地震，江苏省大部分地区和上海市及浙江北部有较强震感，江苏的如东、如皋和上海市的 19 间年久失修的陈旧房屋倒塌，1500 余间房屋有不同程度的损坏，未造成人员死亡，经济损失几万元，直接灾害并不大。但这次地震引起群众惊慌，南通、上海、南京、扬州、常州、无锡、镇江等大中城市出现了 500 多人跳楼避震事件，由此受伤者达 263 人，其中重伤 54 人。有 8 人死于因地震引起的惊恐、慌乱、紧张和其他的偶然事故；其中有 3 名危重病人因中断治疗死亡，有 1 名患高血压的妇女因外逃摔倒死亡，其他几名心脑血管病人因过分紧张而猝死。

在现代社会中，银行、企业和政府机构普遍地使用了计算机，大量的资料和信息被储存在电脑中。一旦这些计算机系统在地震中受损或被毁，将会造成更为严重的衍生灾害。此外，地震造成人的伤亡，还会引起人的行为变态，会损伤乃至摧毁社会组织，破坏社会的各项制度，中断社会文化的正常传播，损伤或破坏社会的功能，包括经济功能、政治功能和思想文化功能等，甚至造成政府组织瘫痪、经济危机、社会动荡。

第二节　地震人员伤亡

我国处于喜马拉雅地震带和环太平洋地震带之间，地震频繁，每次破坏性的地震往往造成了巨大的人员伤亡。1900 年以来，中国死于地震的人数达 55 万之多，占国内所有自然灾害包括洪水、山火、泥石流、滑坡等总人数的 54%，超过一半。汶川 8.0 级大地震造成了 69227 人遇难，374643 人受伤；玉树 7.1 级地震造成 2698 人遇难，12315 人受伤（表 3–1）。对地震中人员伤亡的原因进行分析和总结，对未来的防震减灾、应急避险和救援具有重要指导作用。

表 3–1　我国 8 次地震伤亡人数

序号	时　　间		地点	震级	震中烈度	人员伤亡/人	
	年月日	时分				死亡	受伤
1	1966 – 03 – 22	16：19	河北邢台	7.2	X	8064	38000
2	1970 – 01 – 05	01：00	云南通海	7.7	X	15621	19845
3	1973 – 02 – 06	18：37	四川炉霍	7.6	X	2175	2756
4	1974 – 05 – 11	03：25	云南大关	7.1	IX	1423	1600
5	1975 – 02 – 04	19：36	辽宁海城	7.3	IX	2041	27538
6	1976 – 07 – 28	03：42	河北唐山	7.8	XI	242769	164851
7	2008 – 05 – 12	14：28	四川汶川	8.0	XI	69227	374643
8	2010 – 04 – 14	07：49	青海玉树	7.1	IX	2698	12315

数据来源：作者根据公开资料整理。

通过搜集近期多个大地震中的人员伤亡情况，并对原因进行统计分析，可以发现影响人员伤亡的因素较多，具体原因如下。

一、地震震级、烈度及其他相关因素

地震震级越大，能量越大，烈度也越大，造成的人员伤亡也越大。地震震级相差一级，其能量相差约 32 倍。一般情况下，5.0 级以上地震会发生人员伤亡。极震区面积越大，烈度越高，地震的破坏情况越严重，房屋的倒塌率越高，倒塌的速度越快，伤亡也就越重。

玉树地震和台湾集集地震表明，邻近断层的人员伤亡与至断层两侧距离成反比关系，即越靠近断层其人员遇难有越高的趋势，反之距离断层越远其人员遇难则逐渐下降。中国地震局工程力学研究所陈洪富等人更是建议邻近断层两侧 30 m 区域内的居民为灾后救援第一优先。

前震和余震对人员伤亡也有一定的影响。强烈和频繁的余震，会导致二次伤害，加重人员伤亡；相反，频繁的前震可能会提高人们的避震意识，从而减轻人员伤亡。1976 年 5 月 29 日，云南龙陵 7.3 级地震前 25 min 和 5 s 前发生了 5.5 级和 5.0 级的前震，第一次主震发生后的 1 h 37 min 后又发生了 7.4 级的第二次主震。比较而言，无前震的澜沧—耿马地震伤亡较重，死亡人数为龙陵地震的 10 倍。前震起到了减少人员伤亡的预警作用。

二、建筑物的抗震设防与破坏等级

历史地震震害实例表明，由于建筑物的倒塌和破坏所造成的人员遇难约占总遇难人数的90%。例如，台湾集集地震造成2492人遇难，94%的遇难与建筑物倒塌有关，其中土坯房屋占41%，砖造（含加强砖造）房屋占15%，钢筋混凝土房屋占17%；"5·12"汶川地震中尽管滑坡、泥石流等地质灾害严重，但是江油、安县、青川县等大部分地区与建筑物倒塌有关的遇难人数仍超过70%，都江堰地区甚至98%以上的人员伤亡为建筑物倒塌所致（图3-1）；汶川地震中未设防砌体结构的毁坏比例为10.88%，远超过设防砌体结构。显然，建筑物抗震设防情况和抗震能力的高低直接影响着人员伤亡数量。

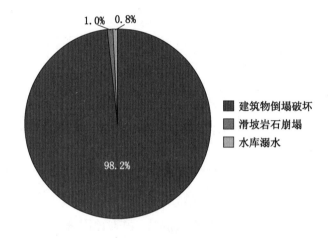

图3-1　汶川地震都江堰人员伤亡原因饼图

（资料来源：徐超等，2012年）

根据汶川地震中都江堰市区1005栋房屋的调查结果分析，未设防的老旧房屋倒塌率远远高于设防房屋，经过正规抗震设计的20世纪90年代以来的房屋倒塌率仅为1%（图3-2）。可以看出，经过良好抗震设计的房屋基本实现了"大震不倒"的抗震设防目标，为减少人员伤亡做出了重要贡献。

同样，在九寨沟7.0级地震和青川5.4级地震中，人员伤亡大大减轻，这与汶川地震灾后重建房屋的防震设防是分不开的。在重庆荣昌4.8级地震中，市区的某建材市场也是因为非承重构件设置不当导致大块砌体掉落，造成了一定的损失。

随着我国新一代地震动参数区划图的发布实施，严格按照抗震设防标准设计的房屋，其抗震设防能力会再上一个台阶。

三、地震地质灾害的影响

汶川地震中的次生地质灾害严重，是造成人员伤亡的重要因素之一。对江油市、安县、青川县和理县部分地区人员遇难原因的调查结果发现，次生崩滑流灾害造成的遇难人

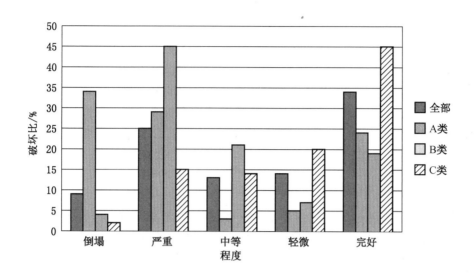

图 3-2　汶川地震都江堰房屋破坏比柱状图（资料来源：张敏政，2008 年）

数占总遇难人数的比例均相当高，特别是辖区基本为山区的理县，该比例高达 45%。地质灾害的预报和预警是可以实现的，应采用空天地多源一体化等观测手段来加强地质灾害隐患点的普查—详查—核查，建立地灾隐患早期识别体系。

四、个人的情绪和避震知识的缺乏

受灾群体对避震知识了解程度也对个人避震起到一定的作用。对尼泊尔博克拉 8.1 级地震中 374 例受伤人员的分析中，在逃生过程中，主动或被动引起的高处坠落物砸伤的比例为 32.9%，逃生过程中由于个人惊恐导致的平地跌伤为 15.5%，直接建筑物倒塌掩埋和地震作用导致的高处坠落比例分别为 41.2% 和 10.4%，避震不当、缺乏避震知识导致的受伤比例高达 48%。因此，在地震发生时，保持镇定，采取正确的避震方法将会大大减轻伤亡的概率。

地震中人员伤亡的原因是很多的，除上面的因素外，发震时刻和人口密度等也是重要的影响因素。总之，人员伤亡是多种因素综合的结果，而通过建筑物的抗震设防、地质灾害隐患点的排查治理，以及个人避震知识的学习是可以大大减轻地震时人员的受伤概率的。

第三节　建筑结构及其震害

工程抗震的研究和实践已经走过了近百年的历程，特别是 20 世纪 70 年代以来，基于震害调查、强震观测、理论分析和抗震试验，地震工程和抗震工程研究取得了长足的进展，建立了以弹性反应谱理论为基础的较为系统的可供实际操作的抗震技术方法。处于地震活动区的世界各国均编制了地震危险性区划图，制定了建筑抗震设防标准，颁布了抗震技术和管理法规，在大范围内实施了建筑抗震设计和现有建筑加固，所有这些都有力地促进了抗震防灾事业的发展。

房屋建筑物、构筑物和公共设施的地震破坏是由各种不同的灾害产生的。地震区的地震灾害主要有：不同强烈程度的震动，地面的不均匀沉降，地面沉陷、滑坡、倾斜、塌方、砂土液化、沿断层的地面错动、海啸及由地震引起的火灾等。地震动的影响和由土壤不稳定性引起的震害是主要的地震灾害，地震动使许多城乡建筑物和构筑物倒塌。地震人员伤亡中大部分人员伤亡是由于房屋建筑破坏造成的，所以房屋建筑震害特点研究是地震救援的一项重要基础工作。

一、建（构）筑物地震破坏等级划分

建（构）筑物地震破坏等级划分是地震现场震害调查、灾害损失评估、烈度评定、建（构）筑物安全鉴定及震害预测和工程修复的基础，对于地震救援也有一定的参考意义。根据《建（构）筑物地震破坏等级划分》（GB/T 24335—2009），建筑物类型包括：砌体结构；底部框架结构；内框架结构；钢筋混凝土框架结构；钢筋混凝土剪力墙（或筒体）结构；钢筋混凝土框架－剪力墙（或筒体）结构；钢框架结构；钢框架－支撑结构；砖柱排架结构厂房；钢、钢筋混凝土柱排架结构厂房；排架结构空旷房屋；木结构房屋；土、石结构房屋。建筑物地震破坏等级划分原则是以承重构件的破坏程度为主，兼顾非承重构件的破坏程度，并考虑修复的难度和功能丧失程度的高低。

建筑物地震破坏等级划分为五级标准：Ⅰ级基本完好；Ⅱ级轻微破坏；Ⅲ级中等破坏；Ⅳ级严重破坏；Ⅴ级倒塌。下面分别以地震救援中常见的砌体房屋、钢筋混凝土框架结构和钢、钢筋混凝土柱排架结构厂房和土、石结构房屋为例说明地震破坏等级。

1. 砌体房屋地震破坏等级划分

Ⅰ级基本完好：主要承重墙体基本完好；个别非承重构件轻微损坏，如个别门窗口有细微裂缝等；结构使用功能正常，不加修理可继续使用。

Ⅱ级轻微破坏：承重墙无破坏或个别有轻微裂缝，屋盖和楼盖完好；部分非承重构件有轻微损坏，或个别有明显破坏，如屋檐塌落、坡屋面溜瓦、女儿墙出现裂缝、室内抹面有明显裂缝等；结构基本使用功能不受影响，稍加修理或不需修理可继续使用。

Ⅲ级中等破坏：多数承重墙出现轻微裂缝，部分墙体有明显裂缝；个别屋盖和楼盖有裂缝；多数非承重构件有明显严重破坏，如坡屋面有较多的移位变形和溜瓦、女儿墙出现严重裂缝、室内抹面有脱落等；结构基本使用功能受到一定影响，修理后可使用。

Ⅳ级严重破坏：多数承重墙有明显裂缝，部分有严重破坏，如墙体错动、破碎、内或外倾斜或局部倒塌；屋盖和楼盖有裂缝，坡屋顶部分塌落或严重移位变形；非承重构件破坏严重，如非承重墙体成片倒塌、女儿墙塌落等；整体结构明显倾斜；结构基本使用功能受到严重影响，甚至部分功能丧失，难以修复或无修复价值。

Ⅴ级倒塌：多数墙体严重破坏，结构濒临倒塌或已倒塌；结构使用功能不复存在，已无修复可能。

2. 钢筋混凝土框架结构地震破坏等级划分

Ⅰ级基本完好：框架梁、柱构件完好；个别非承重构件轻微损坏，如个别填充墙内部或与框架交接处有轻微裂缝，个别装修有轻微损坏等；结构使用功能正常，不加修理可继续使用。

Ⅱ级轻微破坏：个别框架梁、柱构件出现细微裂缝；部分非承重构件有轻微损坏，或个别有明显破坏，如部分填充墙内部或与框架交接处有明显裂缝等；结构基本使用功能受影响，稍加修理或不需修理可继续使用。

Ⅲ级中等破坏：多数框架梁、柱构件有轻微裂缝，部分有明显裂缝，个别梁、柱端混凝土剥落；多数非承重构件有明显破坏，如多数填充墙有明显裂缝，个别出现严重裂缝等；结构基本使用功能受到一定影响，修理后可使用。

Ⅳ级严重破坏：框架梁、柱构件破坏严重，多数梁、柱端混凝土剥落、主筋外露，个别柱主筋压屈；非承重构件破坏严重，如填充墙大面积破坏，部分外闪倒塌；整体结构明显倾斜；结构基本使用功能受到严重影响，甚至部分功能丧失，难以修复或无修复价值。

Ⅴ级倒塌：框架梁、柱破坏严重，结构濒临倒塌或已倒塌；结构使用功能不复存在，已无修复可能。

3. 钢、钢筋混凝土柱排架结构厂房地震破坏等级划分

Ⅰ级基本完好：主要承重构件和支撑系统完好；屋盖系统完好或个别大型屋面板松动；个别非承重构件轻微损坏，如个别维护墙有细微裂缝等；结构使用功能正常，不加修理可继续使用。

Ⅱ级轻微破坏：柱完好或个别柱出现细微裂缝；部分屋面构件连接松动，个别天窗架有轻微损坏；部分非承重构件有轻微损坏，或个别有明显破坏，如山墙和维护墙有裂缝等；结构基本使用功能不受影响，稍加修理或不加修理可继续使用。

Ⅲ级中等破坏：多数柱有轻微裂缝，部分柱有明显裂缝，柱间支撑弯曲；部分屋面板错动，屋架倾斜，屋面支撑系统变形明显，或个别屋面板塌落；多数非承重构件有明显破坏，如多数维护墙有明显裂缝，个别出现严重裂缝等；结构基本使用功能受到一定影响，修理后可使用。

Ⅳ级严重破坏：多数钢筋混凝土柱破坏处表层脱落，内层有明显裂缝或扭曲，钢筋外露、弯曲，个别柱破坏处混凝土酥碎，钢筋严重弯曲，产生较大变位或已折断；钢柱翼缘扭曲，变位较大；屋盖局部塌落；非承重构件破坏严重，如山墙和维护墙大面积倒塌等；整体结构明显倾斜；结构基本使用功能受到严重影响，甚至部分功能丧失，难以修复或无修复价值。

Ⅴ级倒塌：多数钢筋混凝土柱破坏处混凝土酥碎，钢筋严重弯曲；钢柱严重扭曲，产生较大变位或已折断；屋面大部分塌落或全部塌落，山墙和维护墙倒塌；整体结构濒临倒塌或已倒塌；结构使用功能不复存在，已无修复价值。

4. 土、石结构房屋地震破坏等级划分

Ⅰ级基本完好：主要承重墙基本完好；屋面或拱顶完好；个别非承重构件轻微损坏，如个别门、窗口有细微裂缝，屋面溜瓦等；结构使用功能正常，不加修理可继续使用。

Ⅱ级轻微破坏：承重墙无破坏或个别有轻微裂缝；屋盖和拱顶基本完好；部分非承重构件有轻微损坏，或个别有明显破坏，如部分非承重墙有轻微裂缝，个别有明显裂缝，山墙轻微外闪，屋面瓦滑动等；结构基本使用功能不受影响，稍加修理或不加修理可继续

使用。

Ⅲ级中等破坏：多数承重墙出现轻微裂缝，部分墙体有明显裂缝，个别墙体有严重裂缝，窑洞拱体多处开裂；个别屋盖和拱顶有明显裂缝；部分非承重构件有明显破坏，如墙体抹面多处脱落，部分屋面瓦滑落等；结构基本使用功能受到一定影响，修理后可使用。

Ⅳ级严重破坏：多数承重墙有明显裂缝，部分有严重破坏，如墙体错动、破碎、内或外倾斜或局部倒塌；屋面或拱顶隆起或塌陷；局部倒塌；整体结构明显倾斜；结构基本使用功能受到严重影响，甚至部分功能丧失，难以修复或无修复价值。

Ⅴ级倒塌：多数墙体严重断裂或倒塌，屋盖或拱顶严重破坏或塌落；整体结构濒临倒塌或全部倒塌；结构使用功能不复存在，已无修复价值。

二、案例：对汶川地震展开的建筑结构及震害评估

2008年5月12日14时28分，四川省汶川县境内发生了里氏8.0级特大地震，这是新中国成立以来发生的最大一次内陆地震。截至2008年9月25日中旬，直接遇难人数是69227人，失踪17923人，直接经济损失8451亿元人民币。地震造成重大人员伤亡和经济损失。地震发生后，国家有关主管部门多次组织专家进行了房屋建筑震害考察，针对该次地震对房屋建筑的震害情况进行了较深入的分析研究。

（一）汶川地震震源特点

汶川地震震级高、震源深度浅、震动持续时间长。

1. 能量巨大、烈度高

本次8.0级特大地震发生在青藏高原东边缘的龙门山断裂带上，是该断裂带千年不遇的特大地震。8.0级地震释放的能量为7.0级地震的32倍。据有关资料介绍，在汶川卧龙获取的峰值加速度记录达0.9g（地震烈度Ⅹ度强），在江油获取的峰值加速度记录达0.7g（地震烈度接近Ⅹ度）。此次地震所产生的峰值加速度大于0.4g（地震烈度Ⅸ度）的区域尺度达到350 km，震中烈度高达Ⅹ度。如此巨大的地震造成地面大量工程建筑倒塌，引发了数以万计的山体崩塌、滑坡、泥石流等次生灾害，形成了众多堰塞湖，造成巨大的人员伤亡和经济损失。

2. 震源深度浅、破裂长度大、震害范围广

本次地震震源深度为19 km，所产生的地面运动十分剧烈，地震破裂面从震中汶川开始向北偏东49°方向传播，破裂长度达240 km，破裂过程可明显分成相互连贯的若干个破裂事件，每个破裂事件相当于一次7.2～7.6级的地震，造成的地震震害面积达44万km^2，涉及四川、甘肃和陕西3省237个县、市。我国绝大部分省、市均有不同程度震感，甚至泰国、越南、菲律宾和日本也有震感。

3. 发震方式特殊、震动持续时间长

本次地震为逆冲、右旋、挤压型断层地震，发震构造为龙门山中央断裂带，在挤压应力作用下，由南向北东逆冲运动；在断裂带区域造成地面最大垂直位移达9 m，纵向破坏力巨大，而且地震烈度沿断裂带短轴方向变化很快，在20 km距离内烈度值从Ⅶ度陡然上升至Ⅺ度，对处于高烈度区的建筑物瞬间造成严重破坏或倒塌；地震强烈波动时间长达100 s（地震史上少见），持续的强烈振动对各种房屋结构造成持续叠加型破坏。如此特殊

的地震对地面建筑物的破坏特别巨大，造成的破坏程度历史上罕见。

（二）汶川地震地质灾害和次生灾害

这次特大地震引发了大量山体滑坡、泥石流、堰塞湖、地基液化、崩塌、震陷等地质灾害，加剧了山区部分房屋的倒塌及破坏，特别是给救援工作带来了严重的威胁。

1. 崩塌、滑坡灾害

根据国土资源部、四川省国土资源厅组织的地震次生地质灾害调查工作，"5·12"汶川特大地震直接诱发的崩塌、滑坡等灾害达18997处，平均每个县达142处之多，最多的县区达989余处（青川），汶川县474处。在调查的地质灾害中，巨型滑坡66处、大型556处；巨型崩塌67处、大型343处；巨型不稳定斜坡13处、大型107处。地震诱发的崩塌、滑坡大部分呈点、线、面状连续分布，著名的唐家山滑坡达600万~1000万 m³，并已形成较大的堰塞湖。

地质灾害使众多旅游景区、大中型厂矿企业所在地、公路铁路等交通干线及水利电力工程等遭受严重损毁，如影响都汶路213国道畅通的最大地质灾害点——老虎嘴崩塌阻断交通达3个月之久；北川县曲山镇王家岩滑坡在地震作用的诱发下，发生大规模的滑动，造成1600人死亡，大面积房屋被埋。

根据黄润秋等人的研究，汶川地震中崩塌滑坡的分布与地震烈度密切相关，崩塌滑坡的分布密度随地震烈度的增加而显著增加，Ⅶ度区内平均密度最小，为0.05 个/km²，Ⅺ度区内平均密度最大，达到3.0~3.5 个/km²。小于Ⅵ度的区域则极少，见表3-2。

表3-2 汶川地震不同烈度区地震触发崩塌滑坡估算数量

地震烈度	面积/km²	滑坡密度/(个·km⁻²)	估算崩塌滑坡/个
Ⅶ	60737	0.05	3037
Ⅷ	25400	0.15	3810
Ⅸ	7491	1.0~1.5	7491~11237
Ⅹ	3207	2.0~2.5	6414~8018
Ⅺ	2303	3.0~3.5	6909~8061
合计	99138		27661~34161

数据来源：黄润秋和李为乐，2009年。

2. 泥石流灾害

2008年，在"5·12"汶川地震后，随着降雨的发生，地震重灾区的中高山区较普遍地多次发生了泥石流灾害，尤其是对一些地震灾民安置点板房区造成了危害，累计造成人员伤亡（含失踪）达450余人，进一步加重了灾情。按照地震与泥石流暴发的时间顺序分类，区内的泥石流属后发型地震泥石流。其特征主要为：泥石流活动频率增高，暴发点多，规模大小不一，流体性质一般以黏性为主，密度值多在2.0~2.3 t/m³；泥石流的活动范围与降雨关系密切，活动范围还受地形因素控制，主要集中在龙门山等中高山区；泥石流危害形式有冲毁、淤埋、堵塞主河等多种形式。汶川地震泥石流灾害暴发点多，规模不一，但是流体性质较单一。地震重灾区除上列沟暴发了大规模、较大规模的沟谷泥石流外，由于山坡上普遍堆积了地震震动形成的松散固体物质，在降雨的激发下，还暴发了大量难以计数的小规模山坡型泥石流，仅汶川映秀镇至卧龙镇约 50 km 长的渔子溪两岸，就有大小 40 多处泥石流活动。

3. 地震堰塞湖灾害

地震堰塞湖的形成需要三个基本条件：地震区内有河流经过；河道两侧有山体，河床海拔明显低于周边山体；由于地震产生了山体滑坡，并堵塞了河道。

汶川地震发生时就具备地震堰塞湖形成的基本条件。强烈地震动诱发大规模的山体滑坡与崩塌，大小不等的滑坡体，将河流分段堵截，形成了一系列堰塞湖。截至 2008 年 5 月 28 日，四川地震灾区发现了 34 处堰塞湖，并且其中 8 处的水量在 300 万 m³ 以上。一旦坝体垮塌，位于下游的乡镇将面临被水淹没的灾害。

（三）汶川地震房屋建筑震害

据不完全统计，汶川地震造成 546.19 万间房屋倒塌，593.25 万间房屋严重损坏，1500 万间以上房屋受损。

1. 不同结构类型的房屋震害情况

地震区的建筑结构形式主要有砖混砌体结构形式、框架结构形式、砖土（木）结构形式等。

1）砌体结构房屋震害情况

四川汶川 8.0 大地震对砖混结构房屋的破坏情况十分严重，破坏方式也不完全相同，主要震害现象包括倒塌、墙体开裂、预制板脱落、纵横墙连接处破坏、楼梯间破坏、平立面突变处破坏、附属物（如栏杆、挑檐、女儿墙、屋面瓦等）破坏。根据对地震现场考察的情况来看，本次地震砖混结构房屋破坏的主要特点如下。

（1）倒塌现象十分明显。砖混结构房屋倒塌现象十分严重，以极震区北川县城为例，整个县城砖混结构的房屋倒塌约占了整个房屋倒塌的 70% 以上，老旧房屋未经过抗震设计、未采取有效抗震构造措施、房屋整体性差等，是本次地震中大量砖混结构倒塌的主要原因。

（2）学校、医院等重要建筑倒塌严重，造成的人员伤亡十分惨重。北川中学、聚源中学、汉旺中学、东汽中学、八角镇中心小学、洛水镇中心小学、北川人民医院等学校和医院的一栋栋房屋倒塌，一个个触目惊心的死亡数字让我们不得不重新面对新的抗震任务，如何确保学校、医院等重要建筑的抗震安全性已经成为我们必须解决的课题。在这些倒塌的学校医院中，砖混结构的房屋又占了绝大多数。在这次地震中，除倒塌的房屋外，由于沉陷和山体滑坡造成的房屋破坏也是我们必须考虑的问题之一。

（3）砖混结构房屋薄弱层倒塌破坏十分严重。中小学教学楼底层常被架空作为学生课间课后活动场地，在抗震分析中，常会因底层或中间层的抗侧刚度不足，致使底层或中间层出现薄弱层。地震中，砖混结构房屋由于薄弱层的存在，薄弱层由于应力集中往往成为最先破坏和倒塌的地方，如北川县职教中心 4 层学生宿舍楼，由于底层完全倒塌变成了 3 层。

（4）砖混结构房屋墙体破坏严重。强震区少部分砖混结构房屋，即使尚未完全倒塌，但内部墙体破坏仍然十分严重。

2）框架结构房屋震害情况

地震区框架结构房屋所占的比例并不是很大，但在重灾区特别是极震区框架结构的房屋也遭受到了严重破坏。框架结构房屋的破坏主要有以下三种。

（1）倒塌。在地震区，钢筋混凝土框架房屋倒塌情况并不多见，但由于种种原因致使这类结构破坏时有发生。在仔细检查倒塌的各个梁、柱及梁柱节点中，发现很多构件明显不符合抗震设计的要求，受力纵向钢筋明显偏少，而且构造措施严重不足，没有足够的箍筋，即使是在断开的明显需要加密箍筋的梁柱节点处，也很难发现有效合理的箍筋布置。类似的情况在1997年的伊朗大地震中也可见到。

（2）破坏严重，但没有倒塌。由于框架结构本身具有较好的抗震性能，特别是按照《建筑抗震设计规范（附条文说明）（2016年版）》（GB 50011—2010）进行结构设计的"强柱弱梁"框架结构，即使填充墙及梁结构发生了严重的破坏，但房屋的主要柱结构仍然能够承重并支撑整个结构，保证房屋挺立而不倒。虽然填充墙全部倒塌，结构损坏严重，但仍然没有倒塌；这就给震后的逃生和救援工作赢得了宝贵的时间，这也符合抗震设防"大震不倒"的原则。

（3）框架结构房屋的某些构件发生了破坏。在框架结构抗震设计时，要求形成"强柱弱梁"体系，从整体上说，地震区框架结构破坏程度远远低于砖混结构的破坏。严格按照抗震设计标准进行设计，保证抗震构造措施，确保施工质量的框架结构房屋完全能够满足地震区的抗震设防要求。

3）砖土（木）结构房屋震害情况

在偏远的山村，砖土和砖木结构的房屋仍然存在，而这种结构形式的房屋由于建筑材料强度低，结构整体性差，很难抵抗强地震作用。在极震区的砖土结构（土坯墙）的房屋几乎全部倒塌。所幸的是，一方面由于这种结构形式的房屋都是单层，而且结构是木屋架，自重较轻，另一方面由于地震发生时村民大多外出劳作，因而造成的人员伤亡并不是很大。以安县晓坝镇某高山村庄为例，全村房屋大多是砖木结构房屋，在地震中全部倒塌，但是人员伤亡并不是很严重，1死2伤，失踪1人。

4）工业厂房震害情况

地震区的一些工业厂房也遭受到了严重的破坏，特别是位于绵竹县汉旺镇的东方汽轮机厂的某工业厂房遭受到了严重破坏；厂房的钢结构部分由于屋架脱落遭到了严重破坏，厂房内的生产设施遭受到了严重的毁坏。震害调查中发现，灾区的不少厂房及仓储用房的排架结构由于跨度大、屋架重、柱间连接弱，加上一些年久失修等原因在此次地震中破坏严重，垮塌较多，其中单跨比双跨震害重，重屋架比轻屋架震害重。在灾区还有少量的轻钢结构形式的轻工业厂房，由于其质量轻、连接可靠、结构整体延性好，加上与之配套的屋盖和墙板均采用轻质材料，使其具有较好的抗震性能。这次地震中，震害主要表现为柱间支撑连接被拉断、钢构件防火涂料剥落等，震害较轻。

2. 震害情况统计

1）按结构形式

各类结构形式建筑的震害情况统计，见表3-3。震区大量应用的砌体结构、砌体-

框架混合结构和框架结构的不同震害程度的对比，如图3－3所示。从破坏程度严重而应立即拆除和停止使用所占的比例来看，不同结构形式的抗震性能按以下顺序依次增强：砌体结构—砌体－框架混合结构—框架结构—框架－剪力墙（核心筒）结构/钢结构。除各类结构本身抗震性能的差别以外，结构体系和施工质量的离散程度也对结构的抗震性能有一定的影响。例如，各种砌体结构，建造随意，有时没有进行设计，很多情况是结构体系不清楚，因此结构的抗震性能难以把握，破坏情况也多种多样，可能是砌体墙剪切破坏或砂浆强度不足错动剪切破坏，也可能是楼板拉结破坏和砌体墙的倾覆破坏。框架结构、框架－剪力墙结构和钢结构，大多情况下结构体系的传力路径比较清晰，施工工艺先进，容易保证质量，结构的抗震性能能够比较准确地预测和设计。这类结构如发生严重震害，大多是由于施工质量问题或结构严重不规则造成。

表3－3　建筑震害情况统计（按结构类型分类）

结　构　类　型	可以使用	加固后使用	停止使用	立即拆除
砌体－木架屋顶结构	0（0%）	2（50%）	0（0%）	2（50%）
砌体结构	42（21%）	74（37%）	33（16%）	52（26%）
砌体－框架混合结构	20（48%）	9（21%）	4（10%）	9（21%）
框架结构	66（63%）	40（38%）	8（8%）	9（9%）
框架－剪力墙（核心筒）结构	5（71%）	2（29%）	0（0%）	0（0%）
轻钢结构（屋面）/钢桁架拱	4（57%）	3（43%）	0（0%）	0（0%）

资料来源：清华大学土木结构组等，2008年。

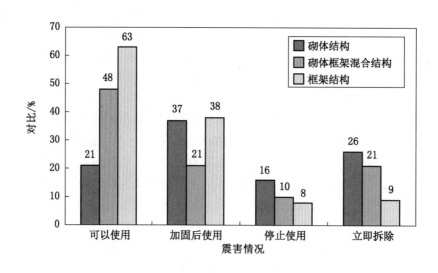

图3－3　砌体结构、砌体—框架混合结构和框架结构震害情况对比柱状图
（资料来源：清华大学土木结构组等，2008年）

2）按建造年代

建造年代对结构破坏程度的影响有两方面：使用年限的长短和设计规范的不同。将建筑震害情况按照各版本抗震设计规范的实施年份划分，得到表3-4和图3-4所示的震害情况统计。可以发现，1978年以前的建筑结构破坏的情况最严重，其原因主要是：使用年限较长；当时经济水平较低，大多数房屋以砌体结构为主，而砌体结构本身的抗震性能相对于其他结构较弱；设计规范的安全储备水平较低。

表3-4 建筑震害情况统计（按建造年代分类）

建 造 年 代	可以使用	加固后使用	停止使用	立即拆除
1978 年以前	5（10%）	19（39%）	4（8%）	21（43%）
1979—1988 年	21（35%）	20（33%）	8（13%）	11（18%）
1989—2001 年	35（40%）	27（31%）	14（16%）	12（14%）
2002 年及以后	32（52%）	19（31%）	3（5%）	7（11%）
不详	44（35%）	45（36%）	16（13%）	21（17%）

资料来源：清华大学土木结构组等，2008年。

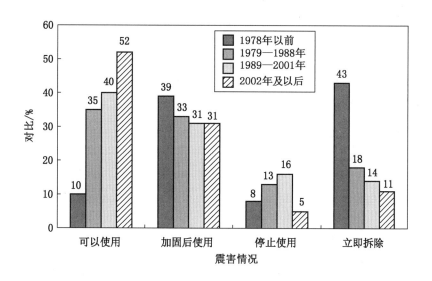

图3-4 不同年代建造的建筑震害情况对比柱状图

（资料来源：清华大学土木结构组等，2008年）

比较《工业与民用建筑抗震设计规范》（TJ 1—78）、《建筑抗震设计规范》（GBJ 11—1989）、《建筑抗震设计规范（2008年版）》（GB 50011—2001）可以发现，自1976年唐山地震以来，我国加强了对工程结构抗震领域的研究，使得抗震设计规范逐渐完善，在抗震设计中考虑的内容越来越全面。同时，随着经济水平的提高，对建筑抗震设计要求也越来越高，以同期的混凝土结构规范为例，结构的设计安全水平和安全储备从原《工业与民用建筑抗震设计规范（TJ 11-74）》以后逐渐提高，见表3-4。TJ 11-74 的安全水平和安全储备之所以最低，正是受当时经济水平所限。由此可见，抗震水平也是国家经济水平的反映。

3）按地震区烈度

根据本文作者所调查本次地震区估计烈度，各地区建筑震害情况统计，见表3-5 和图3-5。从破坏情况较为严重的两类建筑（"停止使用"和"立即拆除"）来看，基本符合烈度越大，破坏越严重的分布趋势。但是都江堰、绵阳和相同地震烈度的其他地区相比，震害较轻。主要是由于这两个城市的经济水平相对较好，建筑以框架结构或框架-剪力墙结构为主，即使实际地震烈度大于设防烈度，损失也并不是很严重；而其他地区，如平武、江油、梓潼，建筑以砌体结构为主，震害较为严重。由此可见，除国家整体经济水平对抗震设防水准的影响外，地区经济水平也对抗震水平也起到了约束作用。

表3-5 建筑震害情况统计（按估算地震区烈度分类）

设防烈度	绵阳Ⅵ	梓潼Ⅵ	江油Ⅵ	都江堰Ⅵ	安县Ⅵ	绵竹Ⅵ	平武Ⅵ
本次地震估计烈度	绵阳Ⅵ	梓潼Ⅵ	江油Ⅵ	都江堰Ⅷ	安县Ⅵ	绵竹Ⅵ	平武Ⅵ
可以使用	39（64%）	2（11%）	20（17%）	46（48%）	20（53%）	7（26%）	3（12%）
加固后使用	9（15%）	8（44%）	63（53%）	32（34%）	6（16%）	5（19%）	7（28%）
停止使用	11（18%）	7（39%）	7（6%）	9（9%）	3（8%）	0（0%）	8（32%）
立即拆除	2（3%）	1（6%）	30（25%）	8（8%）	9（24%）	15（56%）	7（28%）

注：地震估计烈度根据国家地震科学数据共享中心的汶川地震主震PGA（Peak Ground Acceleration，地震中地面峰值加速度）分布按照中国地震烈度表查询获得（清华大学土木结构组等，2008 年）。

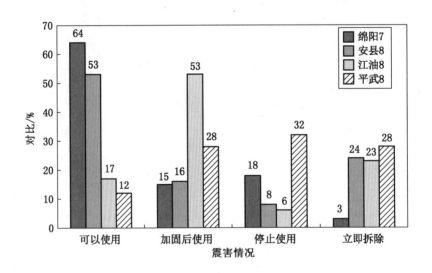

图3-5 不同地区的建筑震害情况对比柱状图

（资料来源：清华大学土木结构组等，2008 年）

4）按使用用途

从建筑使用用途上来看，学校和工厂建筑的震害最严重，见表3-6和图3-6。震区的学校建筑主要以砌体结构为主，加上建筑上的大开间、大门窗洞、外挑走廊，有时甚至无抗震构造措施，导致其抗震性能较差。工厂的厂房也多为砌体结构，规模不大而且多为人员较少的车间，因此其抗震设计的要求也很低，导致震害较为严重。政府机构多用框架结构，其震害最轻。其他类型建筑的震害介于这两类建筑之间。

表3-6 建筑震害情况统计（按使用功能分类）

	学校	政府	商住	工厂	医院	其他公建
可以使用	8（18%）	24（44%）	47（51%）	19（17%）	2（22%）	37（49%）
加固后使用	11（25%）	23（43%）	22（24%）	51（46%）	4（44%）	19（25%）
停止使用	10（23%）	5（9%）	13（14%）	5（5%）	2（22%）	10（13%）
立即拆除	15（34%）	2（4%）	10（11%）	35（32%）	1（11%）	9（12%）

资料来源：清华大学土木结构组等，2008年。

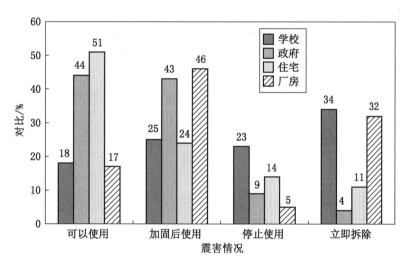

图3-6 不同使用功能的建筑震害情况对比柱状图
（资料来源：清华大学土木结构组等，2008年）

第四节 生命线系统及震害

生命线系统泛指那些对社会极重要的一系列基础设施。据 Duke 的定义，它一般包括4种系统：能源系统、水系统、运输系统和通信系统等几个物质、能量和信息传输系统。随着社会的发展和研究的不断深入，其定义的内涵和外延也在不断扩大。顾名思义，生命线是保障城市"生命"正常运转的中枢系统，是维系现代城市功能与区域经济功能的基础性工程设施。就目前而言，其典型研究对象主要包括电力系统、交通系统、供水系统、供气系统、通信系统五大系统。通常每个生命线系统都由数量不等、种类不同的建（构）筑物和设施、设备等组成，它们之间相互联系构成一个整体。在地震作用下，生命线系统表现出与其他建筑物及设施不同的特点，如生命线系统本身具延伸性、网络性和冗余性，其构成复杂且在国内经济发展中有重要作用，系统中每一元件的破坏都会对整个系统的正常工作有影响，导致其在地震作用下一旦遭受破坏，整个社会生活都会受到严重的影响，轻者影响人民的正常生活和工业生产，重者整个社会都会因生命线工程系统的服务功能中断而处于瘫痪状态，且其次生灾害严重，所引起的间接损失要远远大于其直接损失。因此，研究城市生命线地震工程及其震后恢复有重要的理论与实用价值，而针对生命线系统的地震灾害损失评估是其震后恢复工作的重要组成部分，是城市生命线工程规划、已建生命线工程改建加固、政府部门制定防震减灾决策的重要依据。

生命线系统、管线等设施延伸很长的距离。这类结构往往跨越江河湖海或软弱地基。

一、生命线工程结构的地震破坏等级划分

生命线工程震害损失评估工作的研究起源于 20 世纪 70 年代。1977 年，美国政府颁布了《国家减轻地震灾害法》，在全国重点城市开展生命线工程震害损失评估研究。到 20 世纪 80 年代，由美国国家科学研究委员会提出一份未来地震损失估计的工作指南，其中就包括了生命线工程震害损失评估的细则。

1. 生命线系统地震破坏特点

（1）各个生命线系统有各自的构成和功能，设施和设备的门类和结构类型各不相同，因此破坏机理和震害现象也大有差别。

（2）生命线工程设施是网络系统，一旦其中某个元件（节点）遭破坏不能工作，就可能影响整个系统的正常运行。例如，桥梁、隧道垮塌，将中断道路联通；输水管道断裂，就可能断水等。

（3）生命线系统遭受破坏后果严重，所引起的功能丧失将会严重阻碍甚至终止应急救灾行动。输油气管道破坏还会引起火灾，大坝溃坝则会引起水灾等次生灾害。生命线系统的规模和复杂程度随人口密度增加而增加，震害的后果也愈加严重。

（4）生命线工程的结构和设施复杂特殊。例如，长而大的桥梁具有长达几十秒的自振周期，大坝结构的地震破坏按照轻重程度划分为五档：基本完好、轻微破坏、中等破坏、严重破坏和毁坏。对于有些结构设施（如路基等），破坏程度不好细分，可以分为三档：基本完好、破坏和毁坏。

2. 生命线工程结构的破坏等级

生命线工程结构的破坏等级是根据生命线工程的特点，以结构性构件的破坏程度、功能丧失程度为主，并考虑修复的难易程度及修复所需时间进行评定。

生命线工程结构的门类繁多、结构复杂，地震破坏的形态也各不相同，但绝大部分结构都有部分构件的作用是支撑上部重量，维持整体稳定，我们称其为结构性构件。例如，桥梁中的桥墩、桥身等，它们是结构的骨架，一旦被破坏，该结构就会倒塌或局部倒塌。护栏等是非结构性构件，被破坏后并不影响桥梁的主要功能。结构性构件一旦被破坏，不

仅可能使整个结构产生垮塌或部分垮塌，而且会使结构丧失基本功能，修复也十分困难，甚至要拆除重修。因此，划分地震破坏等级首先要考虑结构性构件的破坏程度。

生命线系统是维系城镇与区域经济、社会功能的基础设施，现代城市生活越来越依赖这些系统的正常运转。任何一个生命线系统一旦瘫痪，将会给社会生活和抗震救灾带来极大障碍，即使只是部分瘫痪，如部分地区停电、停水，也会带来极大不便。维持基本功能对生命线系统来说尤为重要，因此功能丧失程度也是划分生命线工程结构地震破坏等级的重要指标。

从直接经济损失评估的角度评判，修复难易直接涉及恢复系统功能所需的费用，因此修复难易程度也是评定生命线工程结构的地震破坏等级的指标之一。

二、地震灾害案例

1. 1985 年墨西哥地震（里氏 7.8 级）

1985 年 9 月 19 日发生的墨西哥地震，造成墨西哥市供水管网、煤气管网的大面积破坏。地震中，城市供水管网主干管线破坏达 800 余处。煤气管网的中压管线破坏达 400 余处。由于煤气干管断裂引起煤气爆炸，在墨西哥市区引起多处火灾。同时，由于供水管网的破坏，救火受到严重影响。

2. 1989 年美国旧金山地震（里氏 7.2 级）

地震中，230 kV 和 500 kV 的高压变电站破坏严重，由此造成 140 万用户断电。在旧金山市，因断电甚至导致大规模抢劫事件的发生。同时，旧金山市供水管网系统发生 350 处需要修复的严重破坏。供水管网的破坏严重延缓了次生火灾的扑救。旧金山市城市供气系统出现漏气达 1000 余处，软土地基上的油罐大量破坏。

3. 1995 年日本阪神大地震（里氏 7.2 级）

地震中，交通系统遭到大面积破坏。地震区六条铁路线均遭到严重破坏，许多高架桥倒塌或部分倒塌。阪神高速公路神户线共有 1192 个桥墩，其中 611 个在地震中遭到破坏，约 150 个已不可修复。地震后，100 万用户断电，修复工作持续 6 天。电力系统破坏主要集中在 275 kV 变电站和 77 kV 变电站（共 48 处），直接经济损失达 550 亿日元。配电线路损坏 446 个回路，损失额达 960 亿日元。火力发电厂亦有 10 处破坏，损失额达 350 亿日元。地震区的神户市、西宫市等九个城市共有 136 万户全供水家庭，地震后，由于主干供水管网发生 1610 处破坏，迫使 110 万用户断水（断水率达 80%）。一周后，供水系统仅修复 1/3，全部修复工作持续了两个半月。由于缺水，严重阻碍了救火。供气系统同样在地震中遭受严重破坏。据震后统计，主干供气线路破坏了 5190 处，其中，中压线路破坏 109 处。

4. 1999 年中国台湾集集大地震（里氏 7.3 级）

1999 年 9 月 21 日的中国台湾集集大地震导致 2448 人死亡，受伤 11305 人，经济损失达 4439 亿新台币。地震造成台中地区交通中断。名竹大桥等一批桥梁坍塌。台中火车站、集集火车站等严重破坏。铁路路轨弯曲、电车线断落。由于电力系统的破坏，造成台湾中北部地区大面积停电，累计停电户 517 万户，直接经济损失达 59.4 亿台币。水利基础设施经济损失达 47.2 亿台币、供水管线损失达 9.5 亿台币。

第五节 地震灾害损失评估

当破坏性地震发生时，为尽快获取准确震灾信息，给政府进行抗震救灾决策提供科学依据，以赢得时间迅速稳定社会秩序，有效减轻地震影响造成的损失，按规定的时间和要求完成地震灾害损失初评估、总评估任务。

一、地震灾害损失评估的定义

地震灾害损失评估由国家或省级防震减灾主管部门负责，国家或省级防震减灾主管部门指派的地震现场评估工作组进行，评估组成员应由有评估工作经验或经过专业培训的技术人员组成，并依靠地方各级人民政府，会同有关部门共同进行。地震灾害损失评估包括人员伤亡、地震造成的经济损失及建筑物破坏状况评估。人员伤亡情况包括死亡人数、受伤人数和无家可归人数。经济损失是指地震及其场地灾害、次生灾害造成的建筑物和其他工程结构、设施、设备、财物等破坏而引起的经济损失。建筑物破坏状况评估是根据地震的烈度影响场分布及建筑物类型（高层建筑物、钢筋混凝土建筑物、多层砌体建筑物、单层建筑物、其他建筑物），分析计算地震所造成的建筑物破坏情况。

二、地震灾害损失评估的方法

较常用的地震灾害快速评估方法主要依据对地震波的监测计算得到地震的地理位置、震级与震源的深度，依据经验估计出灾区的范围，根据地震信息与所掌握的灾区建筑物、人口分布、经济总量等统计资料，估算建筑物的破坏情况、直接经济损失与人员伤亡情况等。这种评估方式被称为盲估，由于所确定的灾区范围不准确，相应所统计的建筑物、人口数量也不准确，另外对灾区背景情况（人口分布、建筑物分布情况）的掌握程度及其准确性低。

运用 GIS 技术和公里格网数据处理技术，进行快速震害评估。不仅能在灾区电子地图上直观方便地划定灾区范围，而且能非常容易地计算出灾区在不同烈度圈内的面积或比率，对于地市级、区县级、乡镇级的评估切换方便损失的评估统计，可以避免传统盲估的缺陷。

1. 运用 GIS 技术进行快速震害评估

运用 GIS 技术进行快速震害评估，应遵循一定的技术流程。首先，地震触发启动评估，根据地震三要素计算当前地震烈度分布，绘制地震烈度影响场，结合灾区的基础数据，相较于传统的灾害估计，对于地震灾区的影响范围能够得到更加直观与清晰观察结果；根据灾区覆盖面积下的建筑物统计数据，以及不同结构的建筑物的易损性矩阵，结合地震烈度的划分区域，分析统计建筑物在完好、轻微破坏、中等破坏、严重破坏与毁坏这五个级别下的损失率；再根据灾区的人口密度地形要素等基础数据，结合建筑物的破坏情况的计算结果，对人员伤亡情况进行评估计算；最后根据建筑物的损毁情况与人员伤亡情况，结合灾区的经济总量分布，对建筑物破坏经济损失及直接经济损失等进行评估统计。

2. 运用公里格网数据处理技术进行快速震害评估

公里格网数据分布处理技术是较为成熟先进、精度更高的一种数据分布技术，它可以将以行政区划为单位的数据转变为以公里格网（1 km×1 km）为单位，避免了行政区划分割造成的数据分配错误，从而保证了灾情快速评估结果的有效性。在震后人口、经济、建筑物总面积、建筑物不同结构类型面积的损失评估等方面的应用尤其有效。

公里格网数据处理技术的应用，在很大程度上提高了数据使用时的准确性和可靠性，充分体现辖区专题数据的内部差异，对地震灾害损失评估、区域统计分析具有重要意义。

通过 GIS 技术的运用和公里格网数据处理技术的应用，震后灾害估计的准确性已有了显著提高。

第六节 地震灾害直接经济损失评估规定

2005 年国家首次发布了《地震现场工作 第 4 部分：灾害直接损失评估》（GB/T 18208.4—2005），并于 2011 年对其进行了修订。《地震现场工作 第 4 部分：灾害直接损失评估》（GB/T 18208.4—2011）规定了地震灾害直接损失评估的工作内容、程序、方法和报告内容，为地震灾害直接损失评估工作提供了根本遵循，现节选其中部分内容如下。

4 地震灾害直接损失调查

4.1 地震灾区调查

4.1.1 确定地震极灾区位置及地震灾区范围，可通过地震台网测定参数、电话收集震害、网络查询、航空摄像、遥感影像和实地调查了解等方法进行综合判定。

4.1.2 在地震灾区调查，应收集下列基础资料：

a) 城镇村庄分布

b) 村镇人口及分布；

c) 房屋结构类型；

d) 各类房屋总建筑面积；

e) 各类房屋中采用中高档装修的建筑总面积；

f) 人均或户均住宅建筑面积；

g) 各类房屋建造单价；

h) 生命线系统构成；

i) 其他工程设施的规模和分布；

j) 灾区经济及支柱产业；

k) 其他灾区特性资料（自然环境、民族构成、震源机制、地震破裂过程、地震构造、工程地质、水文地质等）。

4.2 房屋破坏损失调查分区

4.2.1 地震灾区的房屋破坏损失情况，应按农村评估区和城市评估区分别调查。

4.2.2 农村评估区应将破坏连续分布的地震灾区按下列原则分为若干子区：

a) 6 级（不含 6 级）以下地震，应至少将地震灾区分为二个子区，分界线宜选定在地震极灾区中心到地震灾区边界线的二等分距离处；

b) 6~7级（不含7级）地震，应至少将地震灾区分为三个子区，分界线宜选定在地震极灾区中心到地震灾区边界线的三等分距离处；

c) 7级以上（含7级）地震，应至少将地震灾区分为四个子区，分界线宜选定在地震极灾区中心到地震灾区边界线的四等分距离处；

d) 在地震极灾区震害分布不均匀时，宜将地震极灾区所在子区再进行细分若干评估子区。

4.2.3 在破坏连续分布的区域之外的破坏区应单独作为评估子区。不应将此单独评估子区作为破坏连续分布评估区的边界。

4.2.4 在城市评估区，可按城市行政区划或街区划分评估子区，如果因场地条件等原因导致震害分布不均匀，宜按震害程度划分为若干评估子区。

4.2.5 地震次生灾害波及范围较大的区域，宜单独作为评估子区。

4.3 房屋建筑面积调查

4.3.1 按照地震灾区房屋结构类型，参照GB/T 18208.3—2011附录A中的A.1可将房屋划分为下列类别：

a) Ⅰ类：钢结构房屋，包括多层和高层钢结构等；

b) Ⅱ类：钢筋混凝土房屋，包括高层钢筋混凝土框筒和筒中筒结构、剪力墙结构、框架剪力墙结构、多层和高层钢筋混凝土框架结构等；

c) Ⅲ类：砌体房屋，包括多层砌体结构、多层底部框架结构、多层内框架结构、多层空斗墙砖结构、砖混平房等；

d) Ⅳ类：砖木房屋，包括砖墙、木房架的多层砖木结构、砖木平房等；

e) Ⅴ类：土、木、石结构房屋，包括土墙木屋架的土坯房、砖柱土坯房、土坯窑洞、黄土崖土窑洞、木构架房屋（包括砖、土围护墙）、碎石（片石）砌筑房屋等；

f) Ⅵ类：工业厂房；

g) Ⅶ类：公共空旷房屋。

4.3.2 在每个评估子区，应分别调查各类房屋的总建筑面积。宜通过地震灾区地方政府并结合该地区最新统计资料（年鉴或人口普查资料等）得到。

4.3.3 在无法得到各类房屋总建筑面积时，可通过抽样调查得到各类结构建筑面积占总面积的比例，乘以所有房屋总建筑面积得到各类房屋总建筑面积。

4.3.4 在农村评估区，房屋总建筑面积包括住宅房屋总建筑面积、公用房屋面积和厂房建筑面积，其中，住宅房屋总建筑面积可通过人均房屋建筑面积或户均房屋建筑面积分别乘以人口或户数得到。

4.3.5 在城市评估区，应调查各类房屋中高档装修房屋所占比例，并按附录B中表B.1的要求填写，然后乘以所有房屋总建筑面积得到该评估子区各类中高档装修房屋的总建筑面积。

4.4 房屋破坏比调查

4.4.1 钢筋混凝土房屋、砌体房屋等一般房屋应按照GB/T 24335—2009的规定将房屋破坏划分为基本完好、轻微破坏、中等破坏、严重破坏和毁坏五个等级。

4.4.2 土、木、石结构等简易房屋可划分为三个破坏等级：

a) 基本完好：建筑物承重和非承重构件完好，或个别非承重构件轻微损坏，不加修理可继续使用（其划分指标等同于 GB/T 24335—2009 规定的基本完好）；

b) 破坏：个别承重构件出现可见裂缝，非承重构件有明显裂缝，不需要修理或稍加修理即可继续使用。或多数承重构件出现轻微裂缝，部分有明显裂缝，个别非承重构件破坏严重，需要一般修理（其划分指标等同于 GB/T 24335—2009 规定的中等破坏或轻微破坏两者的综合）；

c) 毁坏：多数承重构件破坏较严重，或有局部倒塌，需要大修，个别建筑修复困难。或多数承重构件严重破坏，结构濒于崩溃或已倒毁，已无修复可能（其划分指标等同于 GB/T 24335—2009 规定的毁坏和严重破坏两者的综合）。

4.4.3　房屋破坏比应按不同结构类型、不同破坏等级分别调查求得。

4.4.4　房屋不同破坏等级的破坏面积，应采用抽样调查得到。对 6 级以下地震，地震极灾区内宜逐村调查。应区分评估子区和结构类型，并应按附录 B 中表 B.2 与表 B.3 填写各抽样点调查结果。

4.4.5　抽样调查遵循以下原则：

a) 抽样点的分布，应覆盖整个地震灾区；

b) 抽样点应代表不同破坏程度，不应只抽样调查破坏轻微的点，或只抽样调查破坏严重的点；

c) 农村评估区应以自然村为抽样点，抽样点内的房屋应逐个调查；

d) 城市评估区的抽样点应选在房屋集中的街区，每个抽样点的覆盖面积不应小于一个中等街区；

e) 城市评估区中，所有抽样点的房屋的建筑面积总和不应小于该城市评估区房屋总建筑面积的 10%；

f) 城市评估区的抽样点，应逐栋调查；因故无法逐栋调查时，每个抽样点调查的房屋建筑面积不应小于该抽样点房屋总建筑面积的 60%。

4.4.6　农村评估区抽样调查点的数目应符合下列要求：

a) 6 级（不含 6 级）以下地震，抽样点数不应少于 24 个；

b) 6～7 级（不含 7 级）地震，抽样点不应少于 36 个；

c) 7 级以上（含 7 级）地震，抽样点不应少于 48 个；

d) 每个评估子区内的抽样点不应少于 12 个，当评估子区内村庄少于 12 个时，应逐个调查。

4.4.7　每个评估子区应分别计算不同类别房屋在各破坏等级下的破坏比，并将结果按附录 B 中表 B.4 填写。计算方法应按下列步骤：

a) 分别统计一个评估子区内所有抽样点某类房屋遭受某种破坏等级的破坏面积之和 A；

b) 分别统计该评估子区内某类房屋总建筑面积 S；

c) 评估子区内某类房屋遭受某种破坏等级的破坏比为 A/S。

4.4.8　当确定等震线（烈度分布）图后，应按照烈度分区再给出不同烈度区的各类房屋的各破坏等级的破坏比，并将结果按附录 C 中表 C.3 填写。

4.5 室内外财产损失调查

4.5.1 每个评估子区内应区分住宅和公用房屋，分别针对不同结构类型和不同破坏等级的房屋，宜各选取不少于五户（栋）典型房屋，统计不同破坏等级下住宅和公用房屋室内财产损失值和典型房屋（栋）的总建筑面积，求得二者之比，得到不同类别房屋、不同破坏等级的单位面积室内财产损失值，并按附录 B 中表 B.5 填写。也可以参照当地年鉴的有关统计数字，根据房屋破坏程度和数量估计。

4.5.2 每个评估子区的单位面积室内财产损失值，应为评估子区内的各个抽样值的平均值，并将结果按附录 B 中表 B.6 填写。

4.5.3 对于农村及城镇评估区，当房屋重置单价不包括室内外装修时，室内外装修的破坏损失应按照第 4.5.1 条规定计入室内财产损失之中。

4.5.4 对于城市评估区，房屋破坏损失的评估内容应当包括房屋主体结构损失，中高档装修损失和室内外财产损失三部分。

4.5.5 选取典型房屋样本时应考虑不同经济条件住户的比例。

4.5.6 价值 50 万元以上的设备、机械和精密仪器等室内财产损失应逐个调查，调查结果应按附录 B 中表 B.7 填写。价值 50 万元以下或库存物资可由企事业单位或分管部门归类估计。

4.5.7 对每个评估子区，应由灾区当地政府按附录 D 中表 D.5 填写牲畜、棚圈、围墙、蓄水池等室外财产破坏数量和损失，经核实后再按附录 B 中表 B.8 汇总。

4.6 工程结构和设施损失调查

4.6.1 各种生命线系统的工程结构、工业和特殊用途结构应逐个调查，并将调查结果逐一按附录 B 中表 B.11 填表。

4.6.2 对公路、铁路、城市轨道交通、市政道路、农田水利灌渠、供排水系统管道、供气系统管道、供热系统管道、输油管道、输电线路、通信系统线路等，宜逐段调查得到绝对破坏长度，或抽样调查得到平均每千米破坏长度，再乘以总长度得到绝对破坏长度。

5 地震人员伤亡统计与失去住所人数估计

5.1 宜通过灾区地方政府获得地震人员伤亡情况（死亡、失踪、重伤和轻伤），并按下列规定填写附录 B 表 B.9，再按 B.10 汇总：

a）死亡：因地震直接或间接致死；

b）失踪：以地震为直接原因导致下落不明,暂时无法确认死亡的人口(含非常住人口)：

c）重伤：需要住院治疗的伤员；

d）轻伤：无须住院治疗的伤员。

5.2 地震死亡人员，应说明其性别、年龄、住房结构类型、死亡地点及致死原因等；因地震重伤、轻伤人员宜加以说明。

5.3 出现因地震而失踪人员时应加以说明。

5.4 应给出按村落或按街区人员伤亡的空间分布调查结果。

5.5 失去住所人数 T，宜按式（1）计算：

$$T = \frac{c+d+e/2}{a} \times b - f \tag{1}$$

式中　　a——调查中得到的户均住宅建筑面积，m^2；

　　　　b——调查中得到的户均人口，人／户；

　　　　c——调查中得到的所有住宅房屋的毁坏建筑面积，m^2；

　　　　d——调查中得到的所有住宅房屋的严重破坏建筑面积，m^2；

　　　XX——调查中得到的所有住宅房屋的中等破坏建筑面积，m^2；

　　　　f——调查中得到的死亡人数，人。

6　地震灾害直接损失报表

6.1　破坏性地震发生后，应向灾区各级行政主管部门、行业主管部门提供地震灾害直接损失报表格式，调查、收集建（构）筑物、室内（外）财产、生命线系统工程结构和设施、企业工程结构和设施以及文物古迹部门的震前基础信息及震后损失等资料，并由地震主管部门核实。

6.2　房屋震前基础资料应由灾区行政主管部门按不同用途（居住、政府办公和其他房屋）分别填写附录 D 表 D.1~表 D.3。

6.3　地震人员伤亡情况应由灾区行政主管部门按 5.1~5.5 相关规定填写附录 B 表 B.9。

6.4　城市和农村民房、行业系统（教育、卫生、行政管理事业单位等）房屋、生命线系统（电力、供排水、供气、供热、交通、长输油（气）管道、水利、通信、广播电视、市政、铁路）房屋、企业房屋、文物古迹部门管理用房等的建（构）筑物地震灾害直接损失，应由灾区各主管部门分别按附录 D 表 D.4 填写报表。

6.5　城市和农村民房、行业系统（教育、卫生、行政管理事业单位等）房屋、生命线系统（电力、供排水、供气、供热、交通、长输油（气）管道、水利、通信、广播电视、市政、铁路）房屋等的室内（外）财产地震灾害直接损失，应由灾区各行政主管部门分别按附录 D 表 D.5 填写报表。

6.6　生命线系统工程结构和设施地震灾害直接损失，应区分电力、供排水、供气、供热、交通、长输油（气）管道、水利、通信、广播电视、市政和铁路等系统，由灾区各主管部门分别按附录 D 中表 D.6~D.16 填写报表。

6.7　企业除建（构）筑物以外的地震灾害直接损失，应由灾区各主管部门按附录 D 表 D.17 填写报表。

6.8　文物古迹地震灾害直接损失，应区分古建筑、配套设施和文物，由灾区文物主管部门按附录 D 表 D.18 填写报表。

7　地震直接经济损失

7.1　房屋直接经济损失

7.1.1　房屋破坏损失比应根据结构类型、破坏等级，并应按当地土建工程实际情况，在表 1 规定的范围内适当选取，一般选取中值，相同区域所选取的值应有延续性。对按照基本完好、破坏、毁坏三个破坏等级评定的土、木、石结构房屋，损失比应分别在 0%~5%、30%~50%、80%~100% 的范围内选取。对于表 1 未涉及类型的房屋损失比可参照表 1 选取。

表1　房 屋 损 失 比　　　　　　　　　　　　%

房 屋 类 型		破 坏 等 级				
		基本完好	轻微破坏	中等破坏	严重破坏	毁坏
钢筋混凝土、砌体房屋	范围	0～5	6～15	16～45	46～100	81～100
	中值	3	11	31	73	91
工业厂房	范围	0～4	5～16	17～45	46～100	81～100
	中值	2	11	31	73	91
城镇平房、农村房屋	范围	0～5	6～15	16～45	46～100	81～100
	中值	3	11	28	71	86

7.1.2　房屋破坏直接经济损失，应按下列步骤计算：

a) 按式（2）计算各评估子区各类房屋在某种破坏等级下的损失 L_h：

$$L_h = S_h \times R_h \times D_h \times P_h \tag{2}$$

式中　　S_h——该评估子区同类房屋总建筑面积，m^2；

$\quad\quad\quad R_h$——该评估子区同类房屋某种破坏等级的破坏比；

$\quad\quad\quad D_h$——该评估子区同类房屋某种破坏等级的损失比；

$\quad\quad\quad P_h$——该评估子区同类房屋重置单价，元/m^2。

b) 将所有破坏等级的房屋损失相加，得到该评估子区该类房屋破坏的损失；

c) 将所有类别房屋的损失相加，得到该评估子区房屋损失；

d) 将所有评估子区的房屋损失相加，得出整个灾区的房屋损失。

7.1.3　按照附录C中表C.1和表C.2分别填写房屋破坏面积汇总表。

7.2　房屋装修直接经济损失

7.2.1　城市评估区应在计算7.1规定的房屋经济损失基础上，增加中高档装修房屋的装修破坏直接经济损失，按下列步骤计算：

a) 按式（3）计算各评估子区各类房屋装修在某种破坏等级下的损失 L_d：

$$L_d = \gamma_1 \times \gamma_2 \times S_d \times R_h \times D_d \times P_d \tag{3}$$

式中　　S_d——该评估子区同类中高档装修房屋总建筑面积（见7.2.2），m^2；

$\quad\quad\quad R_h$——该评估子区同类房屋某种破坏等级的破坏比；

$\quad\quad\quad D_d$——该评估子区同类房屋某种破坏等级的装修破坏损失比（见7.2.3）；

$\quad\quad\quad P_d$——该评估子区同类房屋中高档装修的重置单价（见7.2.4），元/m^2；

$\quad\quad\quad \gamma_1$——考虑各个地区经济状况差异的修正系数（见7.2.5）；

$\quad\quad\quad \gamma_2$——考虑不同用途的修正系数（见7.2.6）。

b) 将所有破坏等级的房屋装修损失相加，得到该评估子区该类房屋装修破坏的损失；

c) 将所有类别的装修损失相加，得到该评估子区房屋装修破坏损失；

　　d）将所有评估子区的房屋装修损失相加，然后乘以修正系数 γ_1、γ_2，得出整个灾区的房屋装修破坏损失。

　　7.2.2　中高档装修房屋总建筑面积可通过抽样调查获得在该评估区该类房屋中高档装修所占的比例 5（或者在附录 A 中表 A.1 规定的范围内适当选取），然后乘以第 7.1.2 条中各类房屋的总建筑面积 S_h 得出：$S_d = S_h \times \xi$。

　　7.2.3　房屋装修破坏损失比 D_d 宜取中值，中档装修取中值以下数值，高档装修取中值以上数值，如表 2 所示。

表2　房屋装修破坏损失比　　　　　　　　　　　　　%

房 屋 类 型		破 坏 等 级				
		基本完好	轻微破坏	中等破坏	严重破坏	毁坏
钢筋混凝土房屋	范围	2 ~ 10	11 ~ 25	26 ~ 60	61 ~ 100	91 ~ 100
	中值	6	18	43	81	96
砌体房屋	范围	0 ~ 5	6 ~ 19	20 ~ 47	48 ~ 100	86 ~ 100
	中值	3	13	34	74	93

　　7.2.4　房屋装修费用主要由 7.1.3 中各类房屋的重置单价乘以装修百分比（见附录 A 中表 A.2）得到：$P_d = P_h \times \eta$。

　　7.2.5　装修费用应随地区经济发达水平而有所提高，可采用附录 A 中表 A.3 规定的修正系数 γ_1 予以修正。

　　7.2.6　若按照用途分类评估房屋破坏的直接经济损失，房屋装修费用因其用途不同而有所差异，可采用附录 A 中表 A.4 规定的修正系数 γ_2 予以修正，否则取 1.0。

　　7.3　房屋室内外财产的直接经济损失

　　7.3.1　住宅和公用房屋室内财产损失，应分别按下列步骤计算：

　　a）按下列公式计算各评估子区各类房屋在某种破坏等级下的室内财产损失 L_p：

$$L_p = S_p \times R_p \times V_p \qquad (4)$$

式中　S_p——该评估子区同类房屋总建筑面积，m^2；

　　　　R_p——该评估子区同类房屋某种破坏等级的破坏比；

　　　　V_p——该评估子区同类房屋某种破坏等级单位面积室内财产损失值，元/m^2。

　　b）将所有破坏等级的室内财产损失相加，得到该评估子区该类房屋的室内财产损失；

　　c）将所有类型房屋的室内财产损失相加，得到该评估子区房屋室内财产损失；

　　d）将所有评估子区的室内财产损失相加，得出整个灾区房屋室内财产损失。

　　7.3.2　企事业单位室内财产损失，应按 4.5.6 规定的调查结果评定，评估时应考虑设备破坏程度或修复难易程度。

　　7.3.3　室外财产损失，应按 4.5.7 的规定所作调查结果评定。

7.4 工程结构设施和企业的直接经济损失

7.4.1 生命线系统工程结构破坏等级划分

生命线系统工程结构的破坏等级，应按照 GB/T 24336—2009 中的规定划分。凡该标准中未作具体规定的结构，可按照下列原则划分破坏等级：

a) 基本完好：不影响继续使用；

b) 破坏：丧失部分功能，可以修复；

c) 毁坏：丧失大部或全部功能；无法修复或已无修复价值。

7.4.2 生命线系统直接经济损失

7.4.2.1 生命线系统的工程结构损失应与有关企业或主管部门会同逐个评定。应由有关企业或主管部门调查后按附录 D 中表 D.6～D.16 填写上报，地震主管部门会同相关部门、行业共同调查核实。

7.4.2.2 生命线系统的工程结构损失可按照重置造价乘以损失比来计算，部分生命线系统工程结构的破坏损失比，应按照结构类别、破坏等级和修复难易，在附录 A 中表 A.11 规定范围内适当选取。

7.4.2.3 对于4.6.2规定的道路、铁路、管线和渠道，其损失宜按单位长度重置造价乘以绝对破坏长度计算。

7.4.2.4 铁路和公路的破坏损失，应计入清理滑坡、塌方和修复支护所增加的费用。

7.4.2.5 生命线系统的生产用房屋破坏损失应按照房屋破坏损失评估方法进行。

7.4.2.6 生命线系统地震直接经济损失应为工程结构损失和生产用房屋损失之和。

7.4.3 其他各种工程结构和设施的直接经济损失

其他如水利系统等各种工程结构和设施的直接经济损失，可参照上述规定逐个计算。

7.4.4 企业直接经济损失

7.4.4.1 企业工程结构损失应与有关企业或主管部门会同逐个评定。应由地震主管部门根据附录 B 中表 B.7 的抽样调查结果和附录 D 中表 D.17 报表资料，会同相关部门共同调查核实。

7.4.4.2 企业的生产用房屋破坏损失应按照房屋破坏损失评估方法进行。

7.4.4.3 企业地震直接经济损失应为工程结构损失和生产用房屋损失之和。

7.5 地震直接经济损失计算

7.5.1 地震直接经济损失应包括房屋、装修、室内外财产以及所有工程结构破坏直接经济损失之和。应按照附录 C 中表 C.4 填写，提供按照行政管理和业务管理系统分别统计的损失值。

7.5.2 因特殊环境无法进行现场调查时，可采用修正系数予以修正，修正系数的取值，可根据实际情况在1.0～1.3内选取。

7.5.3 可对全部地震直接经济损失修正，也可对部分项目修正，应根据实际情况确定。

7.5.4 经济损失值应按地震发生时的当地价格（人民币）计算，同时给出经济损失占灾区所在省、市和自治区上一年国内生产总值的比例。

第七节 地震灾害直接经济损失评估案例分析

一、案例分析1

1993 年 1 月云南普洱 6.3 级地震灾害直接经济损失评估[①]

1. 由上报资料或调查得到各类型房屋总面积

在普洱地震损失评估中，按烈度将灾区分为三个区。

按照当地政府提供的资料，普洱地区的农村房屋结构类型单一，户均房屋面积为 125 m²，与各评估区的总户数相乘得到各评估区的住宅房屋总面积。

另外，估计公用房屋总面积为住宅房屋的 20%，将住宅与公用房屋面积相加，则各评估区房屋的总面积见表 3-7。

表 3-7 普洱地震评估区农村房屋总面积　　　　　　　　　　　　m²

评估区	I	II	III
户数	869	4028	12432
住宅面积	108625	503500	1554000
公用房屋面积	21725	100700	310800
房屋总面积	130350	604200	1864800

2. 计算房屋破坏比

普洱地震评估区 I 土木房屋调查建筑破坏面积，见表 3-8。

表 3-8 普洱地震评估区 I 土木房屋调查建筑破坏面积　　　　　　　m²

序号	抽样点地名	毁坏	严重破坏	中等破坏	轻微破坏	基本完好
1	土锅寨	0	3600	4350	1500	
2	曼单四村	300	225	2700	1350	0
3	木瓜箐	150	1950	1800	1350	150
4	那么岭	0	1950	1050	900	0
5	岔河	0	450	450	300	150
6	困夺村	0	1500	1500	900	600
7	岩子脚	0	1650	1500	900	300

[①] 本案例数据资料来自于云南省地震局。

表3-8（续）　　　　　　　　　　　　　　　　　　　　m²

序号	抽样点地名	毁坏	严重破坏	中等破坏	轻微破坏	基本完好
8	小冲子	0	1050	900	600	150
9	同心	150	7200	4650	2400	0
10	石膏井	0	5550	3920	300	0
合　计		600	25125	22820	10500	1350

根据这个调查结果，该评估区各破坏等级的破坏面积为表3-8中的最后一行，抽样调查的总面积为

$$S = 600 + 25125 + 22820 + 10500 + 1350 = 60395(\text{m}^2)$$

将各破坏等级的破坏面积作为分子，调查总面积为分母，得到该评估区土木房屋各破坏等级的破坏比为

毁坏：　　　　　　　　$600/60395 = 0.0099 \approx 0.01$

严重破坏：　　　　　　$25125/60395 = 0.416$

中等破坏：　　　　　　$22820/60395 = 0.378$

轻微破坏：　　　　　　$10500/60395 = 0.174$

基本完好：　　　　　　$1350/60395 = 0.022$

类似得到另外两个评估区的破坏比，汇总见表3-9。

表3-9　普洱地震各评估区土木房屋建筑破坏比　　　　　　　　　%

评估区	结构类别	毁坏	严重破坏	中等破坏	轻微破坏	基本完好
评估区1	土木	1.0	41.6	37.8	17.4	2.2
评估区2	土木	0.0	14.9	33.4	39.1	12.6
评估区3	土木	0.0	4.2	13.8	44.3	37.7

3. 选取合适的损失比

按照《地震灾害损失评估工作规定》，选取各评估区建筑物破坏损失比见表3-10。

表3-10　普洱地震各评估区土木房屋损失比　　　　　　　　　%

破坏等级	毁坏	严重破坏	中等破坏	轻微破坏	基本完好
损失比	85	55	30	10	2

4. 确定各结构类型的重置单价

根据调查并与当地政府共同确定土木房屋的重置单价为200元/m²。

5. 对每个评估子区，计算各类结构房屋的破坏损失

评估区 1 的土木房屋损失：

$$130350 \times 0.001 \times 200 \times 0.85 \quad （毁坏）$$
$$+130350 \times 0.416 \times 200 \times 0.55 \quad （严重）$$
$$+130350 \times 0.378 \times 200 \times 0.30 \quad （中等）$$
$$+130350 \times 0.174 \times 200 \times 0.10 \quad （轻微）$$
$$+130350 \times 0.022 \times 200 \times 0.02 \quad （完好）$$
$$=221295+5964816+2956338+453618+11471$$
$$=9607538 \text{（元）}$$

评估区 2 的土木房屋损失：

$$604200 \times 0.000 \times 200 \times 0.85 \quad （毁坏）$$
$$+604200 \times 0.149 \times 200 \times 0.55 \quad （严重）$$
$$+604200 \times 0.334 \times 200 \times 0.30 \quad （中等）$$
$$+604200 \times 0.391 \times 200 \times 0.10 \quad （轻微）$$
$$+604200 \times 0.126 \times 200 \times 0.02 \quad （完好）$$
$$=0+9902838+12108168+4724844+304517$$
$$=27040367 \text{（元）}$$

评估区 3 的土木房屋损失：

$$1864800 \times 0.000 \times 200 \times 0.85 \quad （毁坏）$$
$$+1864800 \times 0.042 \times 200 \times 0.55 \quad （严重）$$
$$+1864800 \times 0.138 \times 200 \times 0.30 \quad （中等）$$
$$+1864800 \times 0.443 \times 200 \times 0.10 \quad （轻微）$$
$$+1864800 \times 0.377 \times 200 \times 0.02 \quad （完好）$$
$$=0+8615376+15440544+16522128+2812118$$
$$=43390206 \text{（元）}$$

土木房屋总损失：

$$9607538+27040367+43390206=80038111 \approx 8004 \text{（万元）}$$

二、案例分析 2

2008 年 5 月 12 日四川汶川 8.0 级地震灾害损失评估[①]

2008 年 5 月 12 日 14 点 28 分 04 秒，四川省阿坝藏族羌族自治州汶川县发生 8.0 级地震，地震灾区涉及四川、甘肃、陕西、重庆、云南、宁夏 6 个省（自治区、直辖市）。

地震发生后，党中央、国务院高度重视，胡锦涛总书记、温家宝总理亲临灾区第一线指挥，迅速做出部署，举全国之力抗震救灾。中国地震局迅速调集各单位人员组成汶川地震现场应急工作队和国家地震灾害紧急救援队奔赴灾区，于 2008 年 5 月 12 日 23 点抵达

---

① 本案例主要根据袁一凡的文献资料整理所得。

灾区并立即开展紧急救援和地震现场应急工作。

中国地震局汶川地震现场应急工作队 780 余人，分赴四川、甘肃、陕西、重庆、云南、宁夏等地，会同地方政府和相关行业部门分成 100 多个灾害调查小组对 6 个省（自治区、直辖市）244 个受灾县（区、市）的房屋、基础设施（包括生命线系统、水利设施）、企业等破坏情况进行了调查，行程达 80 余万公里，调查范围超过 50 万平方公里，完成 4150 个调查点、2240 个抽样点的震害调查工作，以及地震灾害损失评估和初步科学考察任务。

地震灾害调查和损失评估工作按照《地震现场工作　第 3 部分：调查规范》（GB/T 18208.3—2000）和《地震现场工作　第 4 部分：灾害直接损失评估》（GB/T 18208.4—2005）的要求进行。通过抽样、专项调查取得了比较翔实的基础资料，按照国家标准所规定的计算方法，计算得出本次地震灾害的直接经济损失结果。2008 年 8 月 25 日，民政部、国家发展改革委、财政部、地震局、国家汶川地震专家委员会对三省上报核定数据进行了最后校核，并对校核结果征求四川、甘肃、陕西省人民政府意见，三省无原则性意见。

（一）地震基本参数与震害损失评估区

1. 地震基本参数

发震时间：2008 年 5 月 12 日 14 时 28 分 04 秒

震中位置：31.0°N，103.4°E

震级：8.0

震源深度：14 km

地点：汶川

2. 震灾评估区域

根据本次地震的科学考察，宏观震中位于四川省汶川县映秀镇（31.0°N、103.4°E）。通过现场 4150 个调查点的实地考察，得到本次地震的烈度分布图，如图 1 所示。

XI 度区（11 度）：为汶川特大地震烈度最高区域，面积约 2419 km²，以四川省汶川县映秀镇和北川县县城为两个中心呈长条状分布，其中映秀 XI 度区沿汶川—都江堰—彭州方向分布，长轴约 66 km，短轴约 20 km，北川 XI 度区沿安县—北川—平武方向分布，长轴约 82 km，短轴约 15 km。

X 度区（10 度）：面积约 3144 km²，呈北东向狭长展布，长轴约 224 km，短轴约 28 km，东北端达青川县，西南端达汶川县。

IX 度区（9 度）：面积约为 7738 km²，呈北东向狭长展布，长轴约 318 km，短轴约 45 km，东北端达到甘肃省陇南市武都区和陕西省宁强县的交界地带，西南端达到四川省汶川县。

VIII 度区（8 度）：面积约 27786 km²，呈北东向不规则椭圆形状展布，东南方向受地形影响有不规则衰减，长轴约 413 km，短轴约 115 km，西南端至四川省宝兴县与芦山县，东北端达到陕西省略阳县和宁强县。

VII 度区（7 度）：面积约 84449 km²，呈北东向不规则椭圆形状展布，东南向受地形影响有不规则衰减，西南端较东北端紧，长轴 566 km，短轴约 267 km，西南端至四川省天

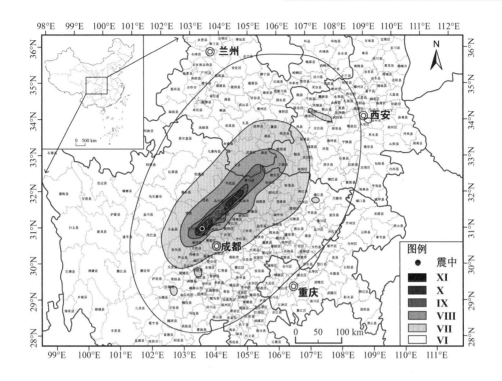

图 1　四川汶川 8.0 级地震烈度图

全县，东北端达到甘肃省两当县和陕西省凤县，最东部为陕西省南郑县，最西为四川省小
金县，最北为甘肃省天水市麦积区，最南为四川省雅安市雨城区。

　　Ⅵ度区（6 度）：面积约 314906 km²，呈北东向不均匀椭圆形展布，长轴约 936 km，
短轴约 596 km，西南端为四川省九龙县、冕宁县和喜德县，东北端为甘肃省镇原县与庆
阳市，最东部为陕西省镇安县，最西边为四川省道孚县，最北部达到宁夏回族自治区固原
市，最南为四川省雷波县。

　　为提高评估精度，根据房屋破坏程度，并参照烈度分布图，将灾区划分为四个评估
区：极重灾区、非常严重灾区、重灾区和受灾区。四川汶川 8.0 级地震灾害损失评估划分
图，如图 2 所示。极重灾区为烈度在Ⅸ度以上区域，非常严重灾区、重灾区和受灾区分别
对应于烈度为Ⅷ、Ⅶ、Ⅵ度区，受灾区还包括一部分有轻微破坏的Ⅴ度区。针对城市灾害
特点将成都市、德阳市、绵阳市、广元市、天水市、平凉市、定西市、庆阳市、陇南市、
汉中市、宝鸡市、咸阳市的城区作为 12 个城市评估区进行单独评估。

　　灾区总面积约 50 万 km²，灾害波及四川、甘肃、陕西、重庆等 10 个省（市）、411
个县、4667 个乡（镇）、48810 个村庄，受灾人口达 4625 多万人。极度重大受灾区包括
四川成都市（都江堰市、彭州市）、德阳市（绵竹市、什邡市）、绵阳市（安县、北川县、
平武县）、广元市（青川县）、阿坝自治区（汶川县、茂县）等 10 个市县，极度重大受灾
面积达 26409 km²，受灾人口 363.7 万人。重大受灾区包括四川、甘肃、陕西省的 51 个县
（市、区）1271 个乡镇、14565 个行政村，总面积 132596 km²，受灾人口 1986.7 万人。

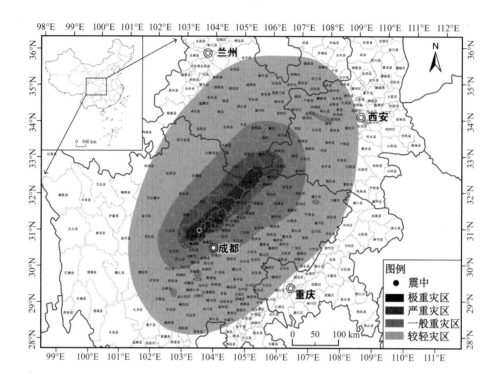

图2　汶川8.0级地震灾害损失评估划分图

（二）灾区自然环境和经济状况

1. 灾区自然环境

灾区位于我国西南腹地，地跨青藏高原、横断山脉、云贵高原、秦巴山地、四川盆地几大地貌单元，地势西高东低，由西北向东南倾斜。最高点是西部的大雪山主峰贡嘎山，海拔高达7556 m。气候复杂多变，东、西部气候差异明显，除川西康定、若尔盖一带属青藏东缘湿润、半湿润高原气候外，川北边境及其余广大地区分属北、中亚热带湿润季风气候。大部分地区降水量在750～1500 mm。此次地震极震区位于川西北高原与川东南盆地交汇地界，属岷山山脉与龙门山山脉。地势由西北向东南倾斜，河谷山岭相对高低悬殊，地形复杂，属典型的高山峡谷地形。

2. 灾区社会经济状况

四川、甘肃、陕西、重庆、云南、宁夏均位于我国西部地区，2007年国内经济主要指标见表1。

表1　各省（自治区、直辖市）2007年国内经济状况

主 要 指 标	四川	甘肃	陕西	重庆	云南	宁夏	合计
人口/万人	8722.5	2618.78	3748	3144.23	4415.2	528.94	23177.65
面积/×10^4 km²	48.5	45.5	19	8.23	39.4	6.64	167.27

表1（续）

主要指标	四川	甘肃	陕西	重庆	云南	宁夏	合计
GDP/亿元	10510.3	2699.2	5369.85	4111.82	4721.77	834.16	28242.1
第一产业产值/亿元	2092.1	386.42	594.69	799.62	868.09	97.9	4838.82
第二产业产值/亿元	4595.5	128282	2916.97	1514.72	2020.44	420.28	12750.73
第三产业产值/亿元	3817.7	1030.56	1858.19	1747.95	1813.24	315.98	10583.62
人均GDP/元	12044	10335	14350	12437	10496	13743	
地方财政收入/亿元	1395.7	391.56	891.6	788.56	1111.3	144.38	
地方财政支出/亿元	1760.9	675.1	1050.7	1103.74	1134.7	241.49	

（三）灾区地质构造背景

汶川地震发生在四川龙门山逆冲推覆构造带上。此次发震的龙门山断裂带总体呈NE－SW走向，由三条主断裂组成，分别是安县—灌县断裂，也称前山断裂；北川—映秀断裂，也称中央断裂；汶川—茂汶断裂，也称后山断裂。8.0级强震就发生在中央断裂，即北川—映秀断裂上，震中位置更靠近映秀（这个断裂带的历史地震尚未超过7.0级）。

龙门山断裂带既是青藏高原的东界，又是龙门山前陆盆地的西界，它南起于泸定、天全，向NE延伸，经都江堰、江油、广元进入陕西勉县一带，全长约500km，总宽度30~50km，总体走向NE40°~50°，倾向NW，NE与大巴山冲断带相交，SW与康滇地轴相截，由一系列大致平行的叠瓦状冲断带构成，具典型的推覆构造特征。其北西侧是松潘甘孜褶皱带，南东为四川盆地。三条主干断裂基本特征及新构造活动特性如下。

1. 龙门山前山（主边界）断裂

龙门山前山（主边界）断裂，通常称安县—灌县断裂。断裂南西端始于天全附近，向北东延伸经芦山大川、都江堰、彭州市通济场、安县、江油、广元插入陕西汉中一带消失，总体走向呈NE35°~45°，断面倾向NW，倾角30°~50°，为脆性逆断层。该断裂是龙门山前陆盆地内部一条延伸长度较大的断裂，全长500余千米，由北东段的马角坝断裂、中段的都江堰—二王庙断裂、西南段的大川—天全断裂，在平面上呈左行雁列展布构成；断裂破碎带宽度一般在数米至20余米，显示北西盘相对上冲，且具右旋走滑运动的脆性破裂特征。

该断裂的北段是中低山和丘陵的分界带，南段控制了成都平原的西界，显示出其新活动性由西南向东北减弱的特点，属中、晚更新世活动断裂。地震活动强度大川—天全段相对其他地段强，1970年大邑西6.2级地震就发生在该段上，并产生了地表破裂。

2. 龙门山主中央断裂

龙门山主中央断裂也称北川—映秀断裂，是汶川大地震的主发震断裂。该断裂线性影像清晰，活动构造地貌保存较为完好，在龙门山构造带几条主干断裂中显示出较强的活动性。以此断裂为界，断裂西侧为龙门山高山区，海拔高程为3000~4000米，东侧则为海拔高程在 1000～2000 米的中低山区，地貌反差显著。

该断裂的西南端始于泸定附近，向北东延伸经盐井、映秀、太平、北川、南坝、青川、茶坝插入陕西境内，与勉县—阳平关断裂相交，斜贯整个龙门山，长达 500 余千米。由北川—茶坝—林庵寺断裂、北川—映秀断裂、北川—青川断裂组成。断裂总体走向 NE35°～35°，倾向 NW，倾角 60°左右，系由数条次级逆断层组成的叠瓦式构造带。沿断裂带主要发育有断层角砾岩、碎裂岩等代表脆性变形的断层岩类，局部可见碳酸盐糜棱岩，表现出脆—韧性过渡的特征。该断裂为一条在中、晚更新世有活动的断裂，其中以北川—太平场一段活动最强，为中、晚更新世以来最强的活动段。汶川地震就发生映秀—北川—青川断裂上。

3. 龙门山后山断裂

由平武—青川断裂、汶川—茂汶和耿达—陇东等断裂组成。该断裂带的西南端在泸定冷碛附近与南北向的大渡河断裂相交，向北东经陇东、渔子溪、耿达、草坡、汶川、茂汶、平武、青川插入陕西境内，延伸 500 余千米。其中，茂汶—汶川断裂，走向 NNE－NE，由一系列倾向 NW 的叠瓦状逆冲断层组成，在早更新世活动明显，中、晚更新世仍有活动。平武—青川断裂，西起平武茶坊，向东经青川、阳平关达勉县，延伸数百千米，走向呈 NEE 向，倾向为 NNW、倾角为 60°～80°，是由数条近于平行的断裂组成的断裂带，总体上表现为逆冲为主同时兼右旋走滑特征，为一条全新世的中、弱活动性断裂。

（四）人员伤亡及失去住所人数

1. 人员伤亡

截至 2008 年 9 月 25 日，本次地震共计造成 69227 人死亡、17923 人失踪，374643 人不同程度受伤。其中，四川各地伤亡情况汇总见表 2。

表 2　四川各地伤亡情况汇总　　　　　　　　　　　　　　　人

地　区	死亡	受伤	失踪
汶川县	15941	34583	7930
北川县	8605	9693	——
绵竹市	11098	36468	298
都江堰市	3069	4388	——
广元县	4819	28241	125
青川县	4695	15453	124
成都市	4276	26413	——
什邡市	5891	31990	252
安县	1571	13476	——
平武县	1546	32145	——
彭州市	952	5770	——

表 2（续） 人

地 区	死亡	受伤	失踪
茂县	3933	8183	336
江油市	394	10016	44
理县	103	1612	28
雅安市	28	1351	—
眉山市	10	315	—
资阳市	20	633	—
巴中市	10	258	—
南充市	30	7632	—
遂宁市	27	402	—
乐山市	8	534	—
内江市	7	225	—
甘孜州	9	23	—
广安市	1	37	—
泸州市	1	1	—
凉山市	3	4	—
自贡市	2	87	—
总计	67049	269933	9137

其他各省具体伤亡情况如下。

甘肃：震灾造成遇难 365 人，受伤 10158 人，失踪 11 人；

陕西：震灾造成遇难 113 人，受伤 1920 人，失踪 11 人；

重庆：震灾造成遇难 16 人，受伤 637 人；

贵州：震灾造成遇难 1 人，受伤 15 人；

云南：震灾造成遇难 1 人，受伤 51 人；

湖南：震灾造成遇难 1 人；

湖北：震灾造成遇难 1 人，受伤 14 人；

河南：震灾造成遇难 2 人，受伤 8 人。

遇难者主要分布在四川省的北川、绵竹、什郁、都江堰、青川、汶川、彭州 7 个重灾区，占全部地震灾区遇难人数的 72.62%。

2. 失去住所人数

失去住所人数是指因地震失去住所而在室外避难的人数。失去住所的人数（T）按下式统计计算

$$T = \frac{c + d + e/2}{a} \times b - f \tag{1}$$

式中　a——调查中得到的户均住宅建筑面积，m^2；

　　　b——调查中得到的户均人口，人/户；

　　　c——调查中得到的所有住宅房屋的毁坏建筑面积，m^2；

　　　d——调查中得到的所有住宅房屋的严重破坏建筑面积，m^2；

　　　e——调查中得到的所有住宅房屋的中等破坏建筑面积，m^2；

　　　f——调查中得到的死亡人数，人。

根据四川人民出版社 2017 年出版的《汶川特大地震四川抗震救灾志·总述大事记》，"5·12"汶川地震共造成四川省城镇居民住房倒塌 1933 万 m^2，严重损毁 6876.6 万 m^2，受影响居住人口 97.8 万户 285 万人。农村居民房屋倒塌 635.06 万间、严重损毁 722.19 万间。

评估得到由于房屋倒塌和较大程度的破坏造成共计 1993.03 万人失去住所。

（五）房屋建筑物及其他工程结构破坏

1. 房屋建筑破坏概况

灾区房屋建筑按结构类型主要可分为土木结构、砖木结构、砖混结构、钢筋混凝土框架结构四类。

（1）土木结构。土木结构为当地主要的传统民房，穿斗木构架承重，土坯墙围护，人字形瓦屋顶，抗震性能较好。由于木材可以就地取材，这种结构的造价非常低，在村镇多采用这种结构作为简易厂房、仓库等。但是，这种结构的建筑强度不高，且大多年代较长，在地震中容易发生屋面破坏和局部倒塌。

（2）砖木结构。砖木结构多为穿斗木构架承重，砖墙围护，部分房屋砖墙承重，人字形瓦屋顶，瓦面多为石棉瓦或琉璃瓦，与椽子的连接较为牢靠。这种结构建造简单，材料容易准备，费用较低，通常用于农村的屋舍、庙宇等。但是，由于使用年限较长、材质恶化，即使在很低烈度情况下也常常发生瓦件滑落现象，随着地震强度的增加，滑落范围会逐渐扩大甚至会发生坍塌。

（3）砖混结构。砖砌墙体承重，设置钢筋混凝土圈梁、构造柱和现浇楼（屋）盖的混合结构，抗震性能较好。地震区村镇的住宅、教学楼，城市的一些旧的居民楼、办公楼、小型厂房多采用砖混结构。这类结构在地震区数量最多，震害也比较严重。

（4）钢筋混凝土框架结构。钢筋混凝土框架结构主要为经过正规设计的由钢筋混凝土梁柱组成的框架体系承重，现浇楼板（屋）盖，主要用于学校、医院、政府办公等公共建筑，抗震性能最好。本次地震中，大多数框架结构的主体结构震害一般较轻，主要破坏发生在围护结构和填充墙，尤其是圆形填充墙的破坏较重。这类破坏仍然会造成严重的生命和财产损失，且震后的修复工作量很大、费用很高。

2. 生命线工程破坏概况

1）市政基础设施

输水管道、配水管网、水塔、水泵、化验设备、净水设备、水表等设施毁坏；供气管网开裂泄露，废气污染处理设备、调压表、计量表等设施破坏失效；市政道路破坏主要包括市政道路开裂、变形及附属设施（如路灯）的破坏。

2）水利工程

灾区部分水库不同程度受损，个别水库坝体毁坏，多数水库坝体开裂变形，输水闸门竖井开裂渗水，放水闸变形，输水洞局部坍塌；引水渠道、溢洪道、取水坝体垮塌，开裂、渠身拉裂，滑坡垮塌损毁渠基。

3）交通系统

（1）公路。滑坡体毁坏、掩埋公路，滚石砸毁路面，堵塞交通，路基下沉，挡墙开裂或垮塌，路面开裂、下沉、位错；极震区桥梁涵洞毁坏。

（2）铁路。路基塌方，防护设施变形，隧道开裂、桥梁位错开裂、桥墩下沉。

（3）民航。成都双流机场受损。

4）电力系统

极震区输电线塔倒毁、变压器、断路开关等高压设备毁坏，线杆折断、进村变压器倒毁，造成供电中断。

5）通信系统

基站房屋或中转塔毁坏，架线杆折断、通信设备倾斜、移位或毁坏；广播电视光缆被拉断。

3. **房屋破坏等级**

因各类房的抗震能力和破坏程度不同，必须分类评估。根据《地震现场工作 第4部分：灾害直接损失评估》（GB/T 18208.4—2005），确定房屋破坏等级划分的具体标准。

框架结构和砖混结构房屋划分为五个破坏等级。

（1）基本完好（含完好）。砖混及框架结构房屋非承重构件轻微裂缝，不加修理可继续使用。

（2）轻微破坏。砖混及框架结构房屋个别承重构件轻微裂缝，非承重构件明显裂缝，不须修理或稍加修理可继续使用。

（3）中等破坏。砖混及框架结构房屋承重构件轻微破坏，局部有明显裂缝，个别非承重构件破坏严重，需要一般修理后方可使用。

（4）严重破坏。砖混及框架结构房屋承重构件多数破坏严重，难以修复。

（5）毁坏。砖混及框架结构房屋承重构件多数断裂，结构濒于崩溃或已倒毁，无法修复。

土木结构、砖木结构房屋划分为三个破坏等级。

（1）基本完好（含完好）。土木结构房屋个别掉瓦或墙体细裂；砖木结构房屋非承重构件轻微裂缝，不加修理可继续使用。

（2）破坏。承重构件出现位移或倾斜；土木结构和砖木结构房屋的非承重构件（如围护墙体）明显裂缝或严重开裂，甚至局部倒墙，普遍梭瓦或明显掉瓦。修理后可继续使用。

（3）毁坏。土木结构和砖木结构房屋二面以上墙体倒塌，屋架明显倾斜或倒塌，屋盖坍落或完全倒塌；承重构件多数断裂或破坏严重，结构濒于崩溃。修理困难或无法修复。

4. 评估方法

本次地震灾害损失评估工作以两个方面为基础，一个基础是遵照有关的国家标准开展调查和计算，按照《地震现场工作 第4部分：灾害直接损失评估》（GB/T 18208.4—2005）进行；另一个基础是开展大密度和尽可能的详细实地调查，这是本次损失评估的支柱。

本次地震的现场调查点数目远远超出国家标准的要求，调查点和抽样点的选择，在农村兼顾乡镇和偏远山村，在城市以高密度抽样调查为主。在布置抽样点时考虑了区域震害的不均匀分布，重点灾区多次派人核查。除此之外，还对不同的评估区113个县市的611项生命线系统、349个大中小企业进行典型调查。

对各行业部门及企业统计的设施、设备、仪器、图书等，根据各部门上报的损失数据，通过抽样核实调查计算损失。

汇总调查数据，分别对四个评估区，按照《地震灾害损失评估工作规定》的方法计算各破坏等级的破坏比，得到了此次地震中土木结构、砖木结构、砖混结构和框架结构房屋各破坏等级的破坏比，见表3和表4。

表3　框架结构和砖混结构破坏比汇总表　　　　　　　　　　　　　%

评估区	结构类别	毁坏	严重破坏	中等破坏	轻微破坏	基本完好
评估区1	框架结构	13.06	14.84	22.86	21.01	28.23
	砖混结构	29.32	18.77	44.95	6.49	0.47
评估区2	框架结构	3.80	19.35	24.70	20.78	31.37
	砖混结构	10.81	21.89	23.73	19.26	24.31
评估区3	框架结构	0.30	1.75	5.99	9.64	82.32
	砖混结构	2.95	5.37	10.58	26.40	54.70
评估区4	框架结构	0.00	0.30	2.13	5.27	92.30
	砖混结构	0.91	1.94	4.32	10.28	82.55

表4　土木结构和砖木结构破坏比汇总表　　　　　　　　　　　　　%

评估区	结构类别	毁坏	破坏	基本完好
评估区1	土木结构	78.75	21.25	0.00
	砖木结构	77.33	22.67	0.00
评估区2	土木结构	68.83	28.19	2.98
	砖木结构	40.84	41.73	17.43
评估区3	土木结构	20.06	47.37	32.57
	砖木结构	10.65	35.48	53.87
评估区4	土木结构	8.86	25.78	65.36
	砖木结构	3.68	20.86	75.46

（六）经济损失评估

1. 房屋建筑经济损失

1）建筑物破坏损失比

根据《地震灾害损失评估工作规定》，并结合灾区结构情况，确定各评估区建筑物破坏损失比，见表5和表6。

表5　框架结构和砖混结构房屋破坏损失比　　　　　　　　　　　　%

结构类别	毁坏	严重破坏	中等破坏	轻微破坏	基本完好
框架结构	85～100	55～80	25	7.5	2.5
砖混结构	85～100	55～80	25	7.5	2.5

表6　土木结构和砖木结构房屋破坏损失比　　　　　　　　　　　　%

结构类别	毁　坏	破　坏	基本完好
土木结构	90～100	40～60	2.5
砖木结构	90～100	40～60	2.5

2）重置单价

根据各省（自治区、直辖市）城建部门提供的各类房屋建筑造价，经过调查核实后，综合确定各地房屋的重置单价，见表7和表8。

表7　乡镇房屋重置单价　　　　　　　　　　　　　　　　　元/m²

结构类别	框架结构	砖混结构	土木结构	砖木结构
重置单价	1000～1400	750～900	250～600	450～650

表8　城市房屋重置单价　　　　　　　　　　　　　　　　　元/m²

结构类别	框架结构	砖混结构	土木结构	砖木结构	框剪结构	剪力墙结构	钢结构
重置单价	1300	850	600	850	1400	1700	2000

3）房屋破坏损失评估

房屋建筑破坏造成的经济损失为灾区各类结构、各种破坏等级造成的损失之和。按下列公式计算评估子区各类房屋在某种破坏等级下的损失 L_h：

$$L_h = S_h \times R_h \times D_h \times P_h \tag{2}$$

式中　S_h——该评估子区同类房屋总建筑面积；

　　　R_h——该评估子区同类房屋某种破坏等级的破坏比；

D_h——该评估子区同类房屋某种破坏等级的损失比；

P_h——该评估子区同类房屋重置单价。

将所有破坏等级的房屋损失相加，得到该评估子区该类房屋破坏的损失；将所有房屋类型的损失相加，得到该评估子区房屋损失；将所有评估子区的房屋损失相加，得出整个灾区的房屋损失。按照行政区划汇总房屋建筑破坏损失评估结果，见表9。

合计直接经济损失2126.90亿元。

表9 按行政区分房屋建筑破坏损失汇总表　　　　　　　　亿元

损失评估项目	四川	甘肃	陕西	重庆	云南	宁夏	总损失
农村房屋建筑	1624.23	230.54	145.27	38.96	12.40	0.83	2126.90
城市房屋建筑	74.67				—	—	
总计	1698.90	230.54	145.27	38.96	12.43	0.83	2126.90

2. 室内外财产损失

地震还使灾区城乡居民室内外财产损失惨重。按照规定，根据抽样调查得到中等破坏以上房屋内平均每平方米的财产损失值，分各子评估区，按照各类房屋面积计算。室外财产按照当地政府上报予以核实。其中被砸坏车辆比较特殊，采用保险公司的资料估算损失。

按照行政区划汇总室内外财产损失，见表10。合计直接经济损失366.08亿元。

表10 各省房屋建筑破坏损失表　　　　　　　　亿元

损失评估项目	四川	甘肃	陕西	重庆	云南	总损失
室内财产（含装修）	307.52	16.92	1.05	0.05	0.03	325.57
室外财产（含车辆）	37.94	0.53	1.04	—	—	39.51
总计	345.46	17.45	2.09	0.05	0.03	366.08

3. 生命线系统经济损失

基础设施所属各类房屋损失，计算方法类同于上述房屋建筑的损失评估方法，通过实地调查，获取了不同评估区的破坏比和损失比，计算出工程结构房屋建筑（住宅、办公楼）的实际损失值。

对基础设施的工程结构、设施设备损失，不分评估区，按照市县的行政管理和企业，会同有关部门，对工程结构震害和系统破坏逐项抽样调查核实，在抽样调查基础上，评定灾区工程结构的破坏程度，核算各有关部门上报的损失。并采用震害系数等方法进行宏观控制。

按照行政区划汇总生命线系统损失评估结果，见表11。

合计直接经济损失1499.86亿元。

表 11　按行政区分生命线系统经济损失表　　　　　　　　　　　　亿元

损失评估项目		四川	甘肃	陕西	重庆	云南	小计	比例/%
交通系统	公路	580.00	56.58	11.17	0.70	1.59	650.04	43.34
	铁路	194.85	—	—	—	—	194.85	12.99
	民航	1.87	—	—	—	—	1.87	0.12
通信系统		59.09	5.67	3.86	0.31	0.04	68.97	4.60
电力系统		86.13	16.05	3.37	0.98	0.09	106.62	7.11
广电系统		19.85	2.04	0.62	0.12	0.04	22.67	1.51
市政公用设施		168.05	8.08	1.22	0.73	0.20	178.28	11.89
水利工程		248.35	14.63	6.82	6.08	0.69	276.57	18.44
总计		1358.19	103.06	27.06	8.92	2.64	1499.86	100.00

4. 有关行业和企业损失

对各行业部门及企业统计的房屋破坏，计算方法类同于上述房屋建筑的损失评估方法，通过实地调查，获取了不同评估区的破坏比和损失比，计算出行业部门的房屋损失值。对各行业部门及企业统计的设施、设备、仪器、图书等，根据各部门上报的损失数据，通过抽样核实调查计算损失。

根据经济统计资料（如年鉴等），得到四川省全省各地区现有资产和库存资产，根据子评估区的平均震害系数估计资产总损失，宏观控制总损失。

按照行政区划汇总有关行业和企业损失评估结果，见表 12。

合计直接经济损失 2928.27 亿元。

表 12　按行政区分有关行业和企业损失表　　　　　　　　　　　　亿元

损失评估项目		四川	甘肃	陕西	重庆	云南	宁夏	总损失	比例/%
卫生系统		73.75	7.62	3.37	0.48	0.07	—	85.29	2.91
教育系统		209.67	35.19	15.23	2.57	0.49	—	263.14	8.99
林业系统		210.05	13.30	6065	—	—	—	230.00	7.85
农业系统	畜牧	123.71	6.64	2.95	0.60	0.12	—	134.01	4.58
	种植业	168.20	1.50	1.95	0.10	0.33	—	172.08	5.88
	渔业	14.40	0.31	0.36	0.35	0.10	—	15.52	0.53
	农垦	4.98	—	—	—	—	—	4.98	0.17
	农机	42.78	0.43	0.41	0.12	—	—	43.73	1.49

表12（续）   亿元

损失评估项目		四川	甘肃	陕西	重庆	云南	宁夏	总损失	比例/%
	旅游系统	233.19	1.81	0.90	0.23	0.41	—	236.54	8.08
	环保系统	16.32	1.13	0.75	0.07	0.13	—	18.40	0.63
	文化系统	41.67	1.00	1.35	1.10	0.11	—	45.23	1.54
物资系统	储备物资系统	0.74	—	—	—	—	—	0.74	0.03
	粮食系统	49.00	—	—	—	—	—	49.00	1.67
	工矿企业	1223.40	22.70	19.80	0.67	—	—	1266.57	43.23
	其他公用	362.89	0.12	0.01	0.01	0.00	—	363.03	12.40
	总计	2774.74	91.76	53.72	6.30	1.75	0.00	2928.27	100.00

5. 灾区损失直接经济汇总

此次地震直接经济损失为6920.11亿元，其中四川6177.29亿元、甘肃442.8亿元、陕西228.14亿元、重庆54.23亿元、云南16.82亿元、宁夏0.83亿元。本次地震属造成特大损失的严重破坏性地震，地震灾害直接经济损失汇总，见表13。

表13　各灾区直接经济损失分项损失表   亿元

损失评估项目		四川	甘肃	陕西	重庆	云南	宁夏	总损失	比例/%
房屋破坏	农村房屋建筑	1624.23	230.54	145.27	38.96	12.40	0.83	2126.90	30.73
	城市房屋建筑	74.67				—			
	室内财产（含装修）	307.52	16.92	1.05	0.05	0.03	—	325.57	4.70
	室外财产（含车辆）	37.94	0.53	1.04	—	—	—	39.51	0.57
	小计	2044.36	247.99	147.36	39.01	12.43	0.83	2491.98	36.01
基础设施	交通系统 公路	580.00	56.58	11.17	0.70	1.59	—	650.04	9.39
	交通系统 铁路	194.85	—	—	—	—	—	194.85	2.82
	交通系统 民航	1.87	—	—	—	—	—	1.87	0.03
	通信系统	59.09	5.67	3.86	0.31	0.04	—	68.97	1.00
	电力系统	86.13	16.05	3.37	0.98	0.09	—	106.62	1.54
	广电系统	19.85	2.04	0.62	0.12	0.04	—	22.67	0.33
	市政公用设施	168.05	8.08	1.22	0.73	0.20	—	178.28	2.58
	水利工程	248.35	14.63	6.82	6.08	0.69	—	276.57	4.00
	小计	1358.19	103.06	27.06	8.92	2.64	—	1499.86	21.67

表13（续）　　　　　　　　　　　亿元

损失评估项目		四川	甘肃	陕西	重庆	云南	宁夏	总损失	比例/%
有关行业和企业	卫生系统	73.75	7.62	3.37	0.48	0.07	—	85.29	1.23
	教育系统	209.67	35.19	15.23	2.57	0.49	—	263.14	3.80
	林业系统	210.05	13.30	6065	—	—	—	230.00	3.32
	农业系统　畜牧	123.71	6.64	2.95	0.60	0.12	—	134.01	1.94
	农业系统　种植业	168.20	1.50	1.95	0.10	0.33	—	172.08	2.49
	农业系统　渔业	14.40	0.31	0.36	0.35	0.10	—	15.52	0.22
	农业系统　农垦	4.98	—	—	—	—	—	4.98	0.07
	农业系统　农机	42.78	0.43	0.41	0.12	—	—	43.73	0.63
	旅游系统	233.19	1.81	0.90	0.23	0.41	—	236.54	3.42
	环保系统	16.32	1.13	0.75	0.07	0.13	—	18.40	0.27
	文化系统	41.67	1.00	1.35	1.10	0.11	—	45.23	0.65
	物资系统　储备物资系统	0.74	—	—	—	—	—	0.74	0.01
	物资系统　粮食系统	49.00	—	—	—	—	—	49.00	0.71
	工矿企业	1223.40	22.70	19.80	0.67	—	—	1266.57	18.30
	其他公用	362.89	0.12	0.01	0.01	0.00	—	363.03	5.25
	小计	2774.74	91.76	53.72	6.30	1.75	0.00	2928.27	42.32
总计		6177.29	442.80	228.14	54.23	16.82	0.83	6920.11	100.00

（七）地震救灾投入

据国务院抗震救灾指挥部统计，本次地震救灾中，各部门投入了大量人力物力。截至2008年5月24日12时，出动军队111278人、武警22970人、民警及特警24401人、专业救援队4000多人、医务人员88341人及志愿者6013.6294万人，出动飞机3896架次、车辆324596次、火车车皮69736车。截至6月14日12时，中央和各级政府向灾区调运救灾帐篷共计130.74万顶，被子481.76万床，衣物1409.13万件，燃油104.21万t，煤炭222.63万t。

截至2008年8月4日12时，中央和各级政府共投入641.59亿元（中央财政投入抗震救灾资金574.12亿元，地方财政投入67.47亿元），接受社会各界捐赠款物总计592.49亿元，实际到账589.68亿元。

练习题

一、名词解释

1. 地震成灾机制

2. 建筑物破坏等级

3. 生命线工程

4. 人员伤亡

二、案例题

以2009年4月22日新疆阿图什5.0级地震为基础，依据《地震现场工作 第4部分：灾害直接损失评估（GB/T 18208.4—2011）》规范，计算失去住所人数和评估区居住房屋震害直接经济损失。

2009年4月22日新疆阿图什5.0级地震灾害损失评估[①]

（一）地震基本参数

发震时间：2009年4月22日17时26分01.2秒

震中位置：40°06′N，77°24′E

震级：5.0

震源深度：7 km

地点：新疆维吾尔自治区克孜勒苏柯尔克孜自治州阿图什市

震中烈度：Ⅵ

（二）地震烈度与震害损失评估区

1. 地震烈度

根据本次地震的科学考察，宏观震中位于阿图什市哈拉峻乡谢依提村附近(40°10′N，77°02′E)。极震区烈度为Ⅵ度。Ⅵ度区西南自哈拉峻乡阿克亚苏洪木村，东北至昂额孜，西北自巴什苏盖特村—喀达塔木村一带，东南到硝尔库勒盐湖一带。等震线长轴呈北东向。该烈度区长半轴38 km，短半轴14.5 km，面积1730 km²。经济羊场（Ⅴ度内）土层台址的强震仪记录5.0级主震峰值加速度为垂直向8.9 Gal、东西向30.8 Gal、南北向32.2 Gal。阿图什5.0级地震烈度分布如图1所示。

2. 震灾评估区域

通过现场抽样调查，根据地震破坏程度和灾民分布状况，将灾区划分为一个评估区，灾区范围略大于Ⅵ度区，面积为2210 km²。灾区主要位于阿图什市哈拉峻乡管辖区内涉及平原区内11个乡村。阿图什5.0级地震灾害损失评估区图，如图2所示。

灾区总人口约13798人、2845户，户均4.85人，户均非抗震住房面积90 m²。其中居住房屋有破坏的受灾人口总数为6712人、1384户。

（三）灾区自然环境和经济概况

灾区所处的柯坪逆冲推覆构造带，是我国最新的推覆体构造之一，并且现今仍然强烈活动，是印度板块和欧亚板块碰撞造成天山山体向外扩展的一种表现。由5～6排近平行的弧形褶皱带组成，出露地层为寒武系—第四系。背斜形态多为复式箱状背斜和不对称的斜歪背斜。地震勘探资料显示，各褶皱带前缘活动逆断裂在深部归并于寒武系滑脱面，滑脱面深度为5～8 km。本次地震发生于推覆体中部的托克散阿塔能拜勒褶皱一断裂带上，

---

① 该案例摘自于《2006—2010年中国大陆地震灾害损失评估汇编》。

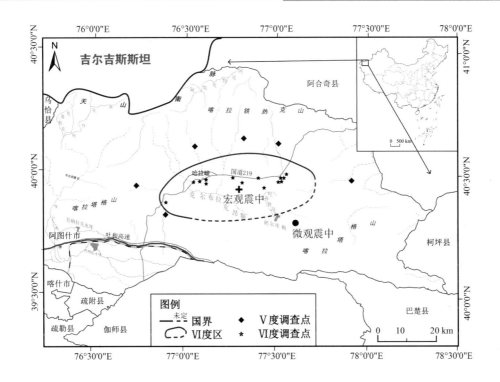

图1 阿图什5.0级地震烈度分布图

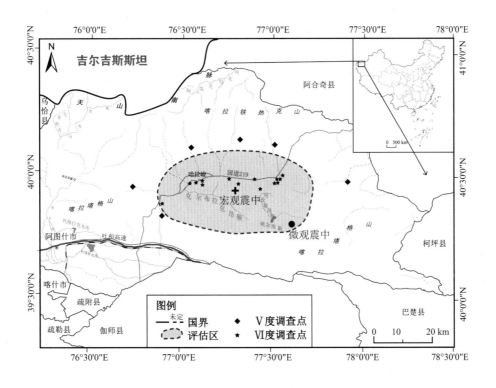

图2 阿图什5.0级地震灾害损失评估区图

震源深度为 7 km，与物探解译的滑脱面深度基本一致。本次地震调查灾害分布等震线长轴呈北东向，与该构造带的走向大体吻合。

震区地貌由西北向东南分别为南天山西段喀拉铁热克中山区、洪积扇裙区、洪积扇前缘平原区，其中喀拉铁热克中低山区，海拔高程一般为 2500~4000 m，最高达 4478 m，山势险峻，河流切割深度 300~800 m，该区以牧业为主，牧民较为分散；洪积扇裙区分布于喀拉铁热克山麓与哈拉峻乡驻地至皮羌一线之间，呈北东向狭长条带状分布，地势大体向东南倾斜，自然坡度 1%~2%，地基土由砂砾石层组成，地下水埋藏深，人烟稀少；洪积扇前缘平原区，为主要受灾区域，地势平坦开阔，自然坡度仅为 0.5%~0.1%，属于潜水溢出带，地下水位高，平均 1~5 m，局部地带地下水以泉水或沼泽直接出露地表，以蒸发方式进行排泄，地下水矿化度 1.5~15 g/L，地表土层盐渍化程度高，地基土层以饱和松散砂土和软弱王层为主，该区域以农牧业为主，人口相对密集。

灾区夏季炎热、冬季寒冷，气候异常干燥，最高气温 39.0 ℃，最低气温达 -24.4 ℃，年平均气温为 8.7 ℃，年降雨量为 118 mm。

灾区是以柯尔克孜族为主的边远艰苦地区，经济以农牧业为主，发展较为落后，阿图什市属国家级贫困县市（表1）。

表1　灾区国民经济统计（2007 年）

行政区	GDP/万元	第一产业/万元	第二产业/万元	第三产业/万元	农牧民人均年收入/元
阿图什市	119571	29901	20385	69285	1822

（四）人员伤亡及失去住所人数

本次地震未造成人员伤亡。由于居住房屋毁坏和较大程度的破坏造成失去非抗震土木结构房屋 583 户、2828 人，抗震安居房屋已安置 501 户、2432 人，政府仍需安置 82 户、396 人。失去住所人数按下式估计

$$T = \frac{c + d + e/2}{a} \times b - f \qquad (1)$$

式中　a——调查中得到的户均住宅建筑面积，m^2；

　　　b——调查中得到的户均人口，人/户；

　　　c——调查中得到的所有住宅房屋的毁坏建筑面积，m^2；

　　　d——调查中得到的所有住宅房屋的严重破坏建筑面积，m^2；

　　　e——调查中得到的所有住宅房屋的中等破坏建筑面积，m^2；

　　　f——调查中得到的死亡人数，人。

（五）房屋建筑物破坏等级及评估方法

1. 灾区房屋建筑特点

本次地震受灾区域属阿图什市哈拉峻乡，灾区建筑物的结构类型主要可分为土木结构、砖木结构、木结构、毛石混凝土结构。灾区主要位于阿图什市哈拉峻乡管辖区内，涉及平原区内 11 个乡村。

土木结构房屋多为农区和牧区民房的老旧用房，受场地条件、施工质量和结构形式等缺陷影响，土木结构房屋破坏率较高；砖木结构房屋破坏主要为教育和乡政府及村委办公室等少部分老旧公房，个别受损达到严重破坏；砖混结构形式建筑物未见明显损坏。抗震安居房屋主要为砖木结构、木结构、毛石混凝土结构，按抗震设防要求设计、施工规范，在本次地震中表现出良好的抗震性能，未见破坏。

灾区土木结构房屋用土坯砌筑，木屋盖封顶，土木结构的房屋破坏较重的区域主要集中于乡政府所在地琼哈拉峻村和欧吐拉哈拉峻村附近。地基土层松软，地下水埋深较浅，地表土层含盐量大，对建筑物基础腐蚀严重。灾区土木结构房屋大部分在经过几年的使用后房屋基础及下部墙体结构明显受损，此外，当地土木结构房屋结构缺乏抗震措施，且房屋高度较高，大部分在3.3～3.7 m，开间较大，屋盖较重，砌筑质量较差，在遭受到本次震级不大地震影响下，容易破坏。土木结构房屋破坏形式表现为门窗角八字形裂缝、墙体竖向裂缝和纵横墙之间开裂等，少量达到严重破坏、个别毁坏。

灾区受损砖木结构房屋主要以规模较小的乡村学校教室和村委办公室为主，由于场地条件等原因，房屋震前已产生局部破坏，受到本次地震影响后，裂缝加宽、贯穿墙体，已达到严重破坏，成为危房。

2. 建筑破坏等级

按《地震现场工作　第3部分：调查规范》(GB/T 18208.3—2000)，将建筑物破坏分为五个破坏等级：基本完好（含完好）、轻微破坏、中等破坏、严重破坏和毁坏。

基本完好（含完好）：房屋承重构件完好，个别非承重构件轻微破坏。

轻微破坏：个别主体结构局部有轻微裂缝，非主体结构局部有明显裂缝，砖木、砖混结构个别墙体出现细微裂缝。

中等破坏：多数主体结构出现轻微裂缝，非主体结构有明显裂缝，墙体连接处明显开裂，承重墙体出现一定程度的裂缝。

严重破坏：土木结构房屋承重构件严重破坏，局部倒塌，砖木、砖混结构多数承重构件破坏严重。

毁坏：多数承重构件严重破坏，结构濒于崩溃，土木、砖木结构房屋墙倒顶塌。

3. 评估方法

震害调查采用大范围均匀抽样方法进行房屋破坏程度的调查，抽样点基本均匀地分布在灾区范围内。对于相对集中居住区房屋采用以自然村为统计单元进行抽样调查，对学校、医院和公房则采用全部调查，直接统计。考虑到地震特点和居民分布情况，且震害分布情况差异不显著，将灾区只确定为一个评估区。共完成抽样点数22个。抽样调查资料分别见表2。

表2　评估区土木结构房屋破坏抽样调查资料　　　　　　　　　　　m²

序号	抽样点	所属行政区	毁坏	严重破坏	中等破坏	轻微破坏	基本完好
1	阿其布拉克村	阿图什市哈拉峻乡	40	70	150	350	750
2	阿亚克苏洪村	阿图什市哈拉峻乡	30	80	120	120	410

表 2（续）   m²

序号	抽 样 点	所属行政区	毁坏	严重破坏	中等破坏	轻微破坏	基本完好
3	昂额孜村	阿图什市哈拉峻乡	30	90	150	200	500
4	加尔都维村	阿图什市哈拉峻乡	0	100	150	200	550
5	坎阿热力村	阿图什市哈拉峻乡	40	100	150	330	750
6	库铁列克村	阿图什市哈拉峻乡	30	50	130	300	500
7	克孜勒套村	阿图什市哈拉峻乡	40	90	150	300	700
8	古尔库热村	阿图什市哈拉峻乡	30	100	150	300	700
9	阔什布拉克村	阿图什市哈拉峻乡	30	80	130	250	650
10	欧拉土哈拉峻村	阿图什市哈拉峻乡	40	100	200	300	650
11	皮羌村	阿图什市哈拉峻乡	30	70	150	300	750
12	琼哈拉峻村	阿图什市哈拉峻乡	30	100	250	300	700
13	西里别里村	阿图什市哈拉峻乡	30	90	100	350	750
14	西里比里村委会	阿图什市哈拉峻乡	0	400	0	0	0
15	乌尊布拉克	阿图什市哈拉峻乡	30	70	120	370	820
16	亚孜洛	阿图什市哈拉峻乡	0	0	140	350	750
17	昂额孜办事处	阿图什市哈拉峻乡	0	820	0	0	0
土木结构房屋破坏比/%			2.22	12.47	11.59	22.35	51.37

4. 评估区土木结构房屋不同破坏等级的建筑面积

在计算评估区内不同用途和结构类型房屋总面积中，灾区住宅房屋按当地政府提供的最新统计资料得到。灾区内乡村居住房屋总面积合计见表 3，通过表 2 中各类结构房屋破坏比算相应的破坏面积见表 4。对于评估区内教育和其他公用房屋则采用逐栋全部调查，直接计入乡村学校和其他公用房屋各类房屋总面积和破坏面积见表 5。

表 3 评估区居住房屋建筑总面积   m²

行 政 区	结 构 类 别	房屋建筑面积
阿图什市	土木	256080

表4　评估区居住房屋破坏面积汇总表　　　　　　　　　m²

行政区	结构类别	房屋破坏建筑面积				
		毁坏	严重破坏	中等破坏	轻微破坏	基本完好
哈拉峻乡	土木	5685	31933	29680	57234	131548

表5　学校、卫生院和其他公用房屋破坏情况汇总表　　　　　m²

行政区	系统	结构类别	房屋建筑总面积	房屋破坏建筑面积				
				毁坏	严重破坏	中等破坏	轻微破坏	基本完好
哈拉峻乡	教育	砖木	2000	0	2000	0	0	0
	公房	砖木	1000	0	1000	0	0	0
		土坯	1220	28	152	141	273	626

（六）经济损失评估

1. 房屋建筑经济损失

1）单价

灾区经核实的建筑物重置单价，见表6。

表6　建筑物重置单价　　　　　　　　　元/m²

结构类别	造价	结构类别	造价
土木	500	砖混	1200
砖木	800		

2）建筑物破坏损失比

按照《地震现场工作　第4部分：灾害直接损失评估》（GB/T 18208.4—2005），各评估区建筑物破坏损失比，见表7。

表7　建筑物破坏损失比　　　　　　　　　%

结构类别	毁坏	严重破坏	中等破坏	轻微破坏	基本完好
土木					
砖木	100	60	30	10	0
砖混					

3）房屋经济损失评估

按下列公式计算评估区各类房屋在某种破坏等级下的损失 L_h：

$$L_h = S_h \times R_h \times D_h \times P_h \qquad (2)$$

式中 S_h——该评估子区同类房屋总建筑面积；

R_h——该评估子区同类房屋某种破坏等级的破坏比；

D_h——该评估子区同类房屋某种破坏等级的损失比；

P_h——该评估子区同类房屋重置单价。

通过式（2）得到，评估区居住房屋震害直接经济损失，见表8。

表8 评估区居住房屋震害直接经济损失   万元

行 政 区	结构类型	直接经济损失
阿图什市	土木	

2. 学校、卫生院类房屋直接经济损失计算

依据规范，教育、卫生系统和其他公用建筑物需要单列，根据表5调查统计的建筑物破坏面积通过式（2）计算得到直接经济损失见表9。

表9 学校、卫生、公房经济损失汇总表   万元

行政区	教育	卫生	公房
阿图什市	96.00	0	57.44

3. 围墙、棚圈经济损失计算

灾区内围墙、棚圈损毁较为严重，主要以干打垒低矮土墙和简易木架屋顶组成，根据当地政府上报的数据，倒塌的围墙按每米100元计，毁坏和严重受损的棚圈每平方米按200元计，经济损失见表10。

表10 棚圈、围墙受灾情况汇总表

行政区	棚圈/m	棚圈损失/万元	围墙/m	围墙损失/万元	合计/万元
阿图什市哈拉峻乡	2100	42	127	12.7	54.7

合计本次地震的总直接经济损失见表11。

表11 总直接经济损失汇总表   万元

行 政 区	居住房屋	教育	公房	棚圈、围墙	合计
阿图什市哈拉峻乡	1973.61	96.00	57.44	54.70	2181.75

以上各项汇总，本次地震造成总直接经济损失：2181.75万元，属一般破坏性地震。

第四章　地震灾害直接经济损失
评　估　报　告

第一节　地震灾害损失评估报告编制

一、地震灾害损失评估报告编制内容

为规范评估工作，保留珍贵的资料，通常在损失评估计算完成后要编写评估报告。一般而言，报告结构和内容主要包括以下部分。

1. 灾害基本情况

灾害基本情况包括灾害的发生时间、灾害地点、灾害程度、灾害波及范围等。例如，在地震灾害损失评估报告中，《地震现场工作　第 4 部分：灾害直接损失评估》(GB/T 18208.4—2011)》明确要求对地震基本参数，包括发震时间、震中位置、震级、震源深度等内容进行详细说明。

2. 灾区概况

灾区概况主要包括灾区自然环境概况、构造环境、灾区社会经济环境等。

3. 核查评估情况

核查评估情况是对现场核查和技术分析进行说明，包括损失评估分区、抽样方案说明，并给出抽样点分布图，标明极灾区。

4. 灾害损失分析

灾害损失包括人员伤亡、直接经济损失、救灾直接投入。其中，人员伤亡和救灾直接投入大多是实际统计的记录，直接经济损失需要在现场对各项损失做大量调查和计算，可以按如下过程进行汇总。

（1）房屋破坏的直接经济损失。计算各类房屋的直接经济损失，注意要包括所有评估区内的所有类型房屋。

（2）室内财产损失。计算各类房屋的室内财产直接损失。

（3）室外财产损失。按照当地政府上报的资料，经抽查核实计算。

（4）学校和卫生系统损失。按照当地政府上报的学校和卫生系统的房屋总面积（分不同结构类型），并计算损失值。

（5）生命线各系统损失。按照当地有关部门或企业上报的资料，经过调查核实后分成各系统计算，损失值包括该系统的生产用房破坏损失和设备、设施等损失。

（6）企业损失。按照有关主管部门或企业上报资料，经调查核实后计算，包括房屋、生产用房和工业结构、设施、设备、仪器等损失。

（7）其他工程设施或结构的损失。根据现场调查破坏程度和修复费用的估计评定损失将上述各项损失相加，得到总的直接经济损失。在汇总时，要考虑各主管部门救灾和重建的需要，具体来说，如果灾区包括不同行政单位（县、生产建设兵团等）属地，则要分别给出各县、兵团的损失值。对学校、卫生系统、各生命线系统，也要分别给出各自的损失值，以方便评估结果的应用。

5. 经验和教训

本部分内容主要是总结本次灾害发生的特点，为未来救灾、治灾及灾害防范工作提供一定的借鉴意义。

6. 防范措施及建议

本部分内容主要是总结灾害防范措施，并提出未来灾害管理工作的完善建议。

二、地震灾害损失评估报告编制格式

灾害损失评估报告可以参照如下格式编写。

1. 灾害基本参数

（1）灾害时间。

（2）灾害位置。

（3）灾害其他基本信息（如震级、地震深度等）。

2. 灾区概况和社会经济环境

（1）灾区概况：①灾区面积；②包括的省、市、县；③包括的城市街道、乡、镇个数；④灾区人口、户数；⑤户均住宅建筑面积；⑥震害特征。

（2）灾区社会经济环境：①地区总产值、工业总产值、第一产业增加值、第二产业增加值、第三产业增加值；②支柱产业、重大工程设施以及主要生命线系统状况等；③灾区范围。

3. 损失评估分区与抽样点数目与抽样点分布图

应在抽样点分布图中标明极灾区，并附上对应的分布图。

4. 人员伤亡及失去住所人数

（1）死亡人数。

（2）重伤人数。

（3）轻伤人数。

（4）失踪人数。

（5）失去住所人数。

（6）死亡分布图。

5. 房屋破坏直接经济损失

（1）评估区划分及附图。

（2）灾区房屋类别与破坏等级。

（3）各类房屋建筑总面积；各类房屋不同等级破坏总面积汇总表；农村和城镇房屋每间平均面积。

（4）调查得到各类房屋破坏比，如附录1中的表格 B.2。

（5）选定的房屋破坏损失比。

（6）确定的房屋重置单价。

（7）确定的房屋损失比。

（8）各评估子区和地灾区房屋总损失。

（9）按用途和按行政区分类的房屋损害汇总，如附录1中的表格 C.1、C.2。

（10）重新计算的各评估的房屋破坏比。

6. 室内外财产损失

（1）住宅和公用房屋室内财产损失估计，如附录中的表格 B.5、B.6、B.7。

（2）室外财产损失。

7. 工程结构直接经济损失

（1）生命线系统工程结构（电力、通信、交通、供排水、供油、供气、供热）损失。

（2）水利工程结构和其他各类工程结构损失。

8. 企事业的设备财产直接经济损失

略。

9. 救灾投入费用

略。

10. 灾害的直接经济损失总值，救灾投入费用

参照附录1中的表格 C.4。

11. 附有关灾害资料照片

上述报告内容的第1～第2部分是本次地震和灾区震前的基本情况，有些资料（如经济方面的资料）是提供给使用者参考的。第3部分是评估区的划分和抽样点的分布，这是现场调查的基础工作，提供这些资料是介绍本次灾害损失评估调查的根据，可以供他人审核。

灾害损失破坏的各项工作汇报，包括调查得到的基础数据、破坏比、损失计算、分部门的损失汇总和总损失，是评估工作的基本内容。除图形、表格之外，要对数据的来历作必要的说明，如对房屋破坏，要列举灾区房屋类型（附照片），破坏等级评定的标准，对工程结构，包括生命线相同结构，要列举主要的结构破坏，说明破坏程度（附照片）和损失评估的根据。

为了使评估结果能更好地为救灾工作服务，特别强调分开县市、部门或行业汇总损失值这样可以按需要掌握震害经济损失，便利救援款的发放。

第二节　地震灾害直接经济损失评估报告案例

一、案例报告1

云南景谷5.8级、5.9级地震灾害直接经济损失评估报告①

2014年10月7日云南省景谷县6.6级地震后，12月6日2时43分、18时20分，景

---

① 该案例摘自于云南省地震局《2014年12月6日景谷5.8、5.9级地震灾害直接经济损失评估报告》。

谷县（23.3°N，100.5°E）先后发生 5.8 级、5.9 级强余震（以下简称"两次强余震"），震中距主震约 10 km。两次强余震造成云南省普洱市景谷县、临沧市临翔区等 9 县区共 37 个乡镇破坏程度加剧，1 人死亡、22 人受伤，直接经济总损失 237660 万元。

地震发生后，云南省地震局第一时间启动了地震应急预案Ⅲ级响应，派出 40 名现场工作队员赶赴灾区并于当日中午抵达，旋即开展地震现场应急处置工作。5.9 级余震发生后，省地震局增派 16 名专业技术人员（含四川省地震局 4 人）连夜赶赴灾区支援。省、市、县三级地震部门的 68 名现场工作人员分批到达灾区开展地震现场应急处置工作。

由 20 名专家组成的灾评组于 12 月 6 日至 11 日累计派出 48 个调查组次对两次强余震造成的破坏区域进行详细调查，总计调查行程 1 万余千米，共计完成 153 个居民点（社区）、40 件生命线工程、7 个学校、8 个卫生院所等专项的调查，整理汇总灾区 9 县区房屋建筑基础资料，分析处理 28 份行业专项灾情报告，为最终完成灾害直接经济损失评估报告奠定了坚实的基础。

地震灾害调查、烈度评定和损失评估工作按照《地震现场工作　第 3 部分：调查规范》（GB/T 18208.3—2011）、《中国地震烈度表》（GB/T 17742—2008）和《地震现场工作　第 4 部分：灾害直接损失评估》（GB/T 18208.4—2011）的要求进行。灾评组在灾区各级党委政府、各专业部门的大力支持下，通过抽样、专项调查取得了翔实资料，据此对新增直接经济损失进行评估计算。

地震灾害损失评估内容分两部分，即房屋建筑破坏损失（含民房与其他公用房屋）与基础设施及其他专项损失。因新老震害难以严格区分，对于房屋建筑破坏损失先计算 6.6 级、5.8 级、5.9 级地震总损失，再扣除 6.6 级地震损失，即得到两次强余震房屋破坏经济损失。基础设施与其他专项损失通过灾评组与各行业专家现场调查，结合报灾材料，直接评定两次强余震造成的经济损失。

（一）地震基本参数

两次强余震参数见表 1。

表 1　两次强余震参数

序号	发 震 时 间	震中位置		震级	震源深度/km
		N	E		
1	2014 年 12 月 6 日 02 时 43 分 44 秒	23.3°	100.5°	5.8	9
2	2014 年 12 月 6 日 18 时 20 分 00 秒	23.3°	100.5°	5.9	10

截至 2014 年 12 月 12 日 17 时，5.8 级、5.9 级强余震序列共发生 881 次，其中 1.0～1.9 级 145 次，2.0～2.9 级 46 次，3.0～3.9 级 8 次，4.0～4.9 级 2 次，5.0～5.9 级 2 次。

（二）灾区概况和自然、社会经济状况

1. 灾区自然环境

灾区涉及的普洱市、临沧市均处云南省西南部，横断山脉南段，北回归线横穿两市中部。普洱市东南与越南、老挝接壤，西南与缅甸毗邻，国境线长约 486 km，全市总面积 45385 km²，是云南省面积最大的州（市）。哀牢山、无量山及怒山（余脉）三大山脉由北向南纵贯全境，形成了北高南低的地势和北窄南宽的版图形状，澜沧江、李仙江、南卡江三大江由北向南纵贯全境，由于三江纵流，形成帚状水系，有利于印度洋和太平洋两股暖湿气流北上，使普洱成为云贵高原唯——一个海洋性气候的地区。

临沧市西与缅甸接壤，国境线长约 290 km，全市总面积约 24500 km²。境内有老别山、邦马山两大山系，地势中间高，四周低，并由东北向西南逐渐倾斜，海拔最高点为3429 m，最低点为 450 m，相对高差达 2979 m，属亚热带低纬度山地季风气候，干湿季分明，垂直变化突出。

震中所在地景谷县位于云贵高原西南部边缘，云南省普洱市中部偏西，无量山脉西南侧，澜沧江以东。部分地区为切割地形。总地势由北向南倾斜，渐向东西两翼扩张，呈山川相间帚状分布，各河谷从低到高分布着谷地（或盆地）、丘陵、山地等，逐级向上过渡，形成多层次地形，境内山地面积占总面积的 85.61%。县境东西相距 107 km，南北相隔 115 km 之远，总面积 7777 km²。最高海拔 2920 m，最低海拔 600 m；属亚热带山原季风气候，年降水量为 1354 mm、蒸发量 1916.4 mm、平均雨日数 164.1 d、平均气温 22.1 ℃；年平均日照时数 2065.3 h。

2. 灾区地震地质背景

震区地处唐古拉—昌都—兰坪—思茅褶皱系的兰坪—思茅褶皱带与冈底斯—念青—唐古拉褶皱系的昌宁—孟连褶皱带的过渡地区。区内地质构造复杂，主要发育近南北向、北东向、北西向三组断裂，其中与本次地震空间位置关系密切的主要断裂是酒房断裂、景谷（漫罗—困龙山）断裂及麻栗坪断裂。

酒房断裂带北起无量山西麓，经安乐、民乐、永平、勐养至帕当进入缅甸。该断裂由次级断裂呈反 S 状右阶雁列展布，总体近南北向走向（350°～20°），倾向东、倾角 70°～80°，全长约 310 km，属于深切下地壳的深大断裂。断裂在航、卫片上线性影像特征清晰，对盆地具有较明显的控制作用，属早第四纪活动断裂，活动方式为右旋走滑。该断裂穿越极震区，断裂带沿线分布有 5.0～5.5 级历史地震。

景谷（漫罗—困龙山）断裂，南西起于澜沧江断裂，向北东经班洒、蔗放、中寨延入景谷县城附近，由 3 条次级断裂组成。该断裂走向北东（40°～52°），全长约67 km。断裂穿越极震区，在航、卫片上线性影像特征清晰，活动时代及活动方式不清。

麻栗坪断裂南东起于官房附近，向北西经三尖山、大寨、平掌止于老筏口附近。该断裂走向北西（340°）、倾向南西（240°）、倾角 70°左右，全长约 57 km。断裂在航、卫片上线性影像特征依稀可见，活动时代及活动方式不清。该断裂分布震区东南侧（西北段可能隐伏延入极震区），断裂带沿线分布有 5.0～5.7 级历史地震。

两次强余震震中位于酒房断裂与景谷（漫罗—困龙山）断裂的交会部位。

3. 灾区社会经济状况

灾区各县 2013 年国内经济主要指标见表 2。

表2 灾区各县2013年经济状况   亿元

项目县区	县区生产总值	第一产业产值	第二产业产值	第三产业产值	财政收入	财政支出
景谷县	72.78	26.65	31.46	14.67	4.80	17.88
宁洱县	35.71	8.98	14.00	12.73	2.71	13.39
思茅区	90.75	10.82	40.59	39.34	8.38	21.40
镇沅县	34.10	15.93	8.33	9.84	2.84	15.98
澜沧县	47.85	15.20	18.91	13.74	4.36	29.68
景东县	50.40	20.47	15.82	14.11	3.42	22.21
临翔区	66.65	13.51	26.20	26.94	5.60	22.36
双江县	26.91	9.01	12.91	4.99	2.25	16.07
云县	82.82	24.71	39.56	18.55	5.05	21.72

4. 灾区房屋类别与破坏等级

1）房屋分类

灾区房屋建筑按结构类型可分为土木结构、砖木结构、砖混结构、框架结构四类。

（1）土木结构：为当地主要的传统民房，穿斗木构架承重，土坯墙围护，人字形瓦屋顶，抗震性能较好。

（2）砖木结构：多为穿斗木构架承重，砖墙围护，部分房屋砖墙承重，人字形瓦屋顶，瓦面多为石棉瓦或琉璃瓦，与椽子的连接较为牢靠。

（3）砖混结构：砖砌墙体承重，设置钢筋混凝土圈梁、构造柱和现浇楼（屋）盖的混合结构，抗震性能较好。

（4）框架结构：主要为经过正规设计的由钢筋混凝土梁柱组成的框架体系承重，现浇楼板（屋）盖。主要用于学校、医院、政府办公等公共建筑，抗震性能最好。

按照《地震现场工作 第4部分：灾害直接损失评估》（GB/T 18208.4—2011）规定，土木结构与砖木结构房屋归为简易房屋。

简易房屋以外的房屋为非简易房屋，包括框架结构和砖混结构房屋。

2）房屋破坏等级

根据震区房屋破坏情况和云南历次地震经验，参照《地震现场工作 第4部分：灾害直接损失评估》（GB/T 18208.4—2011）中房屋破坏等级划分标准，确定房屋破坏等级划分的具体标准。

框架结构、砖混结构划分为以下5个破坏等级。

（1）基本完好（含完好）：砖混及框架结构房屋非承重构件轻微裂缝，不加修理可继续使用。

（2）轻微破坏：砖混及框架结构房屋个别承重构件轻微裂缝，非承重构件明显裂缝；不需修理或稍加修理可继续使用。

（3）中等破坏：砖混及框架结构房屋承重构件轻微破坏，局部有明显裂缝，个别非承重构件破坏严重；需要一般修理后方可使用。

（4）严重破坏：砖混及框架结构房屋承重构件多数破坏严重，难以修复。

（5）毁坏：砖混及框架结构房屋承重构件多数断裂，结构濒于崩溃或已倒毁，无法修复。

对于简易房屋，将毁坏、严重破坏合并为毁坏，将中等破坏、轻微破坏合并为破坏，保留基本完好，划分为以下3个破坏等级。

（1）基本完好（含完好）：土木结构房屋个别掉瓦或墙体细裂；砖木结构房屋非承重构件轻微裂缝。

（2）破坏：土木结构和砖木结构房屋的非承重构件（如围护墙体）明显裂缝或严重开裂，甚至局部垮塌，普遍梭瓦或明显掉瓦。可修理后使用。

（3）毁坏：土木结构和砖木结构房屋二面墙体倒塌，屋架明显倾斜或倒塌，屋盖坍落或完全倒塌；承重构件多数断裂或破坏严重，结构濒于崩溃。修理困难或无法修复。

5. 灾区概况

1）灾区范围及面积

在前期主震调查的基础上，两次强余震发生后，灾评组调查了灾区153个居民点的震害，结合强震记录、震源机制解及余震分布等资料，圈定了景谷地震综合烈度分布。

极震区烈度达Ⅷ度，宏观震中位于景谷县永平镇政府所在地至迁毛村石桩一带，等震线形状呈椭圆形，长轴走向呈北西向。Ⅵ度区及以上总面积约 11930 km²，其中，Ⅷ度区总面积 500 km²，Ⅶ度区总面积 2020 km²，Ⅵ度区总面积 9410 km²。

Ⅷ度区东起景谷县益智乡益香村，西至永平镇中寨村，北自威远镇文朗村以南，南到碧安乡乡官寨以南。

Ⅶ度区东起景谷县正兴镇水平村，西至永平镇新塘村，北自临翔区平村乡政府驻地，南到益智乡小寨村。

Ⅵ度区东起景谷县正兴镇黄草坝至宁洱县宁洱镇荒田村一带，西至双江县勐勐镇石板坡村以东，北自云县大朝山西镇菖蒲塘村一带，南到思茅区龙潭乡麻栗坪。

2）灾区人口、户数

灾区主要涉及普洱市景谷县、思茅区、宁洱县、镇沅县、澜沧县、景东县及临沧市临翔区、双江县、云县，共涉及 37 个乡镇，280 个行政村（居委会）；灾区人口 575633 人，172308 户。灾区基础资料见表3。

表3　灾区基础资料

评估区	县区	乡镇	行政村	户数/户	人口/人
一	景谷县	4	8	13138	42960
小计	1	4	8	13138	42960
二	景谷县	7	31	18322	59914
	临翔区	1	2	1086	3476

表3（续）

评估区	县区	乡镇	行政村	户数/户	人口/人
小计	2	8	33	19408	63390
	景谷县	10	93	39476	141856
	宁洱县	3	15	9277	32007
	思茅区	4	10	10917	36025
	镇沅县	2	15	8431	28666
三	澜沧县	4	13	4643	16713
	景东县	1	1	274	1026
	临翔区	7	58	30951	99044
	双江县	5	34	14588	48871
	云县	1	2	548	2072
小计	9	37	241	119105	406280
四	景谷县城	1	4	20657	63003
小计	1	1	4	20657	63003
合计	9	37	280	172308	575633

评估区一为Ⅷ度区，主要涉及景谷县永平镇、益智乡、威远镇、碧安乡。

评估区二为Ⅶ度区，主要涉及景谷县永平镇、威远镇、民乐镇、益智乡、碧安乡、勐班乡、正兴镇，临翔区平村乡。

评估区三为Ⅵ度区，主要涉及景谷县永平镇、威远镇、民乐镇、益智乡、碧安乡、勐班乡、正兴镇、凤山镇、景古镇、半坡乡，思茅区云仙乡、龙潭乡、思茅港镇、思茅镇，宁洱县宁洱镇、德化乡、同心乡，镇沅县按板镇、振太乡，澜沧县谦六乡、大山乡、富东乡、文东乡，景东县大朝山东镇，临翔区凤翔街道办事处、忙畔街道办事处、博尚镇、圈内乡、马台乡、邦东乡、平村乡，双江县勐勐镇、勐库镇、邦丙乡、大文乡、忙糯乡，云县大朝山西镇。

评估区四为景谷县城，即威远镇城区。

3）震害基本情况

地震造成房屋建筑和工程结构不同程度破坏。

（1）房屋震害。

Ⅷ度区：框架结构房屋个别梁柱构件开裂，少数填充墙出现水平或"X"形裂缝；砖混结构房屋少数承重墙体出现水平或"X"形裂缝，多数门头、窗间墙或窗角开裂明显，个别房屋墙体裂缝较宽，且完全贯通墙体；砖木结构房屋普遍梭掉瓦、开天窗，多数房屋墙体开裂严重，少数房屋墙体局部倒塌；土木结构房屋普遍梭掉瓦、开天窗，少数房屋墙体倒塌或局部倒塌、墙体开裂或外闪。

Ⅶ度区：砖混结构房屋少数承重墙体开裂；砖木结构房屋多数墙体角部、结合处等部位开裂、梭掉瓦，个别老旧房屋局部倒塌；土木结构房屋多数墙体开裂、梭掉瓦，少数墙体局部倒塌。

因两次强余震震中向南迁移约 10 km，位于原Ⅶ度区南部边界的益智乡新集镇多数新建或在建框架结构填充墙开裂、局部倒塌。

Ⅵ度区：框架结构房屋个别墙体与框架接合部开裂；砖混结构房屋少数墙体细微裂缝；砖木结构房屋少数墙体开裂、梭掉瓦；土木结构房屋个别局部倒塌，部分墙体开裂、梭掉瓦。

（2）工程结构震害。

① 交通系统：路面开裂，路基下沉、开裂，路基塌方，挡墙开裂；桥梁桥面、桥台、梁板位移，护栏损坏；涵洞开裂等。

② 电力系统：部分供电所建构筑物受损。

③ 水利工程结构：水库坝体开裂、沟渠开裂渗漏及原有渗漏加大；堤防开裂渗水；水池水窖开裂、漏水；沟渠开裂；乡村集中供水设施损坏；水文设施和水保设施受损。

④ 供排水系统及其他市政设施：供水管线破坏；污水处理厂设备损坏，管网损坏；垃圾处理填埋场受损；市政照明等设施损坏。

（三）人员伤亡及失去住所人数

1. 人员伤亡

据民政部门统计，本次地震造成 1 人死亡，22 人受伤。

2. 失去住所人数

失去住所人数是指因地震失去住所而在室外避难的人数。失去住所的人数（T）按下式统计计算

$$T = \frac{c + d + e/2}{a} \times b - f \qquad (1)$$

式中　a——户均居住面积；

　　　b——户均人口；

　　　c——所有住宅房屋的毁坏面积；

　　　d——非简易房屋的严重破坏面积；

　　　e——非简易房屋中等破坏面积与简易房屋破坏面积之和；

　　　f——死亡人数；

参数 a、b、c、d、e、f 由统计或灾害损失评估计算得到。

两次强余震造成失去住所人数 16366 人。

（四）房屋破坏经济损失

1. 评估思路

震区 2 个月前发生过 6.6 级主震，灾区恢复重建工作尚未全面启动；两次强余震震中向主震震中南侧迁移约 10 km，造成新生破坏，新老震害难以严格区分。因此，将房屋新老震害损失合并评估，扣除 6.6 级地震灾害损失，得出两次强余震房屋建筑的灾害损失。

2. 评估区的划分

根据《地震现场工作 第4部分：灾害直接损失评估》（GB/T 18208.4—2011），以Ⅵ度区作为外边界，破坏连续分布的区域作为计算经济损失的评估区，景谷县城作为评估区四单独进行评估。Ⅷ度区、Ⅶ度区、Ⅵ度区分别为评估区一、评估区二、评估区三。

3. 房屋破坏损失评估原理

房屋建筑破坏造成的经济损失为灾区各类结构、各种破坏等级造成的损失之和。用下式计算各评估子区各类房屋在某种破坏下的损失 L_h

$$L_h = S_h \times R_h \times D_h \times P_h \tag{2}$$

式中 S_h——该评估子区同类房屋总建筑面积；

R_h——该评估子区同类房屋某种破坏等级的破坏比；

D_h——该评估子区同类房屋某种破坏等级的损失比；

P_h——该评估子区同类房屋重置单价。

4. 评估计算的相关参数

1）房屋破坏比

灾评工作组调查了153个居民点，从中选取45个抽样点。抽样点各类房屋破坏面积，见附表1~附表4。根据抽样点房屋破坏面积计算出不同结构每个破坏等级的破坏比，见表4和表5。

附表1 土木结构房屋建筑抽样点破坏面积汇总表 m²

评估区	序号	抽样点名称	毁坏	破坏	基本完好
一	1	河东	1200	800	200
	2	芒畔	1100	1500	100
	3	芒迁	1700	3700	300
	4	那拐	2100	3600	
	5	平掌	1400	1600	
	6	七七队	1000	1200	
	7	迁东	100	900	
	8	石桩	500	100	
	9	下寨箐	200	1600	
	10	乡官寨	600	1300	200
	11	益香	1200	2000	300
	12	永平镇	2500	7000	
	13	云盘	200	1500	
	14	永平中寨	200	1400	100

附表1（续）　　　　　　　　　　　　m²

评估区	序号	抽样点名称	毁坏	破坏	基本完好
二	1	云海	300	400	400
	2	东巴	600	1800	1000
	3	河头	600	1500	800
	4	黄草坝	300	300	400
	5	就抗	200	1200	200
	6	那丙干田	100	500	200
	7	那布	100	600	200
	8	平村	600	2900	700
	9	迁糯	1800	3600	1000
	10	田房	100	700	300
	11	文郎	400	3900	600
	12	小寨	800	800	
三	1	箐头		3000	7100
	2	水平		300	800
	3	徐家		1300	7000
	4	大寨子		700	3400
	5	上亥公		200	800
	6	磨岸		400	2100
	7	麻栗坪		400	1300
	8	大山村		200	800
	9	八落		600	1200
	10	勐班大地		600	1700
	11	凉阴箐	200	1500	500
	12	辣子箐	200	1500	2600
	13	勐主		400	1400
	14	石大富		300	1900
四	1	调查1区	100	300	1700
	2	调查2区	200	600	4900
	3	调查4区		260	900

附表2 砖木结构房屋建筑抽样点破坏面积汇总表   m²

评估区	序号	抽样点名称	毁坏	破坏	基本完好
一	1	河东	400	1600	100
	2	河口	700	4400	
	3	芒广	1500	4600	100
	4	芒畔	1200	2700	100
	5	那拐	1100	2400	100
	6	平掌	1000	2100	
	7	七七队	100	1400	
	8	迁东	2700	11300	
	9	上迁毛	1400	3600	200
	10	石桩	900	3100	
	11	乡官寨	300	600	200
	12	永平镇	1200	2400	100
	13	威远中寨	900	3100	200
	14	永平中寨	500	1600	
二	1	塘房	200	400	400
	2	东巴	300	6700	2800
	3	费竜	600	2300	700
	4	共和	500	7300	3600
	5	黄草坝	100	2500	1100
	6	就抗	300	1600	1400
	7	那丙干田	300	1800	700
	8	那布	200	1600	1200
	9	平坝	200	1300	1600
	10	平村	100	3600	1200
	11	迁糯	800	1900	300
	12	田房	200	2800	1700
	13	文郎	200	2600	800
	14	香盐	200	2100	1700

附表2（续）　　　　　　　　　　　　　　　　　　　m²

评估区	序号	抽样点名称	毁坏	破坏	基本完好
二	15	新村	400	7800	1500
	16	云海	200	900	1000
三	1	水平		200	800
	2	徐家		200	700
	3	大寨子		100	600
	4	上亥公		700	3400
	5	磨岸		800	1900
	6	麻栗坪		300	1600
	7	八落		1100	2400
	8	勐班大地		600	2500
	9	凉阴箐		500	300
	10	辣子箐		600	1800
	11	勐主		1400	3200
	12	曼岗		800	2000
四	1	调查1区		2270	11300
	2	调查2区		1234	7280
	3	调查4区		330	1640

附表3　砖混结构房屋建筑抽样点破坏面积汇总表　　　　m²

评估区	序号	抽样点名称	毁坏	严重破坏	中等破坏	轻微破坏	基本完好
一	1	永平镇		2000	4480	2860	960
	2	七七队		340	360	1100	
	3	芒广				5560	1040
二	1	迁糯		710	1560	1860	520
	2	那丙干田				400	400
	3	平村				560	620
三	1	勐班大地				1250	5380
	2	民乐				900	4200

附表3（续）   m²

评估区	序号	抽样点名称	毁坏	严重破坏	中等破坏	轻微破坏	基本完好
三	3	勐主				950	3100
四	1	调查1区			2050	2000	11930
	2	调查2区			1940	1450	26010
	3	调查3区			2550	29600	203550
	4	调查4区			1850	1450	14600

附表4　框架结构房屋建筑抽样点破坏面积汇总表   m²

评估区	序号	抽样点名称	毁坏	严重破坏	中等破坏	轻微破坏	基本完好
一	1	永平镇		1750	5200	8700	2040
二	1	迁糯		850	1540	2800	1250
	2	平村			800	350	1300
三	1	勐班大地				1750	7692
	2	民乐				1700	6950
	3	勐主				950	5074
四	1	调查1区			2800	12800	43070
	2	调查2区			700	800	5500
	3	调查3区			900	9520	124040
	4	调查4区			1450	1700	56050

表4　简易房屋破坏比汇总表   %

评估区	结构类型	毁坏	破坏	基本完好
一	砖木结构	23.21	74.95	1.84
	土木结构	32.26	64.98	2.76
二	砖木结构	6.51	64.04	29.45
	土木结构	19.73	60.87	19.40
三	砖木结构		25.61	74.39
	土木结构	0.90	25.68	73.42
四	砖木结构		15.94	84.06
	土木结构	3.35	12.95	83.70

表5　非简易房屋破坏比汇总表　　　　　　　　　　　　　　%

评估区	结构类型	毁坏	严重破坏	中等破坏	轻微破坏	基本完好
一	框架结构		9.89	29.40	49.18	11.53
	砖混结构		12.51	25.88	50.91	10.70
二	框架结构		9.56	26.32	35.43	28.69
	砖混结构		10.71	23.53	42.53	23.23
三	框架结构				18.25	81.75
	砖混结构				19.65	80.35
四	框架结构			2.26	9.57	88.17
	砖混结构			2.81	11.54	85.65

2）房屋损失比

根据《地震现场工作　第4部分：灾害直接损失评估》（GB/T 18208.4—2011），结合灾区情况，损失比按表6和表7取值。

表6　简易房屋破坏损失比　　　　　　　　　　　　　　%

结构类别	毁坏	破坏	基本完好
土木结构	95	50	5
砖木结构	95	50	5

表7　非简易房屋破坏损失比　　　　　　　　　　　　　　%

结构类别	毁坏	严重破坏	中等破坏	轻微破坏	基本完好
框架结构	95	75	50	15	5
砖混结构	95	75	50	15	5

3）房屋重置单价

重置单价指基于当前价格，修复被破坏房屋，恢复到震前同样规模和标准所需的单位建筑价格。基于现场调查并参考当地住建部门上报数据，取值见表8。

表8　房屋重置单价　　　　　　　　　　　　　　元/m²

结构类别	框架结构	砖混结构	砖木结构	土木结构
单价	1800	1400	1050	850

5. 房屋破坏损失
1）民房破坏面积
评估区内民房破坏面积，见表9和表10。

表9 简易房屋破坏面积汇总表 m²

类型	行政区	毁坏	破坏	小计
民房	景谷县	405985	2879715	3285700
	宁洱县	2218	225589	227807
	思茅区	2853	233639	236492
	镇沅县	5704	236248	241952
	澜沧县	3325	137738	141063
	景东县	204	8455	8659
	临翔区	27524	818829	846353
	双江县	6773	372247	379020
	云县	412	17076	17488
合计		454998	4929536	5384534

表10 非简易房屋破坏面积汇总表 m²

类别	行政区	毁坏	严重破坏	中等破坏	轻微破坏	小计
民房	景谷县		104459	274110	868885	1247454
	宁洱县				50355	50355
	思茅区				34818	34818
	镇沅县				12259	12259
	澜沧县				15430	15430
	景东县				438	438
	临翔区		1715	3800	96385	101900
	双江县				44215	44215
	云县				886	886
合计			106174	277910	1123671	1507755

2）不具备修复加固价值房屋面积

按照房屋破坏等级标准，结合现场调查统计，简易房屋中全部毁坏和30%的破坏房屋，以及非简易房屋中毁坏和严重破坏房屋不具备修复加固价值。扣除6.6级主震不具修复加固价值民房面积后，两次强余震造成灾区不具修复加固价值民房面积共计445139 m²，其中景谷县300048 m²，宁洱县17304 m²，思茅区17695 m²，镇沅县16745 m²，澜沧县9763 m²，景东县600 m²，临翔区54489 m²，双江县27285 m²，云县1210 m²。

3）民房经济损失

根据上述调查结果、计算原理和方法，以当地政府部门提供的房屋建筑数据（表11）为基础，对民房的经济损失进行评估计算。

表11　评估区内民房建筑面积统计表　　　　　　　m²

评估区	行政区	框架结构	砖混结构	砖木结构	土木结构
评估区一	景谷县	14176	368597	883687	354420
评估区二	景谷县	19771	514062	1232431	494291
	临翔区	765	15294	49707	53530
评估区三	景谷县	46813	1217125	2917978	1170312
	宁洱县	10562	246454	633739	246454
	思茅区	15851	162473	594413	317020
	镇沅县	9460	53605	286947	633806
	澜沧县	7354	71699	167297	369524
	景东县	339	1918	10271	22685
	临翔区	21790	435794	1416329	1525278
	双江县	10751	215032	698855	752613
	云县	684	3874	20741	45812
评估区四	景谷县	762336	1108853	325725	34652

民房直接经济总损失414510万元。其中，景谷县272790万元，宁洱县17170万元，思茅区16770万元，镇沅县14970万元，澜沧县9150万元，景东县540万元，临翔区56580万元，双江县25460万元，云县1080万元。

另外，益智乡新集镇为糯扎渡水电站移民搬迁区，共有新建或在建135幢建筑，结构类型均为框架结构.8级、5.9级强余震后，部分建筑轻微及中等破坏（表12），主要破坏现象为：个别框架柱混凝土脱落露筋，个别墙体局部垮塌，墙体"X"裂，少数填充墙体与梁柱结合部位开裂，墙体掉灰皮，楼板开裂。经专项评估，益智乡新集镇房屋建筑直接经济损失1120万元。

表 12　益智乡新集镇房屋破坏面积调查表（框架结构）　　　　m²

调查点	毁坏	严重破坏	中等破坏	轻微破坏	基本完好
益智乡新集镇			3330	32618	37421

扣除主震造成的损失，民房新增直接经济损失 129830 万元。其中，景谷县 85480 万元，宁洱县 5760 万元，思茅区 5530 万元，镇沅县 4590 万元，澜沧县 2840 万元，景东县 160 万元，临翔区 17000 万元，双江县 8140 万元，云县 330 万元。

4）公用房屋经济损失

根据上述调查结果、计算原理和方法，以政府部门提供的房屋建筑数据（表 13）为基础，对其他公用房屋的经济损失进行评估计算。

表 13　评估区内其他公房建筑面积统计表　　　　m²

评估区	行政区	框架结构	砖混结构	砖木结构	土木结构
评估区一	景谷县	35336	37102	27442	623
评估区二	景谷县	49281	51744	38272	869
	临翔区	2433	3824	695	
评估区三	景谷县	116682	122514	90615	2057
	宁洱县	7482	22683	20906	
	思茅区	8422	25530	23530	
	镇沅县	3687	17048	9364	227
	澜沧县	3922	36427	7714	1013
	景东县	132	610	335	
	临翔区	60698	48944	42663	85
	双江县	13106	31577	5232	82
	云县	266	1232	677	
评估区四	景谷县	79525	652228	46192	1240

其他公房直接经济总损失 29100 万元。其中，景谷县 23870 万元，宁洱县 680 万元，思茅区 760 万元，镇沅县 380 万元，澜沧县 550 万元，景东县 10 万元，临翔区 2260 万元，双江县 560 万元，云县 30 万元。

扣除主震造成的损失，其他公用房屋新增直接经济损失 10730 万元。其中，景谷县 8870 万元，宁洱县 250 万元，思茅区 270 万元，镇沅县 140 万元，澜沧县 200 万元，临翔区 780 万元，双江县 210 万元，云县 10 万元。

（五）基础设施损失

1. 基础设施类别

（1）交通系统：主要包括民航机场、各级公路，以及桥梁和涵洞等。

（2）水利系统：水利工程结构主要有重点江河防洪工程、水库、坝塘、引水沟渠、涵洞、水池、水窖等。

（3）通信系统：主要包括与通信相关的重要建（构）筑物、通信设备和线路等。

（4）电力系统：主要包括电厂和电站的主要建（构）筑物、电气设备，以及输电线路、电杆、塔架等设施。

（5）市政供排水：主要包括自来水厂、管道、水池、水塔等，以及城市道路、照明、公园等市政设施。

2. 基础设施损失

基础设施损失主要包括各系统重要房屋建筑和专用设施、设备破坏而造成的经济损失。灾害评估组派出专门人员会同有关行业专家对基础设施的新增直接经济损失进行了评估和核算。

1）交通系统

（1）景谷县。两次强余震造成景谷全县道路不同程度受损，其中包括：威永公路、景永老公路2条县乡公路和大田村公路、益香村公路、石寨村公路、钟山村公路、金立村公路、芒景公路6条乡村公路，以及27条村道道路交通中断。路基塌方96处186万m³，下沉256处8960m，涵洞损毁354道2625m，全县182座桥梁发现震害加剧，经初步排查，68座桥梁（共1847m）需拆除重建（国、省道3座，农村公路5座），114座桥梁（共3583m）需加固处理（国、省道15座，农村公路99座）。主要破坏情况为：部分道路路段发生路基坍塌、滑坡及路面开裂现象，桥梁出现桥梁相对移位、桥墩开裂、桥体开裂等。

（2）思茅区。两次强余震造成思茅区挡墙损坏24处，7520m³。

（3）临翔区。两次强余震造成临翔区农村道路成灾路段77km，路面损坏36万m²，道路边坡塌方19万m³，挡土墙倒塌2.6万m³，桥梁损坏4座，涵洞受损23个。

交通系统新增直接经济损失25500万元。其中，景谷县22860万元，思茅区400万元，临翔区2240万元。

2）电力系统

两次强余震造成景谷县电网及电力设施设备等出现一定程度破坏，主要破坏情况：2条110kV线路自动跳闸，2条10kV线路倒杆，2条10kV线路断线，1条0.4kV线路倒杆，224台变压器停电（公用变压器132台、专用变压器92台）。停电线路包括：10kV芒腊线、碧大线、迁糯线、芒腊线、碧云线等近10条线路，停电影响户数达8000余户。碧安供电所、边江供电所、正兴供电所、益智供电所、永平供电所等部分建筑构筑物受损，主要表现为墙体开裂、地基下沉。

电力系统新增直接经济损失120万元。

3）水利工程结构

（1）景谷县。两次强余震造成景谷县水库、乡村供水工程、农田灌溉沟渠、堤防工程等水利设施不同程度受损。红旗、芒腊、新寨、平江、芒棒等6座水库出现坝体渗漏、坝坡变形；县城水厂及永平、正兴、碧安、勐班、凤山、景谷7个乡镇水厂不同程度受损，农村供水管网受损70余千米；农田灌溉沟渠受损60余千米；益智、凤山、正兴等乡镇堤防工程受损4件。

两次强余震还造成宁洱县、澜沧县、景东县、镇沅县水利设施部分受损。

（2）临翔区。两次强余震造成临翔区水库受损9座，堤防受损4.8 km，乡村供水管道受损180 km，农田灌溉排涝渠系受损214 km。双江县部分水利设施受损。

水利工程结构新增直接经济损失17980万元。其中景谷县14790万元，宁洱县700万元，镇沅县480万元，澜沧县170万元，景东县50万元，临翔区1550万元，双江县240万元。

4）市政设施供排水系统

（1）景谷县。两次强余震造成景谷县市政道路及桥梁设施、城市生活垃圾处理场工程、城市污水处理厂及管网、城市公共消防设施、城市照明系统、燃气设施、公园广场、河道防洪堤、县城区域公厕等市政基础设施不同程度受损。其中，工业大道、益智路、人民路、文明路等9条道路路基、路面、边坡、排水沟等不同程度破坏；白龙桥、过境桥、威远江大桥等10座桥梁局部开裂；垃圾处理场生产管理用房墙体开裂、垃圾填埋场局部渗水现象；城市污水处理厂监测设备、电脑显示屏损坏，厂区围墙开裂；15个片区的雨水管网及落水箅子局部受损；消防栓受损82个，消防管道破坏2 km；路灯受损324盏，部分路段灯光电缆及控制系统被破坏；其他燃气站受损2座，河道防洪堤受损长度达3 km。

（2）临翔区。临翔区平村乡部分市政路灯、道路等受损。

市政设施供排水系统新增直接经济损失12750万元。其中，景谷县12060万元，临翔区690万元。

（六）公共服务事业损失

1. 教育系统经济损失

（1）景谷县。教育系统震害主要表现为房屋墙体开裂加剧，围墙、挡墙开裂等及教学设施设备损毁。两次强余震造成52所学校校舍房屋墙体开裂受损，受损面积74675 m^2。例如，①县教育局综合楼与培训楼，框架结构，两次余震后窗户间开裂，裂缝长1 m以上，宽1~5 mm，墙体局部掉灰皮；②景谷一中教学楼、实验楼及教工宿舍楼，两次余震后裂缝加宽；③益智乡益智中学新校区教学楼及教师宿舍，框架结构，两次余震后墙体开裂、掉灰皮。

（2）思茅区。两次强余震造成思茅区倚象镇、思茅港镇、六顺镇、云仙乡、龙潭乡5个乡镇的中学、小学共计13所受到不同程度的破坏，受灾校舍面积约为7440 m^2。

（3）宁洱县。受灾学校22所，受损校舍34栋、面积14331 m^2，围墙1200 m，挡墙3296 m^3。

（4）景东县。受灾学校8所，受损校舍8栋、校舍面积1940 m^2。

（5）镇沅县。受灾学校6所，受损校舍8栋、校舍面积4504 m^2，围墙898 m，挡墙1118 m^3。

（6）澜沧县。受灾学校 18 所，受损校舍 10 栋、校舍面积 4902 m²，围墙 1420 m，挡墙 1270 m³。

（7）临翔区。临翔区校舍受损 19807 m²，围墙受损 6327 m，挡墙受损 16060 m³。

教育系统新增直接经济损失 14930 万元。其中景谷县 7760 万元，宁洱县 2020 万元，思茅区 1560 万元，镇沅县 250 万元，澜沧县 540 万元，景东县 350 万元，临翔区 2450 万元。

2. 卫生与计生系统经济损失

（1）景谷县。两次强余震造成景谷县医疗卫生机构不同程度受损，主要表现为墙体开裂、灰皮脱落、地板开裂、屋顶板面开裂、医疗专用设备破坏，主要涉及 58 家医疗卫生机构，业务用房受灾面积 15000 m²。例如，①永平镇卫生院门诊楼新增三处裂缝，医技楼两次余震后老裂加宽、加大；②永平镇勐嘎村、芒费村、芒腊村等卫生室两次余震后墙体裂缝加宽、加大，墙面瓷砖脱落；③勐班乡卫生院三层门诊楼墙体开裂。

（2）思茅区。两次强余震造成思茅区人民医院、倚象镇卫生院和 22 个村卫生室房屋不同程度受损，高压灭菌器、原子荧光光度计、微波消解仪、彩色 B 超、DR 机、血球分析仪等 16 台医疗设备受损。

卫生与计生系统新增直接经济损失 4530 万元。其中，景谷县 4130 万元，思茅区 400 万元。

3. 文体广电及旅游工程

（1）景谷县。两次强余震造成景谷县文化基础设施、体育基础设施、广播电视基础设施、文物保护单位等设施设备及建筑物不同程度受损。文化馆综合楼、影剧院、电影公司永平电影管理站、新华书店等受损面积达 8000 余平方米；图书馆文化信息资源共享设备、村级文化信息资源共享设备和农家书屋等不同程度受损；老年活动中心、少体校房屋受损面积 500 m²；转播台硬盘播出系统及附属设备受损 2 套，非线性节目编辑系统受损 2 套，现场节目导播切换台和电视台媒资室不同程度受损，户户通受损 300 套；营盘文笔塔、芒局佛寺、洪武八角亭、罗正明家客栈、陈家大院、大仙人脚佛寺碑、东那佛寺等共 13 个文物保护单位不同程度受损；芒岛、芒玉旅游特色村部分民房受损，出现墙体开裂、瓦片脱落等受损情况；芒玉峡谷景区出现多处路基裂缝、石头滑落等破坏。芒岛佛寺、迁糯佛寺、雷光佛迹寺、芒朵佛迹园景区、"塔包树、树包塔"景点不同程度受损。

（2）思茅区。两次强余震造成思茅区红旗会堂、大芦山仙人洞、南屏土司墓、戴家巷古建筑群、南本傣族传统文化保护区、糯扎山神庙、芒蚌大缅寺遗址、茶马古道等 9 个区级文物保护单位不同程度受损，村级文化活动室、活动场所也不同程度受损。

（3）临翔区。临翔区部分文化体育广电旅游设施受损。

文体广电及旅游设施新增直接经济损失 2980 万元。其中景谷县 2330 万元，思茅区 100 万元，临翔区 550 万元。

（七）产业经济损失

1. 农业

两次强余震共造成景谷县农田地受损 1850 亩，损毁农田沟渠 18850 m，机耕路损毁

15850 m，鱼池受损 380 亩，沼气池受损 1950 口，畜禽厩舍受损 2540 间，烤烟生产基础设施受损进一步加剧。农业新增直接经济损失 1690 万元。

2. 工矿企业

地震造成景谷县工矿、商贸企业房屋、生产车间、设备不同程度受损。其中，工矿企业规模以上企业受影响 24 家，规模以下企业受影响 51 家。商贸企业包括加油站、集贸市场、超市及配送中心、农家店等不同程度受损。

临翔区部分工矿企业构筑物受损。

工矿企业新增直接经济损失 13380 万元。其中，景谷县 12400 万元，临翔区 980 万元。

（八）室内外财产损失

地震造成景谷县城乡居民家用电器、太阳能等室内外财产受损，经济损失 3240 万元。

（九）新增直接经济损失总值

两次强余震新增灾害直接经济总损失 237660 万元，其中，景谷县 175730 万元，宁洱县 8730 万元，思茅区 8260 万元，镇沅县 5460 万元，澜沧县 3750 万元，景东县 560 万元，临翔区 26240 万元，双江县 8590 万元，云县 340 万元（表 14）。

表 14 地震灾害直接经济损失汇总表

地震事件名称：景谷 5.8 级、5.9 级地震　　　　发震时间：2014 年 12 月 6 日　　　　万元

行政区	评估项目									工企	农业	财产	合计	占比/%
	房屋		公共服务事业			基础设施								
	民房	公房	教育	卫计委	文体广电	电力	交通	水利	市政					
景谷	85480	8870	7760	4130	2330	120	22860	14790	12060	12400	1690	3240	175730	73.94
宁洱	5760	250	2020					700					8730	3.67
思茅	5530	270	1560	400	100		400						8260	3.48
镇沅	4590	140	250					480					5460	2.30
澜沧	2840	200	540					170					3750	1.58
景东	160	0	350					50					560	0.24
临翔	17000	780	2450		550		2240	1550	690	980			26240	11.04
双江	8140	210						240					8590	3.61
云县	330	10											340	0.14
小计	129830	10730	14930	4530	2980	120	25500	17980	12750	13380	1690	3240	237660	100.00
合计	140560		22440			56350				13380	1690	3240	237660	
比例/%	59.15		9.44			23.71				5.63	0.71	1.36		

（十）地震救灾投入

截至 12 月 10 日 18 时，普洱市、县级两级分别安排下达地震应急补助资金 450 万元、150 万元。省民政厅共向灾区紧急调运帐篷 2140 顶、彩条布 200 件、棉被 2000 床；景谷县发放帐篷 698 顶、彩条布 400 件、棉被 3028 床等救灾物资。临沧市紧急下拨救灾资金 85 万元，其中，临翔区 50 万元，双江县 20 万元，云县 15 万元。省级财政正积极筹措、安排救灾资金。

（十一）地震灾情特点及建议

（1）地震类型较为特殊。虽然 5.8 级和 5.9 级为 6.6 级余震，但是余震震级较高，主余震时隔 2 个月，且两次地震在同一天发生，属罕遇震例。

（2）震害叠加显著。余震向南迁移约 10 km，震中仍位于主震极灾区，造成Ⅷ度烈度区南扩 100 km²，Ⅶ度烈度区南扩 270 km²，部分原一般破坏房屋加重为严重破坏。

（3）人员伤亡偏少。景谷 6.6 级地震后，受灾群众大量转移安置，通过应急科普宣传，灾区民众防震意识得到提升，两次强余震仅造成 1 人死亡、22 人受伤。

（4）重建难度大。灾区属边疆少数民族地区，经济发展滞后，财政自给能力薄弱，两次特强余震使灾区恢复重建难度进一步加剧；旧房木结构遭白蚁破坏，难再利用。建议上级政府加大扶持力度，帮助灾民渡过难关。

（5）灾区群众恐震情绪突显。受多次余震影响，特别是经历了 5.9 级强余震后，灾区群众情绪波动，产生恐震心理。建议适时开展宣传工作，正确引导舆论，普及强余震防范知识，尽快恢复灾区群众正常生产生活秩序。

二、案例报告 2

2008 年 8 月 30 日四川仁和—会理 6.1 级地震灾害损失评估报告①

（一）地震基本参数

发震时间：2008 年 8 月 30 日 16 时 30 分

震中位置：26.2°N，101.9°E

震级：6.1

震源深度：10 km

震中烈度：Ⅷ

地点：四川省攀枝花市仁和区、凉山彝族自治州会理县交界

截至 2008 年 9 月 6 日 10 时，四川省数字地震台网及流动台网共记录到灾区 1.0 级以上地震 567 次，其中 1.0~1.9 级地震 408 次，2.0~2.9 级地震 132 次，3.0~3.9 级地震 2 次，4.0~4.9 级地震 3 次，5.0~5.9 级地震 1 次，6.1~6.9 级地震 1 次。本次地震后，8 月 31 日分别于 16 时 31 分和 17 时 34 分发生了 5.6 级、4.9 级 2 次强余震，强余震的震中位与 6.1 级主震几乎完全相同。截至 2008 年 9 月 9 日，本次地震的最大余震为 2008 年 8 月 31 日 16 时 31 分发生的 5.6 级地震（仁和—会理 6.1 级地震、余震和地震烈度分布

---

① 该案例摘自于中国地震局《2006—2010 年中国大陆地震灾害损失评估汇编》。

图，如图 1 所示）。

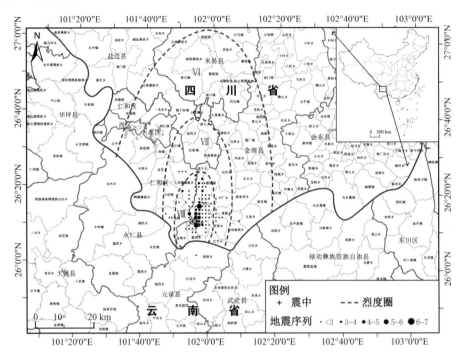

图 1　仁和—会理 6.1 级地震、余震和地震烈度分布图
（资料来源：中国地震局震灾应急救援司，2015 年）

地震序列沿昔格达断裂展布，主要分布于绿水乡、河口乡、平地镇、拉鲊乡、黎溪乡、陇潭乡，南北长约 40 km，东西宽约 20 km。

四川省数字强震动观测台网在灾区附近共有 25 个观测点获取了主震加速度记录（表 1），最大水平峰值加速度记录为攀枝花平地台记录得到的 535.9 cm/s。在震中距 30 km 以内获得了 3 条 300 cm/s² 以上的记录，距离震中 50~70 km 仍有 82~247 cm/s 的记录，表明本次地震在较大范围产生了强烈的地面运动，将在较大范围内对建筑物和工程结构产生大的影响和破坏。

表 1　灾区强震观测点获取的主震峰值加速度值

台站名	震中距/km	峰值加速度/(cm·s⁻²)		
		EW 向	NS 向	垂直向
西昌川兴	177.45	8.10	8.50	4.00
西昌大石板	165.78	8.40	6.50	3.50
西昌礼州	195.42	4.20	4.60	2.20
西昌新村	174.82	18.40	21.30	13.10

表1（续）

台站名	震中距/km	峰值加速度/(cm·s⁻²)		
		EW 向	NS 向	垂直向
西昌佑君	161.01	9.50	10.00	10.80
西昌州局	179.17	17.90	20.20	12.90
盐源卫城	129.74	12.60	21.20	11.90
会理地震局	50.03	73.20	82.30	46.30
会理外北	59.14	94.90	42.80	20.40
会理白果湾	79.68	52.90	43.30	28.50
普格荞窝	142.64	16.40	13.40	5.80
普格地震局	133.93	10.20	10.30	4.10
宁南台	118.39	20.50	25.20	6.30
宁南松新	122.56	11.70	12.20	6.10
宁南葫芦口	116.27	15.40	16.90	6.00
德昌农科局	124.29	19.60	27.00	10.10
攀枝花仁和	27.69	128.90	145.90	142.30
攀枝花福田	59.88	23.70	19.40	12.70
攀枝花乌龟井	45.31	30.90	47.80	20.40
攀枝花金江	29.24	342.60	345.60	192.30
攀枝花平地	15.16	491.50	535.90	272.30
攀枝花大田	14.04	340.30	376.80	506.00
盐边红格	24.45	176.90	267.00	89.60
米易攀莲	67.11	130.50	246.70	68.60
米易撒连	57.64	98.70	79.30	35.70

注：表中为原始记录。

（二）灾区自然地理环境与交通概况

地震灾区地貌以山地为主，间夹山间盆地。主干河流（金沙江）由西往东流，至三堆子附近转为向南流。安宁河自北东往南西流，在桐子林附近汇入雅砻江。雅砻江由北往南流，在保果东侧汇入金沙江。山地海拔高度在 937~2926 m，平均海拔 1500 m，属中低山地貌。整个地形北西高，南东低，地形崎岖，山地走向近于南北，与金沙江支流谷走向平行排列，山谷相间，山高谷深，绝大部分地区均属构造剥蚀地貌。侵蚀堆积地貌主要为河流的侵蚀堆积作用所形成，多沿河流两岸发育。灾区范围内广泛分布有早更世的昔格达组湖相沉积地层（Q_{1x}），这套地层多组成区内河流的高侵蚀阶地或侵蚀平台，或者作为高阶地的基座出现。人口及村镇大多分布在河谷平坝、台地和山间盆地内，山区也零星分布有一些村寨。

地震灾区年平均气温 20.3 ℃，年平均最高气温 28.3 ℃，年极端最高气温 40.7 ℃，年平均最低气温 14.2 ℃，年极端最低气温零下 1.3 ℃。12 月气温最低，平均气温 11.7 ℃，5 月气温最高，平均气温 27.1 ℃。年平均降水量 769.2 mm，降水主要集中于 6—9 月，约占全年降水的 84%，年平均蒸发量 2360.5 mm，为年平均降水量的 3 倍。

灾区交通尚属便利，G108 国道穿越地震灾区，另有一些等级不高的省道、县道、乡道构成交通网络。公路网在地震中除个别路段受地震时的山体崩塌、滑坡影响而造成堵断外，大部分均保持通畅。灾区有成昆线从境内通过，攀枝花市有机场，地震救灾主要依靠公路、铁路交通。

（三）地震烈度分布

地震科学考察在四川省境内共调查了 189 个烈度调查点，云南省地震局地震现场工作队对云南境内的地震烈度也进行了详细调查。根据四川、云南两省的考察结果，参考余震序列分布范围和强震动记录，确定宏观震中位于仁和区平地镇与会理县绿水乡间（26.2°N，101.9°E），极震区烈度为Ⅷ度分别评定划分出地震烈度Ⅷ、Ⅶ、Ⅵ度分布范围。仁和—会理 6.1 级地震烈度调查点和烈度分布如图 2 所示。地震烈度等震线形状呈椭圆形，长轴

图 2　仁和—会理 6.1 级地震烈度调查点和烈度分布图
（资料来源：中国地震局震灾应急救援司，2015 年）

走向为近南北向。本次地震Ⅵ度及其以上区域总面积为 9634 km²，影响到四川省攀枝花市、凉山州、云南楚雄州的部分区县，其中四川省境内 6265 km²，云南省境内 3369 km²。

Ⅷ度区：北自四川省凉山州会理县鱼鲊乡河漂村，南到云南省楚雄州元谋县姜驿乡政府驻地，东起四川省凉山州会理县绿水乡松坪村，西达四川省攀枝花市仁和区平地镇小啊喇村，长轴直径 39 km，短轴直径 19 km，总面积 628 km²，其中四川省境内 600 km²。Ⅷ度区内房屋破坏严重，土木结构大部分房屋整体倒毁，部分墙体倒塌、屋架倾斜，其余房屋震害为墙体稍有倾斜、变形、开裂，梭瓦、掉瓦现象普遍；砖木结构房屋部分倒塌，部分房屋屋架倾斜、墙体严重开裂或，另有部分房屋墙体稍有倾斜、变形、开裂或局部墙面抹灰层脱落，多数有梭瓦、掉瓦现象；砖混结构少数构造柱断裂、墙体位错，部分房屋墙体 X 形裂缝贯通，多数墙体开裂。间距较小的相邻多层房屋和后接房屋（多层）接缝处，地震碰撞现象明显，产生局部碰撞破损。

Ⅶ度区：北自四川省攀枝花市盐边县新九乡九场村，南到云南省楚雄州元谋县江边乡大树村，东起四川省凉山州会理县普隆乡寨子村，西达四川省攀枝花市仁和区大田镇政府驻地、云南省楚雄州永仁县维的乡红花地村。长轴直径 83 km，短轴直径 34 km，总面积 1682 km²，其中四川省境内 1194 km²。区内房屋破坏较为严重，土木及砖木结构房屋部分房屋墙倒架歪，部分墙体局部倒塌，多数墙体开裂、梭瓦；砖混结构房屋个别墙体开裂严重，少数墙体开裂普遍，部分墙体开裂明显。

Ⅵ度区：北自四川省攀枝花市米易县普威乡龙滩村，南到云南省楚雄州元谋县能禹镇政府驻地，东起四川省凉山州会理县通安镇武家沟村、云南省楚雄州禄劝县汤郎乡政府驻地，西达云南省楚雄州永仁县永兴乡白马河村。长轴直径 148 km，短轴直径 83 km，总面积 7324 km²，其中四川省境内 4471 km²。区内土木和砖木结构房屋除个别年久失修者倒塌外，主要以轻微破坏和基本完好为主，震害现象主要为墙体开裂，少量梭瓦；砖混结构房屋，极个别墙体出现贯通裂缝，少数墙体出现显见裂纹；框架结构房屋极个别承重梁可见细微裂纹，绝大部分没有破坏现象。不同地震烈度在四川省攀枝花市、凉山州、云南楚雄州的分布面积见表 2。

表 2　地震烈度在四川省、云南省的分布面积　　　　　　km²

地震烈度	四　川　省			云　南　省		合计
	攀枝花市	凉山州	四川小计	楚雄州	云南小计	
Ⅷ度	244	356	600	28	28	628
Ⅶ度	766	428	1194	488	488	1682
Ⅵ度	3025	1446	4471	2853	2853	7324
≥Ⅵ度	4035	2230	6265	3369	3369	9634

（四）灾害损失评估区

1. 评估区划分

按相关国家标准的要求，考虑到灾区的实际受灾情况及等烈度线形态等，以轻微破坏和基本完好的边界作为地震灾区的评估边界，在四川境内共划分出 4 个评估区。仁和—会理 6.1 级地震灾害损失评估分区图，如图 3 所示。

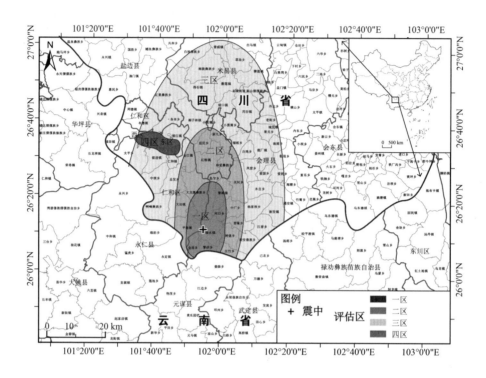

图 3　仁和—会理 6.1 级地震灾害损失评估分区图

（资料来源：中国地震局震灾应急救援司，2015 年）

第一评估区面积 600 km²，为Ⅷ度区的分布范围；第二评估区面积 1194 km²，为地震烈度Ⅶ度区的分布范围；第三评估区面积 4182 km²，包括地震烈度Ⅵ度区内除攀枝花市东区、西区的范围；第四评估区为攀枝花市东区、西区，面积 289 km²。

需要说明的是，攀枝花市东区、西区为攀枝花市主城区，房屋面积总量巨大，房屋结构类型主要为砖混结构、钢筋混凝土框架结构，抗震性能大大高于灾区广泛分布的土木结构房屋。另外，攀枝花市东区、西区位于Ⅵ度区的西北边缘，距地震震中相对较远，地震影响相对较弱，地震破坏相对较轻。由于上述原因，本次工作中将攀枝花市东区、西区作为第四评估区，从第三评估区中单独区分出来，专门进行建筑物损失的评估。评估过程中，专门针对四评估区内发生倒塌、破坏的房屋进行现场抽样调查、核实，参考该区域政府统计上报的屋倒塌、破坏数量，计算得出该区域的房屋破坏损失。

2. 灾区行政区划与社会经济状况

1）行政区划

地震造成四川、云南部分地区受灾，灾区总面积 9634 km²。四川灾区涉及 2 个市州、6 区县、75 个乡镇，受灾面积 6265 km²，灾区人口约 126 万人。四川灾区内评估区的基础资料见表 3。

表3 四川灾区内评值区基础资料

评估区	区县	乡镇	户数/户	人口/人
评估区一	会理县	6	12218	47801
	仁和区	2	7317	31109
评估区二	会理县	5	7871	32601
	仁和区	3	10745	40310
	盐边县	4	11191	41398
评估区三	会理县	19	55380	221501
	米易县	10	47647	174708
	仁和区	8	46631	148186
	盐边县	2	11485	36926
评估区四	东区	10	112700	360333
	西区	6	42004	126949
合计	6	75	365189	1261823

2）社会经济状况

灾区所涉及的6个区县的国内经济状况见表4。

表4 灾区各区县2006年国内经济状况 万元

区 县	国内生产总值	第一产业	第二产业	第三产业
攀枝花市西区	281209	4284	212251	64674
攀枝花市东区	1560044	2965	1138818	418261
攀枝花市仁和区	372457	32803	239229	1004245
攀枝花市盐边县	260459	54458	125363	80638
攀枝花市米易县	457081	39153	357890	60038
凉山州会理县	522653	148287	234199	140167
合计	3453903	281950	2307750	1768023

（五）构造环境与发震构造

1. 区域地震构造环境概述

该次地震发生在川滇块体内部的昔格达—元谋断裂上。大致始于50 Ma的印度—亚洲板块会聚导致新特提斯洋的闭合及青藏高原快速隆升，在青藏高原东缘地区形成大型的弧

123

形走滑断裂系，显示优势的水平应力场，突破了原有构造体系的束缚，形成新的大地构造单元，即川青块体向南东东方向的逸出和川滇块体向南南东方向的侧向滑移。据研究，作为印支块体和川滇块体分界的红河断裂的右旋走滑运动大致发生在 13～15 Ma，而作为川青块体和川滇块体分界的鲜水河断裂的左旋走滑运动发生在 15～20 Ma。第四纪基本上继承了上述运动转型期以来构造变形的表现形式，水平运动差异最大的地段出现在川滇块体的边界断裂上，平均速率为 10 mm/年。川滇块体内部，第四纪以来主要表现为大面积的区域隆升，并存在局部的拗陷活动。与此同时，块体内部的近南北向构造，如昔格达—元谋断裂，显示出一定的差异运动特征，具有左旋走滑运动性质。

2. 发震构造判定与特征

本次地震的发震构造为昔格达—元谋断裂，该断裂北起四川省境内的盐边县新九以北，向南经红格、鱼鲊，延入云南境内的盐水井、猴街东、元谋、团山，消失于云南楚雄以东地区。总体呈近南北走向，全长约 280 km。

昔格达—元谋断裂是一条晚更新世—全新世活动断裂。大致以龙街为界，可将该断裂分为南北两段。北段叫作昔格达断裂，总体倾向东，全长约 130 km，有多条次级断裂与之交汇，它控制着昔格达断陷盆地的成生和发展，并使昔格达地层冲断达 300～400 m，在盆地内多处可见断裂断错更新世—全新世地层的迹象，为晚更新世—全新世活动断裂，地球物理场资料显示其处在一个近于圆形的幔隆区内。南段（龙街以南）叫作元谋断裂，总体倾向西，全长约 150 km，由单一断裂构成，断裂沿元谋以东山麓做南北向延伸，并控制了元谋盆地的成生和发展，使元谋盆地第四系厚度达百米以上，并使之发生构造变形，晚更新统地层发生掀斜。资料表明断裂有东盘抬升，西盘相对沉降的特点。除垂直方向的运动外，断裂还有明显的水平滑动分量，在元谋盆地内元谋附近的冲沟、山脊均见到左旋位错迹象，显示断裂在全新世以来的左旋斜滑的运动特征。地球物理场资料表明，元谋断裂处在一个近南北向的幔隆区内，航磁异常也呈明显的南北向线性特征。

地震发生在北段的昔格达断裂上。昔格达断裂晚第四纪以来表现为左旋走滑并兼挤压逆冲性质。有史料记载以来，昔格达曾发过 1955 年 9 月 23 日鱼鲊 $6^3/_4$ 级地震和 1955 年 9 月 26 日鱼鲊 $5^1/_2$ 级地震（该地震为鱼鲊 $6^3/_4$ 级地震的余震）近代小震活动也较为活跃。

（六）人员伤亡及失去住所人数

1. 人员伤亡

根据政府有关部门统计，截至 2008 年 9 月 6 日，本次地震在四川境内共造成 35 人死亡、638 人受伤，见表5。

表5 灾区伤亡人数统计表   人

区　县	死亡人数	受伤人数
攀枝花市西区	2	7
攀枝花市东区	1	20

表5（续）　　　　　　　　　　　　　　　　　　　　　人

区　　县	死亡人数	受伤人数
攀枝花市仁和区	1	94
攀枝花市盐边县	1	278
攀枝花市米易县	1	10
凉山州会理县	29	360
合计	35	638

2. 失去住所人数

失去住所人数指因地震失去住所而在室外避难的人数。由下式估计

$$T = \frac{c + d + e/2}{a} \times b - f \qquad (1)$$

式中　a——调查中得到的户均住宅建筑面积，m^2；

　　　b——调查中得到的户均人口，人/户；

　　　c——调查中得到的所有住宅房屋的毁坏建筑面积，m^2；

　　　d——调查中得到的所有住宅房屋的严重破坏建筑面积，m^2；

　　　e——调查中得到的所有住宅房屋的中等破坏建筑面积，m^2；

　　　f——调查中得到的死亡人数，人。

本次地震造成的四川境内失去住所人数共计121756人。

（七）房屋建筑破坏经济损失

1. 房屋建筑类型与面积

根据政府有关部门资料及现场调查结果，灾区房屋建筑按结构类型主要可分为土木结构、砖木结构、砖混结构、钢筋混凝土框架结构四类。

（1）土木结构：主要为木构架承重，墙体由土坯砌筑，房顶由木梁及稻草或瓦片组成。性能非常差，震后倒塌、开裂十分普遍，受灾范围大。

（2）砖木结构：主要为穿斗木构架砖墙瓦顶房屋或砖墙"人"字木架瓦顶房，由木构架或砖柱、砖墙承重。

（3）砖混结构：主要由砖墙承重，预制板或钢筋混凝土浇筑楼板及屋顶。

（4）框架结构房屋：钢筋混凝土梁柱承重，现浇楼板或屋盖，抗震性能好。由于评估区一、评估区二、评估区三均为农村地区，此类房屋数量极少。此类房屋主要集中分布在评估区四内，但绝大多数为基本完好，个别出现轻微破坏。

各评估区各类房屋面积见表6。前已述及，相对于其他三个评估区，第四评估区具有独特的地理位置、房屋结构类型及比例、破坏等级及数量，其房屋损失采取单独评估，因而表6仅列出了评估区一至评估区三的基础资料。

根据《地震现场工作　第4部分：灾害直接损失评估》（GB/T 18208.4—2005）规定，土木结构、砖木结构为简易房屋。

表 6   灾区房屋类型及面积汇总表 m²

评估区	砖混结构	砖木结构	土木结构
评估区一	308063	249622	3913418
评估区二	690208	329004	5315137
评估区三	2808860	1139484	19207566
合计	3807131	1718110	28436121

2. 各类房屋的破坏比与破坏损失比

1）破坏等级的划分

参照《地震现场工作 第 4 部分：灾害直接损失评估》（GB/T 18208.4—2005）中房屋破坏等级划分标准，确定灾区房屋破坏等级划分的具体标准如下。

砖混结构和框架结构房屋划分为以下五个破坏等级。

（1）基本完好（含完好）：砖混及框架结构房屋非承重构件轻微裂缝，不加修理可继续使用。

（2）轻微破坏：砖混及框架结构房屋个别承重构件轻微裂缝，非承重构件明显裂缝，不需修理或稍加修理可继续使用。

（3）中等破坏：砖混及框架结构房屋承重构件轻微破坏，局部有明显裂缝，个别非承重构件破坏严重，需要一般修理后方可使用。

（4）严重破坏：砖混及框架结构房屋承重构件多数破坏严重，难以修复。

（5）毁坏：砖混及框架结构房屋承重构件多数断裂，结构濒于崩溃或已倒毁，无法修复。

对于简易房屋，将毁坏、严重破坏合并为毁坏，将中等破坏、轻微破坏合并为破坏，保留基本完好，划分为以下三个破坏等级。

（1）基本完好（含完好）：土木结构房屋个别掉瓦或墙体细裂；砖木结构房屋非承重构件轻微裂缝，不加修理可继续使用。

（2）破坏：承重构件出现位移或倾斜；土木结构和砖木结构房屋的非承重构件（如围护墙体）明显裂缝或严重开裂，甚至局部倒墙，普遍梭瓦或明显掉瓦。可修理，修理后可继续使用。

（3）毁坏：土木结构和砖木结构房屋二面以上墙体倒塌，屋架明显倾斜或倒塌，屋坍落或完全倒塌；承重构件多数断裂或破坏严重，结构濒于崩溃。修理困难或无法修复。

2）房屋破坏比的调查与确定

抽样调查的主要目的是确定各类结构在不同破坏等级下的破坏比，即每一种结构在每种破坏等级下，破坏面积所占的比例。灾评工作组调查了 135 个抽样点。抽样点各类房屋破坏面积见附表 1～附表 3。根据抽样点计算的各评估区不同结构房屋不同破坏等级的破坏比，见表 7。

表7 各评估区房屋破坏比汇总表 %

评估区	结构类型	毁坏	严重破坏	中等破坏	轻微破坏	基本完好
评估区一	土木	44.18	0	44.15	0	11.67
	砖木	19.46	0	57.56	0	22.98
	砖混	4.93	15.84	26.8	26.16	26.27
评估区二	土木	10.7	0	49.63	0	39.67
	砖木	4.29	0	35.62	0	60.08
	砖混	0	1.35	2.61	14.51	81.53
评估区三	土木	0.65	0	10.94	0	88.41
	砖木	0	0	9.38	0	90.62
	砖混	0	0	1.04	6.53	92.43

3）房屋破坏损失比

根据国家标准《地震现场工作 第4部分：灾害直接损失评估》(GB/T 18208.4—2005）的标准，综合灾区的实际情况，房屋建筑损失比按表8取值。

表8 房屋破坏损失比 %

结构类型	毁坏	严重破坏	中等破坏	轻微破坏	基本完好
砖混结构	85	70	25	7.5	1
砖木结构	85	0	40	0	1
土木结构	85	0	40	0	1

3. 各类房屋的重置单价

重置单价指基于当前价格，修复被破坏房屋，恢复到震前同样规模和标准所需的单位建筑价格。根据当地城建部门提供的各类房屋建筑造价，参考四川省其他同类地区的建筑重置单价，并经调查核实后综合确定地震灾区房屋重置单价，见表9。

表9 灾区房屋重置单价 元/m²

结构类型	砖混结构	砖木结构	土木结构
单价	900	500	350

4. 房屋破坏经济损失

1）房屋破坏经济损失评估方法

房屋建筑破坏造成的经济损失为灾区各类结构、各种破坏等级造成的损失之和。用下

式计算各评估子区各类房屋在某种破坏下的损失 L_h

$$L_h = S_h \times R_h \times D_h \times P_h \tag{2}$$

式中　S_h——该评估子区同类房屋总建筑面积；

　　　R_h——该评估子区同类房屋某种破坏等级的破坏比；

　　　D_h——该评估子区同类房屋某种破坏等级的损失比；

　　　P_h——该评估子区同类房屋重置单价。

将所有破坏等级的房屋损失相加，得到该评估子区该类房屋破坏的损失；将所有房屋类型的损失相加，得到该评估子区房屋损失；将所有评估子区的房屋损失相加，得出整个灾区的房屋损失。

2）房屋破坏面积及不具修复加固价值的房屋面积

灾区房屋破坏面积见表10。

表10　灾区房屋破坏面积表　　　　　　　　　　　　　　　　m²

结构类型	毁坏	严重破坏	中等破坏	轻微破坏	基本完好	合计
土木	2422519	0	6466985	0	19546617	28436121
砖木	62687	0	367794	0	1287629	1718110
砖混	15187	58111	129790	364159	3239884	3807131
合计	2500393	58111	6964569	364159	24074130	33961362

按行政区划分的灾区房屋破坏面积见表11。

表11　灾区各行政区房屋破坏面积表　　　　　　　　　　　　m²

区县	结构类型	毁坏	严重破坏	中等破坏	轻微破坏	基本完好	合计
攀枝花市仁和区	砖混	8909	33251	72663	193013	1685470	1993306
	砖木	28694	0	154200	0	426464	609358
	土木	1161850	0	273596	0	6286154	10183966
	合计	1199453	3325	2962825	193013	8398088	12786630
攀枝花市盐边县	砖混	0	3612	7627	42866	275314	329419
	砖木	3675	0	34220	0	8720	125105
	土木	165688	0	824740	0	1224413	2214841
	合计	169363	3612	866596	42866	158692	2669365
攀枝花市米易县	砖混	0	0	8881	55750	789111	853742
	砖木	0	0	35875	0	346577	382452

表11（续） m²

区县	结构类型	毁坏	严重破坏	中等破坏	轻微破坏	基本完好	合计
攀枝花市 米易县	土木	39456	0	664071	0	5366599	6070126
	合计	39456	0	708827	55750	6502287	7306320
凉山州 会理县	砖混	6278	21248	40619	72530	489989	630664
	砖木	30318	0	143490	0	427387	601195
	土木	1055525	0	2242211	0	666945	9967188
	合计	1092121	21248	242632	72530	7586827	11199047

按用途分类的灾区房屋破坏面积，见表12。

表12 灾区按用途分类的房屋破坏面积表 m²

房屋用途	结构类型	毁坏	严重破坏	中等破坏	轻微破坏	基本完好	合计
民房	砖混	10707	38366	76955	169073	1282157	1577261
	砖木	54867	0	329711	0	1192690	1577268
	土木	2417677	0	6450374	0	19522686	28390737
	合计	2483251	38366	6857043	169073	21997533	31545266
教育系统	砖混	1939	7520	15492	39563	306534	371048
	砖木	5513	0	2123	0	43681	70432
	土木	2803	0	11591	0	14198	28592
	合计	10255	7520	48321	39563	364413	470072
卫生系统	砖混	461	1734	3753	9907	84691	100546
	砖木	577	0	3082	0	11104	14763
	土木	491	0	1064	0	4452	6007
	合计	1529	1734	7899	9907	100247	121316
其他公用房	砖混	2080	10491	33587	145616	1566502	1758276
	砖木	1730	0	13763	0	40154	55647
	土木	1548	0	3956	0	5281	10785
	合计	2080	10491	33587	145616	1566502	1758276

根据当地政府统计上报资料和现场抽样调查核实，攀枝花市东区共倒塌房屋 2 间，损坏房屋 5407 间，折合严重破坏以上房屋面积 33844 m²，攀枝花市西区共倒塌房屋 15 间，

损坏房屋 21982 间，折合严重破坏以上房屋面积 137763 m^2。

综合表 10 至表 12，统计出地震中倒塌和严重破坏的房屋总面积为 2730110 m^2，中等破坏和轻微破坏房屋总面积为 7328728 m^2，基本完好房屋总面积为 24074130 m^2。扣除卫生系统、教育系统和其他公用房屋的破坏面积后，对民用房屋而言，地震中倒塌和严重破坏的房屋总面积为 2693223 m^2，中等破坏和轻微破坏房屋总面积为 7026116 m^2，基本完好房屋总面积为 21997533 m^2。

按照房屋破坏等级，结合灾区现场进行调查统计，综合表 10 至表 12，将简易房屋中全部毁坏和 25% 的破坏房屋，以及非简易房屋中毁坏和严重破坏房屋面积统称为不具修复加固价值的房屋面积，统计出本次地震中不具修复加固价值的房屋总面积为 4438805 m^2，其中不具修复加固价值的民用房屋总面积为 4388244 m^2。

3）房屋破坏经济损失计算

根据上述调查结果、计算原理和方法，对灾区的房屋破坏经济损失采用地震现场灾害损失评估系统（MAPEDLES2007）进行了统计计算，结果如下。

房屋经济总损失。评估区内的房屋经济总损失 212563 万元，其中攀枝花市西区 15520 万元，攀枝花市东区 3813 万元，攀枝花市仁和区 86816 万元，攀枝花市盐边县 18725 万元，攀枝花市米易县 14526 万元，凉山州会理县 73163 万元。

（1）民房经济损失。评估区内的民房经济损失 201294 万元，其中攀枝花市西区 12399 万元，攀枝花市东区 3046 万元，攀枝花市仁和区 82179 万元，攀枝花市盐边县 18087 万元，攀枝花市米易县 13632 万元，凉山州会理县 71951 万元。

（2）教育系统经济损失。灾区教育系统损失主要包括房屋建筑、基础设施和教学设备的直接经济损失。经统计计算，教育系统的房屋经济损失为 2920 万元。

灾区各市县的基础设施和教学设备遭受不同程度的破坏，计有围墙 4493 m^2，堡坎 442 m^2，球场 300 m^2，课桌椅 1000 余套，教学仪器 12000 余套，直接经济损失 6595 万元。

评估区内教育系统直接经济损失 9516 万元。其中，攀枝花市西区 1843 万元，攀枝花市东区 1930 万元，攀枝花市仁和区 2562 万元，攀枝花市盐边县 533 万元，攀枝花市米易县 1104 万元，凉山州会理县 1544 万元。

（3）卫生系统经济损失。灾区卫生系统经济损失主要包括房屋建筑、设备器材和药品的直接经济损失。经统计计算，卫生系统的房屋经济损失 533 万元。

根据当地政府的灾情统计上报材料，本次地震对卫生系统造成的损失均为房屋破坏损失，没有设备器材和药品的直接经济损失。因此，本次地震卫生系统经济总损失 533 万元。其中，攀枝花市西区 31 万元，攀枝花市东区 7 万元，攀枝花市仁和区 240 万元，攀枝花市盐边县 41 万元，攀枝花市米易县 70 万元，凉山州会理县 144 万元。

（4）其他公用房屋经济损失。其他公用房屋的经济损失指除教育系统和卫生系统外的其他公用房屋（包括机关和各企业单位的办公用房、厂房等）遭受地震破坏而造成的直接经济损失。经统计计算，灾区其他公用房屋的经济损失为 7816 万元。其中，攀枝花市西区 2710 万元，攀枝花市东区 666 万元，攀枝花市仁和区 3224 万元，攀枝花市盐边县 427 万元，攀枝花市米易县 609 万元，凉山州会理县 180 万元。

（八）室内外财产损失

1. 室内财产损失

地震中由于房屋毁坏和严重破坏造成大量室内财产损失，另外，由于地震动影响，造成室内家用电器、家具等损坏。根据地震现场工作的调查统计结果，灾区城市居民户均财产3.0万元/户，农村居民户均财产0.35万元/户。根据各评估区内抽样调查得出的房屋建筑破坏比和破坏损失比，计算得出各评估区内不同结构的综合震害系数，两者相乘计算出各评估区内各种结构房屋建筑室内财产的损失，各评估区内各类房屋建筑室内财产损失相加得到整个灾区的房屋建筑室内财产的经济损失为13937万元。其中，攀枝花市西区1322万元，攀枝花市东区3547万元，攀枝花市仁和区3133万元，攀枝花市盐边县1248万元，攀枝花市米易县777万元，凉山州会理县3910万元。

2. 室外财产损失

室外财产包括牲畜、棚圈、围墙、蓄水池、沼气池、烤烟房、果树、农具、农用生产资料等，其中牲畜、棚圈、沼气池、烤烟房、果树等经济损失计入农业、林业损失中。根据地震现场工作的调查统计结果，乡镇居民室外财产损失为平均150元/户。评估计算得出各评估区室外经济损失为1302万元。其中，攀枝花市西区18万元，攀枝花市东区5万元，攀枝花市仁和区560万元，攀枝花市盐边县140万元，攀枝花市米易县102万元，凉山州会理县478万元。

（九）工程结构经济损失

生命线系统及水利工程结构的经济损失主要包括交通、电力、通信、城镇供排水和水利等工程建筑和专用设施设备破坏而造成的经济损失。灾害评估组派出16人、8个组次，会同当地有关行业技术人员，对灾区各区县的40余处典型工程的震害进行了抽样调查，重点调查了城建、电力、通信、交通等生命线工程、水利设施、企业和相关行业的震害范围、破坏程度、工程造价等，取得了丰富翔实的数据和资料，采用现场抽样调查方式，核查了各系统的破坏，核算灾害损失。据此对生命线工程、相关行业和企业的直接经济损失进行评估。

1. 生命线系统工程结构经济损失

生命线系统工程包括：电力系统（包括电站、输电线路、电杆、塔架及变电站等）、交通系统（主要为公路桥梁、涵洞、道路）、通信系统（主要为线路，通信、发射设备等）、供排水系统（包括自来水厂、管道、贮水池、水塔等）及其他市政基础设施。

1）电力系统

地震造成攀枝花市500 kV石板箐2号A相主变高压侧套管底部法兰处漏油，100 kV平地站1号主变35 kV中性点套管喷油，1号主变110 kVAC相套管移位，200 kV青龙山站220 kV石青西266耦合电容器C相支持瓷瓶根部断裂，石青西线266高频收发讯机损坏10 kV向阳站1号主变本体6 kV侧套管渗油严重，另外路灯及市政供电系统受损。

经现场核查和评估，攀枝花市电力系统的直接经济损失为650万元。

地震造成会理县26个乡镇停电，10 kV配电变压器损坏1台，10 kV隔离开关损坏20组，10 kV及以下线路倒杆20多处，10 kV及以下导线损坏1120 m。

经现场核查和评估，会理县电力系统的直接经济损失为523万元。

综上所述，灾区电力系统的直接经济损失为 1173 万元。

2）交通系统

地震造成攀枝花市密地大桥、荷花池桥、老灰沟桥、纳拉沟桥等 17 座特大、大中型桥梁受到不同程度损坏，国道 108 线、省道 S214 线、省道 S216 线、省道 S310 线、机场路等公路干线受损，总龙路等农村公路受损较为严重，破坏主要为路基塌方、沉陷、裂缝、路面裂缝、破损等。

经现场核查和评估，攀枝花市交通系统的直接经济损失为 15409 万元。

地震造成会理县国道 G108 线境内路段 50 km 路面受损，K3004 + 200 m 处巨石塌方，省道 S213 线 B 标段 K52 - K63 段不同程度出现塌方，县道黎金路黎屯—拉拉段受损 20 km，乡村道 489 km 受损，黎溪河口大路沟石拱桥等 4 座桥梁不同程度受损，会皎路 B 合同段滑坡。

经现场核查和评估，会理县交通系统的直接经济损失为 9570 万元。

综上所述，灾区交通系统的直接经济损失为 24979 万元。

3）通信系统

地震造成攀枝花市中国移动、联通、铁通、电信、网通等四川攀枝花分公司均受不同程度损失，铁塔基础受损 1 个，受损电杆 361 根，受损光缆皮长 19490 m。

经现场核查和评估，攀枝花市通信系统的直接经济损失为 412.54 万元。

地震造成会理县移动公司村村通工程移动基站围墙倒塌砸坏机房，设备受损，电信公司光纤损毁长度 23 km，电缆损毁长度 37 km，线收发器损坏 8 套。经现场核查和评估，会理县通信系统的直接经济损失为 356.2 万元。

综上所述，灾区通信系统的直接经济损失为 768.74 万元。

4）供排水系统及其他市政基础设施

地震造成攀枝花市供水系统离心机基础沉降、开裂 4 处，河门口水厂混合反应池、沉淀池旧裂增大渗水，格里坪水厂 300 m³ 水池受损，炳草岗水厂银江泵站高位水池围墙开裂、倾斜，高位水池 2 号水池底部漏水。

经现场核查和评估，攀枝花市供排水系统及其他市政基础设施的直接经济损失为 1162 万元。

地震造成会理县城市燃气管道损毁 4 km。

经现场核查和评估，会理县供排水系统及其他市政基础设施的直接经济损失为 126 万元。

综上所述，灾区供排水系统及其他市政基础设施的直接经济损失为 1288 万元。

2. 水利及农机系统经济损失

地震造成攀枝花市 2 座中型水库受损，9 座小一型水库受损，26 座小二型水库受损，小水塘、池等受损 3542 口，渠系受损 184 km，人饮工程供水管道受损 51 km，水池受损 198 口，堤防损毁 2.48 km，网箱受损 134 口，损毁鱼池 996 亩，21 座提灌站损毁。

经现场核查和评估，攀枝花市水利及农机系统的直接经济损失为 6330 万元。

地震造成会理县受损水库 18 座（其中，小一型 5 座、小二型 13 座），山塘 29 座，渠道隧洞 1 处，渠道受损 380 处共 154 km，饮水工程 45830 口，人饮工程受损 312 处（含供水站 3 处，共 366 km)，堤防损毁 850 m。

经现场核查和评估，会理县水利及农机系统的直接经济损失为 11573 万元。

综上所述，灾区水利及农机系统的直接经济损失为 17903 万元。

（十）工矿企业设备财产经济损失

企业直接经济主要包括房屋和机械设备等破坏造成的经济损失。本次地震损失评估已把房屋经济损失纳入其他公用房屋统一计算，因此仅评估企业的机械、设备等经济损失。经现场调查，并结合各企业报损材料，评估各类设备震害损失如下。

本次地震中攀枝花市企业遭受了较大损失，如富铭铁厂路炉底基础出现偏移，白云铸造厂生产线设备基础受损，鼎星钛业锅炉车间蒸汽输气管线和煤气输气线连接部位多处扭曲变形导致蒸汽、煤气泄漏，伟鹏冶炼厂电热炉损毁、空压机电池管道裂开，攀枝花市同成工贸有限公司烘干炉、沾火炉、100 m³ 水池受损，攀枝花宏远洗煤厂洗煤设备受损，立宇矿业公司输铁输钛管道受损 1200 m，攀钢 1~4 号焦炉、1~5 号烧结机受损等。

经现场核查和评估，攀枝花市工矿企业设备财产的直接经济损失为 21109 万元。

地震造成会理县境内多家企业均遭受了不同程度的损失，如凉山矿业公司变电站变压器受损、落东铜业公司采选设备受损、黑菁矿业公司采选设备受损、南冲铜矿采选设备受损、祥瑞炼铸公司冶炼铸造炉受损、昌宏矿业公司选矿设备受损、五龙富民矿业公司选矿设备受损等。

经现场核查和评估，会理县工矿企业设备财产的直接经济损失为 9380 万元。

综上所述，灾区工矿企业设备财产的直接经济损失为 30489 万元。

（十一）农业及林业经济损失

据农业、林业、国土等有关部门统计上报，地震造成攀枝花市农田及农作物破坏 2402 亩，沼气池受损 4519 口，烤烟房受损 7247 间等。

经现场核查和评估，攀枝花市农业及林业的直接经济损失为 4301 万元。

据农业、林业、国土等有关部门统计上报，地震造成会理县农田及农作物破坏 3000 亩，沼气池受损 4411 口，畜禽死亡 22240 头（只）、林木受损 50 万棵等。

经现场核查和评估，会理县农业及林业的直接经济损失为 10517 万元。

综上所述，灾区农业及林业的直接经济损失为 14818 万元。

（十二）评估区外其他损失

地震发生后第二天，又在主震震中所在地接连发生了 2 次强余震，加重了灾区的灾情，扩大了灾区范围。由于地震中人员伤亡较大，房屋破坏较重，各级政府在抗震救灾、灾民安置、维护社会稳定上投入了较大精力，制约了及时、全面地反映当地的灾情。在本次现场调查中发现，在评估区外的局部地区，如凉山州会东县可河乡、铁柳乡、姜州乡等地有 65 户 148 间房屋倒塌，部分学校受损；盐源县也有个别房屋倒塌；在攀枝花市的西部煤矿采空区，大量地面房屋受到地震影响，产生安全隐患。按照有关技术标准和规范，虽然上述地区的地震破坏分布较为零星，尚不能成区域性地达到和构成灾害损失评估区，但地震的确给类似上述地区的灾区外的部分地区造成了不同程度的损失。因此，依据现场核查和类比评估，确定凉山州在评估区外的其他损失为 2000 万元，攀枝花市在评估区外的其他损失为 500 万元。

（十三）救灾投入费用

据统计，地震发生后民政部、财政部紧急下拨救灾应急资金 2700 万元（其中，下拨四川省 1600 万元，下拨云南省 1100 万元），四川省人民政府紧急下拨救灾应急资金 3400 万元，攀枝花人民政府投入救灾资金 4500 万元，凉山州人民政府下拨救灾资金 1100 万元，会理县人民政府投入救灾资金 500 万元。各级政府对四川灾区共计投入地震救灾费用 11100 万元。

（十四）灾害直接损失

本报告的评估截止时间为 2008 年 9 月 9 日，随着各地灾情的深入调查、汇总，地震灾害直接损失的数字和内容可能发生变化。

本报告评估的损失均为直接经济损失，未包含地震影响造成的社会、环境变化，企业复产、减产等间接经济损失。

2008 年 8 月 30 日，仁和—会理 6.1 级地震造成四川省 35 人遇难，638 人受伤，121756 人失去住所。

造成的直接经济损失主要包括房屋、室内外财产、工程结构、企业设备财产、农业及材料以及评估区外的其他损失等。根据评估计算，本次地震的直接经济损失总额为 328317 万元（表 13）。其中，攀枝花市为 206065 万元，凉山州为 122251 万元。

地震中，各级政府对四川灾区共计投入地震救灾费用 11100 万元。

（十五）灾害特点及建议

1. 灾害特点

1）破坏强

与四川省及邻区相同震级的其他地震相比，本次地震造成的灾害损失较重，主要原因如下。

（1）震源浅、破坏重、强余震的震害叠加效应显著。地震震源深度 10 km，极震区地震影响烈度达Ⅷ度。8 月 30 日 6.1 级地震之后，8 月 31 日分别于 16 时 31 分和 17 时 34 分发生了 5.6 级、4.9 级强余震，2 次强余震的震中位置与 6.1 级主震几乎完全相同，加重了灾区的灾情。

（2）破坏范围广。地震波及四川省、云南省的 3 个市州，10 个区县，仅四川省境内就涉及 2 个市州、6 个区县、75 个乡镇。

（3）灾区经济较发达，遭受损失较重。地震灾区包括了四川发达的工业、农业产业基地人口密集，经济总量较大，地震造成的直接经济损失大。

（4）灾区内农村地区的房屋破坏严重。农村地区绝大多房屋为土坯房、夯土房，抗震性差，修复十分困难，造成了严重经济损失。

2）影响范围大

地震破坏区域主要沿昔格达—元谋断裂呈近南北走向的椭圆分布，大部分地区破坏程度呈正常衰减，局部地区存在跳跃变化。地震对评估区外的凉山州会东等区县的个别地区也造成了一定程度的破坏，同时也加剧了一些工业采空区、沉陷区的建筑物的安全隐患。

2. 建议

（1）地震给攀枝花市仁和区、东区、西区、盐边县、米易县、凉山州会理县等区县造成了灾害损失。其中，攀枝花市仁和区、凉山州会理县的地震影响烈度达到Ⅷ度，破坏

表13　地震灾害直接经济损失汇总表

地震事件名称：四川攀枝花仁和—凉山州会理6.1级地震　　　发震时间：2008年8月30日

万元

市州	区县	房屋				室内外财产	生命线、行业及其他							评估区外	合计	市州百分比/%
		民房	教育系统	卫生系统	其他公房		电力	交通	通信	基础设施	水利农机	工矿企业	农业林业			
攀枝花	仁和	82179	2562	240	3224	3693										
	东区	3046	1930	7	666	3552										
	西区	12399	1843	31	2710	340	650	15409	413	1162	6330	21109	4301	500	206065	63
	盐边	18087	533	41	427	1388										
	米易	13632	1104	70	609	879										
凉山	会理	71951	1544	144	180	4388	523	9570	356	126	11573	9380	10517	2000	122252	37
	小计	201294	9516	533	7816	15239	1173	24979	769	1288	17903	30489	14818	2500	328317	100
分项合计		219159				15239				93919				328317		
百分比/%		66.8				4.6				28.6				100		

严重。其遭受的地震破坏程度与汶川地震的重灾区的破坏程度相当，为此，建议将攀枝花市仁和区、凉山州会理县作为重灾区县安排恢复重建规划，并给予相同于汶川地震重灾区的政策支持。对于地震灾区的其他区县，建议给予相同于汶川地震一般灾区的政策支持。

（2）加强灾区恢复重建的抗震设防指导。对于灾区学校、医院等公共设施，建议设计地震峰值加速度在《中国地震动参数区划图》（GB 18306—2001）规定的取值基础上提高1档采用，对于城市地区的一般建筑工程，应按照《中国地震动参数区划图》和国家有关标准、规范进行抗震设计、施工和监理。对广大农村地区，应结合灾区重建工作，积极引导、帮助农民建设具有一定抗震能力的住房，提供既具有地方和民族特色、经济、实用，又有一定抗震能力的农居图纸，提高建筑工匠技能，达到提高农居抗震能力的目标。若农村经济条件有限，应积极动员、引导农民区别对待生活居住房屋和牲畜相圈、堆放柴草、粮食的一般房屋，尽力使生活居住住房有较好的抗震能力。

附表1 土木结构房屋建筑抽样点破坏面积汇总表 m²

评估区	序号	抽样点	毁坏	中等破坏	基本完好
评估区一	1	迤沙拉村1－4组	14875	6375	0
	2	半山社	0	660	330
	3	长湾子村1组	6500	4100	0
	4	大龙潭村1	3000	2000	0
	5	干沟箐组	3300	2200	0
	6	河口村4组1	130	100	0
	7	河漂村2组	13500	10000	3500
	8	河漂村3组	2400	11000	8500
	9	河湾村2组	11178	9522	0
	10	河湾村3组	4599	17301	0
	11	黄梨树组	4550	2450	0
	12	拉鲊村1组	3600	2400	0
	13	拉鲊村2组	4500	3000	0
	14	辣子哨大村1组1	0	10750	0
	15	辣子哨洒里西组1	2150	8600	0
	16	梨树么	2750	4250	0
	17	黎洪乡黎洪街1	2100	3300	300
	18	黎屯村2组	784	3920	7448
	19	黎溪镇1	6720	8960	0
	20	黎洲村2组	1960	8232	0
	21	莲塘村4组	3500	8700	8800

附表1（续）

m²

评估区	序号	抽样点	毁坏	中等破坏	基本完好
评估区一	22	龙滩村2组1	7000	6000	1500
	23	绿湾村3组1	510	340	0
	24	南海村1组	97819	52671	0
	25	南海村2组	11100	12300	0
	26	螃蟹箐组	3220	920	0
	27	平地社区1	2415	1035	0
	28	坪庄村1	15800	6790	0
	29	上良村1	11550	7700	0
	30	上湾村3组	6150	1550	0
	31	锁水村5组	12400	6000	0
	32	锁水村5组	2939	6261	0
	33	小麦冲社	660	1100	2200
	34	小石杆组	4350	2900	0
	35	新街村1	750	1050	0
	36	新桥村1组	13322	17128	0
	37	新桥村2组	12800	16000	9600
	38	新桥村5组	10500	10500	0
	39	新桥村5组	9000	8000	0
	40	新堰村4组1	320	400	80
	41	迤沙拉村1	5500	6000	12000
	42	迤资村1	300	1875	1575
	43	鱼酢村1	200	7300	900
	44	鱼蚱村2、3组	23205	35410	18735
	45	鱼鲜村8组	0	7500	700
	46	鱼鲱村8组	0	1482	8398
	47	鱼鲱村9组	0	7000	2000
	48	鱼鲜乡政府1	1000	6000	5000
	49	裕民村1	270	330	0
	50	云山村11队1	1750	1400	350
评估区二	51	坝子村5组	6135	12420	3584
	52	关河村1	0	400	500

附表1（续）

m²

评估区	序号	抽样点	毁坏	中等破坏	基本完好
	53	红格村1	150	180	0
	54	红花村1	1000	9000	4000
	55	金河村1	150	1300	0
	56	金江镇保安营村	0	830	1540
	57	金江镇鱼塘村	140	1534	1116
	58	九场村1	0	2000	3800
	59	勒堵村5组	1350	5950	1305
	60	联和村1	0	1120	0
	61	毛菇坝村3组1	0	170	300
	62	平谷村1	0	2800	4400
	63	普隆村8组	2300	3680	240
	64	普隆村街道	1200	0	250
评估区二	65	树宝村1组	3570	11600	5380
	66	水坪村1	150	600	3150
	67	顺利村1	570	2480	570
	68	踏砟村1	900	2400	3150
	69	田房村1	400	1200	2200
	70	团结村1	360	22040	13600
	71	乌喇么村1	0	2960	11840
	72	五贵塘社	0	0	750
	73	昔格达村1	500	750	940
	74	新海村4组1	210	400	0
	75	新华村1	0	1040	120
	76	新隆村1	0	400	550
	77	新民村1	0	350	1000
	78	中厂村1组1	20	150	220
	79	总发村1	250	1000	6250
	80	阿署达村4组1	0	250	8750
评估区三	81	爱民村1	0	280	8596
	82	安全村5组	0	220	700
	83	布德镇政府1	0	0	200

附表1（续） m²

评估区	序号	抽样点	毁坏	中等破坏	基本完好
评估区三	84	布德镇中心校1	0	335	5150
	85	苍蒲地组	0	660	9460
	86	大村组	0	600	7100
	87	大林村神坝组38号	0	800	5000
	88	大田村敬老院	0	1500	1500
	89	大纸房组	100	1600	9000
	90	富乐村5组	0	350	2595
	91	海草洼革6组	110	1200	60000
	92	鲁车村1	0	100	900
	93	攀枝花村1组1	0	1100	8000
	94	上村组	0	3000	5000
	95	水平组	30	1500	2250
	96	先锋营	0	1100	14740
	97	永富村1	0	660	10340
	98	中心村1	0	25	1775
	99	三滩村蒿枝坪	900	2800	5500
	100	感鱼村街基社	0	2460	5340
	101	克朗村2组	0	1400	11000
	102	人民政府1	60	1170	9780
	103	三元村1	80	1270	10600
	104	南阁乡政府1	70	1220	10250
	105	彰冠政府1	90	1650	13780
	106	娅口丙谷交界1	90	1780	14850
	107	白草村4组	80	1480	12350
	108	凤营乡三道坪1组1	70	1330	11100

附表2 砖木结构房屋建筑抽样点破坏面积汇总表 m²

评估区	序号	抽样点	毁坏	中等破坏	基本完好
评估区一	1	拉鲜村1组	1000	3000	1000
	2	辣子哨大村1组1	1000	2000	0
	3	辣子哨洒里西组1	750	1500	0

附表 2（续）

m^2

评估区	序号	抽样点	毁坏	中等破坏	基本完好
评估区一	4	梨树么	1200	7500	5800
	5	黎溪镇 1	3500	8000	2000
	6	平地社区 1	1000	3000	1000
	7	新堰村 4 组 1	0	0	180
评估区二	8	春林村 1	0	0	600
	9	关河乡中心小学 1	0	873	770
	10	红花小学 1	0	300	240
	11	九场村 1	500	2500	7000
	12	联和村 1	500	3000	7000
	13	平谷村 1	50	300	650
	14	普隆村街道	0	200	0
	15	普隆乡政府 1	500	1200	0
	16	普隆乡中心小学 1	0	1350	0
	17	水坪村 1	0	500	1200
	18	顺利村 1	500	2500	5500
	19	踏砟村 1	0	80	300
	20	团结村 1	0	860	0
	21	新华村 1	0	4200	5800
	22	新隆村 1	0	0	140
	23	新民村 1	0	1450	2000
	24	垭谷村 1	400	800	3000
	25	中厂村 1 组 1	0	240	120
评估区三	26	大纸房村小学 1	0	0	1500
	27	毛菇坝村 1	0	1000	9000
	28	新发乡中心小学 1	0	250	1500
	29	红果乡上 1	0	2250	29750
	30	鳞鱼乡政府 1	0	3530	12070
	31	渔门镇上 1	0	5250	26750
	32	湾恢村 1	0	3100	68100

附表3 砖混结构房屋建筑抽样点破坏面积汇总表   m²

评估区	序号	抽 样 点	毁坏	严重破坏	中等破坏	轻微破坏	基本完好
评估区一	1	迤沙拉村1-4组	0	0	0	500	750
	2	大龙潭村1	0	45	150	60	45
	3	干沟箐组	0	0	0	0	250
	4	河口村4组1	0	0	0	1000	400
	5	河口小学1	0	0	1150	960	0
	6	河漂村2组	0	0	300	700	650
	7	拉鲱村1组	0	250	250	50	450
	8	拉鲱村2组	20	0	1400	400	180
	9	辣子哨洒里西组1	0	0	0	250	250
	10	梨树么	0	0	0	250	1000
	11	黎洪乡黎洪街1	0	150	350	540	2700
	12	黎洪乡乡政府1	0	0	100	500	350
	13	黎洪乡小学1	0	0	500	250	964
	14	黎屯村2组	0	420	840	1680	2100
	15	黎溪镇1	3036	5509	8682	10628	2730
	16	龙滩村2组1	0	0	0	0	250
	17	螃蟹箐组	1220	920	1380	1080	460
	18	平地社区1	0	1150	3220	0	1380
	19	平地镇1	0	0	580	3516	3959
	20	坪庄村1	0	0	1800	0	7200
	21	锁水村5组	0	0	400	0	400
	22	小麦冲社	0	0	0	0	550
	23	石杆组	0	0	0	250	500
	24	新街村1	0	115	1350	4250	4550
	25	新桥村5组	1000	3500	3500	3200	700
	26	新桥村5组1	2558	4063	4075.35	4781	905.6
	27	迤资村1	0	0	53	126	261
	28	鱼鲜村1	0	0	0	300	300

附表3（续）

m²

评估区	序号	抽 样 点	毁坏	严重破坏	中等破坏	轻微破坏	基本完好
评估区一	29	鱼鲜村2、3组	0	2550	4050	2785.7	5292.81
	30	鱼鲱乡政府1	0	1500	4000	1000	550
	31	裕民村1	0	5000	4050	2500	1250
评估区二	32	春林村1	0	0	0	0	700
	33	大田镇1	0	0	1255	3767	7537
	34	关河村1	0	0	0	0	1400
	35	关河乡中心小学1	0	0	0	0	1316
	36	红格村1	0	300	0	2820	6800
	37	红花小学1	0	0	0	0	300
	38	金江镇保安营村	0	0	0	112	638
	39	金江镇大沙坝社区	0	0	0	1363	5452
	40	金江镇金江社区	0	1252	0	1270	17150
	41	金江镇小鲜石社区	0	0	0	816	7344
	42	金江镇鱼塘村	0	60	60	120	360
	43	九场村1	0	0	0	0	380
	44	联和村1	0	0	350	400	4250
	45	毛菇坝小学1	0	0	0	1200	0
	46	平谷村1	0	0	0	0	2000
	47	普隆村街道	0	0	0	0	1000
	48	普隆乡中心小学1	0	0	0	0	968
	49	水坪村1	0	0	0	0	300
	50	顺利村1	0	0	378	432	4590
	51	踏砟村1	0	0	0	0	500
	52	团结村1	0	0	280	320	3400
	53	五贵塘社	0	0	0	0	4250
	54	昔格达村1	0	0	0	0	2850
	55	乡政府所在地	0	0	0	600	11060
	56	新华村1	0	0	392	448	4760

附表 3（续）

m²

评估区	序号	抽样点	毁坏	严重破坏	中等破坏	轻微破坏	基本完好
评估区二	57	新隆村 1	0	0	0	0	120
	58	新民村 1	0	0	0	0	2080
	59	垭谷村 1	0	0	0	0	500
	60	中厂村 1 组 1	0	0	100	0	200
	61	总发村 1	0	0	0	0	1000
	62	总发乡 1	0	0	300	3620	3960
	63	布德镇新华中学 1	0	0	525	0	3575
	64	苍蒲地组	0	0	0	450	1614
	65	大纸房村小学 1	0	0	0	0	1200
	66	海潮乡乡政府 1				480	2144
	67	毛菇坝村 1	0	0	0	1000	9000
评估区三	68	仁和镇大河居委会正德街	0	0	0	240	4296
	69	神坝组李斗元	0	0	0	0	1000
	70	卫生院 1	0	0	0	0	1300
	71	乌拉村新田组	0	0	0	0	10196
	72	务本乡学校 1	0	0	385	1010	1065
	73	先锋营组	0	0	0	1050	3750
	74	新发乡政府 1	0	0	0	0	500
	75	新发乡中心小学 1	0	0	200	0	1800
	76	银江镇镇政府 1	0	0	0	0	9680
	77	永富村 1	0	0	0	200	4830
	78	中坝初级中学 1	0	0	0	180	3420
	79	中坝乡上 1	0	0	0	200	3800
	80	中坝乡政府 1	0	0	0	0	1100
	81	中坝乡中心校 1	0	0	0	0	1000
	82	红果乡上 1	0	0	0	1080	21520
	83	渔门镇上 1	0	0	0	1080	21520

练习题

一、思考题

1. 写出地震灾害人员伤亡的计算公式。

2. 写出地震灾害直接经济损失的计算公式。

3. 地震灾害直接经济损失评估报告的编制内容主要包括哪些?

二、案例题

自选一个震级 5.0 级以上的国内地震,按本章编制要求,编写地震灾害直接经济损失评估报告。

第五章 基于投入产出模型的间接
经济损失评估

第一节 灾害间接经济损失概述

一、灾害间接经济损失提出的背景

已有研究显示，随着重大自然灾害造成的直接经济损失逐渐增大，间接经济损失与直接经济损失呈非线性关系增长，甚至会超越直接经济损失，且影响的程度更大、范围更广、时间更长。这表明，直接损失只是总损失的一部分，二者不能等同，间接损失不可忽视。

对于灾害间接损失产生的机理，美国国家科学研究委员会下设的自然灾害损失评价委员会认为，在短期内自然灾害造成的间接损失是通过以下 3 个渠道产生的：一是直接物质或基础设施破坏导致上游和下游产业停产造成的损失；二是商业结构的物质破坏导致功能丧失所引起的销售、工资或利润的损失；三是灾害破坏使企业停产减产，因收入减少而造成开支较少的涟漪效应造成的损失。可见，自然灾害的间接损失是反映灾害影响的另一个重要指标，但因为其潜在性和复杂性，常被忽视。

长期以来，中国在灾害管理中主要关注人员伤亡和直接损失，忽视灾害造成的间接损失。例如，气象台预报 2015 年 7 月 11 日 "灿鸿" 台风登陆浙江，因为预报的影响范围是 2005 年桑美台风的 9 倍，7 月 10 日启动登陆预警应急响应 1 级，浙江沿岸所有船只回港停发，转移 100 多万人，上海河道排水 1 亿多立方米。但是 7 月 11 日该台风绕道登陆舟山，最终报道显示，台风造成的直接损失不大，但面对转移人口和排水等产生的间接损失没有提及。

实际上，在高度发展的现代国内经济体系中，由于产业部门之间的高度依赖性，重大自然灾害冲击所造成的间接经济损失不可忽视。发达国家和国际组织早就对灾害造成的间接损失开展研究。如美国联邦应急管理署、世界银行、英国东安格利亚大学、日本京都大学等对重大自然灾害开展了间接损失的评估。国内学者也因此展开广泛研究，并逐渐得到政府部门的认可与关注。2005 年，民政部国家减灾中心与联合国拉丁美洲和加勒比海经济委员会（UN‒ECLAC）合作尝试评估淮河流域洪涝灾害的经济影响，其中很重要的方面就是间接损失。2008 年南方雨雪冰冻灾害中，电力中断间接导致京广铁路停运，模型模拟结果显示，这次灾害产生的间接损失影响较大。最近的几次大灾，国内媒体也纷纷报道 "西南旱情影响中国经济" "北京暴雨的经济影响" 等改变了以往只关注人口分量和直接损失的报道方式。《地震灾害间接经济损失评估方法》（GB/T 27932—2011）提出了地震造成的企业停减产损失、地价损失及产业关联损失的评估方法，说明中国已经开始重视对间接损失的评估。然而，评估方法还没有达成共识，手段也比较单一。

间接损失评估的缺失导致依据现有风险评估结果建立的防灾减灾策略对减轻灾害经济损失的问题存在不确定性，其原因为：一是直接损失评估结果存在不确定性，对采用基于直接损失建立的模型而得出间接损失结果产生怀疑；二是认为直接经济损失是占总损失的绝大部分，间接损失可忽略不计；三是间接损失评估难度较大。为此，有必要克服间接损失评估方法的难点，明确间接损失在总损失中的份额，使总损失的评估结果既包括直接损失也包括间接损失，更加接近实际的总损失。

二、灾害间接经济损失的概念

目前，国内外对灾害间接经济损失概念没有一个统一的标准定义，但众多学者赞同用经济学中的"存量"和"流量"关系作为划分灾害直接经济损失和间接经济损失的基本原则。

从经济层面和评估的可操作性来说，直接经济损失可以定义为灾害对建筑物、基础设施等的直接物质破坏造成的经济损失，通常在灾后数周内按重置或修复受破坏资产的现价成本累加计算得出；间接经济损失是灾害直接破坏对经济系统的波及效应，引起经济系统生产能力和服务功能下降导致的产出减少量或费用支出的增加量。这种定义更适合于地震、洪水、台风等突发性自然灾害，而不太适用于旱灾、土地沙漠化、环境恶化等缓发性灾害。这里的间接经济损失定义属狭义概念，广义的间接经济损失还包括灾害对社会秩序、生态环境和人的心理等造成的影响。

间接经济损失的存在主要在于经济系统前向关联（依赖于地区消费者对生产产品的购买力）和后向关联（依赖于区域提供生产投入的供给能力）的脆弱性，即使当地企业未受到灾害的直接破坏，也可能由于产业链中断，使后续生产者和消费者连续受到一轮一轮的波及影响。这样，即使灾害的物理破坏很有限，其产生的波及效应可以传播到整个经济系统。

对于直接经济损失和间接经济损失的界限划分，可以从经济发生的"瞬间"这一基本含义出发，将损失的边界划分在一个适当的范围之内，而将受灾部门的减产、停产损失划分到间接经济损失指标范围中去。直接经济损失是一个静态概念。直接经济损失是固定的，即灾害对经济的破坏是在"瞬间"或短期内完成的，直接经济损失应包括灾害诱发的次生灾害直接破坏损失。

间接经济影响具有动态性、时间和空间差异性特征。首先，灾害的间接影响具有后向延时效应，即灾害的间接影响从灾害对经济系统的破坏开始，到灾区基本恢复到灾前发展水平为止；其次，灾害破坏对经济系统扰动造成的波及效应影响是长期的，与直接经济损失相比，灾害对经济系统间接影响的深度和时间要更深远；最后，灾害对地区和国家尺度的间接经济影响是有区别的，地区可能由于灾后国家的救灾和重建投入，优化提升当地生产结构而受益，而对国家来说，灾害对整个国家的经济发展呈负效应关系。灾害间接经济损失的这些特征也使其不像直接经济损失那样显而易见，因此常常容易被忽略。

总的来说，灾害间接经济损失大小与灾害影响评估所针对的区域、灾前经济发展状况、灾后产品供给和消费市场容量、灾后管理水平、应急和恢复重建期长短等因素有关。灾害间接经济损失的时、空差异特性也使其对灾后社会经济发展的影响存在很大的不确定性，同时也为通过灾后风险管理策略优化调整来减轻灾害间接经济损失、促进地区经济发展提供了机会，这也使灾害间接经济损失评估变得尤为重要，从而为政府风险管理决策优化提供参考。

三、灾害间接损失评估研究的发展进程

根据对国内外学者研究进展，自然灾害间接经济损失评估的研究历程与现状如图 5-1 所示。国外研究的发展历程经历了 4 个阶段（图 5-1 中用不同虚线形状分割），分别为：初期理论研究的摸索阶段（20 世纪 80 年代中期之前），快速应用的发展阶段（20 世纪 80 年代中期至 20 世纪 90 年代末期），构建模块建立决策平台阶段（20 世纪 90 年代末期到 21 世纪 10 年代末期），以及深入创新的发展阶段（21 世纪 10 年代末期至现在）。由此可以看出，随着经济学方法的引入与发展，间接经济损失的研究迅速从初期的平台期转入快速发展与应用，以美国联邦应急管理署开发 HUZUS 平台为标志，得到政府重视与认可。随着损失评估影响力的进一步扩大，政府对损失的认识进一步深入，HAZUS-MH 平台的

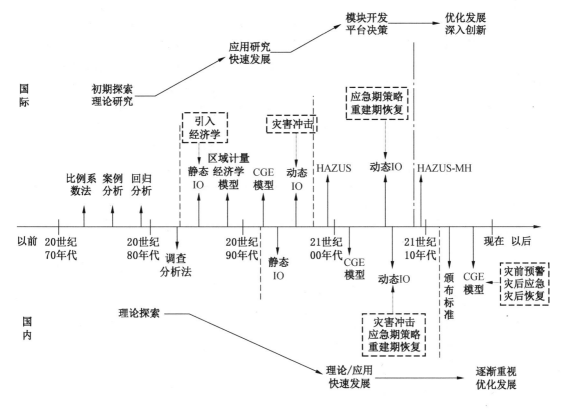

图 5-1 国内外自然灾害间接经济损失评估的研究历程与现状示意图

（资料来源：吴吉东等，2009，2012；解伟等，2011；Hallegatle，2015；李宁等，2016）

升级也标志着国际上对于间接经济损失的研究已进入创新研究阶段。

国内针对间接损失研究虽起步较晚，至今仅经历了理论探索（20世纪90年代初期之前）、快速发展（20世纪90年代初期至21世纪10年代初期）两个阶段。但受益于国内政策（国家统计局编制投入产出表）的影响，间接损失研究能迅速与经济学方法融合，迈入理论与应用研究发展相结合的蓬勃发展阶段。不过，由于研究基础较为薄弱，模型缺乏创新性，损失研究的影响力较国际仍是较薄弱的，随着《地震灾害间接经济损失评估方法》（GB/T 27932—2011）的颁布，标志着国内损失研究特别是间接损失研究正在出现良好的发展势头。

第二节　间接经济损失评估的作用及方法

一、间接经济损失评估的作用

对企业来说，灾害间接经济损失包括企业的停产损失、减产损失、企业间产业关联损失和投资溢价损失，其中的停减产损失评估相对比较容易，而产业关联损失评估则比较困难，需要借助投入产出模型或可计算一般均衡模型等经济学模型来完成，而目前还没有一种行之有效的方法。

从灾害间接经济损失评估的可操作性和实用性来说，灾害间接经济损失评估的主要内容应包括：地区（灾区）尺度、国家（部门）尺度间接经济损失（/增益）和恢复重建期（也称灾害影响的持续时间），见表5-1。不仅要评估灾害造成的间接经济损失项，还要评估灾后重建的"破窗效应"等对灾区和周围地区经济的刺激作用——增益项。灾害间接经济损失评估可以更准确地评价灾害的影响，从而为灾后恢复重建、防灾减灾规划等灾害风险管理决策提供量化评估基础支持。

表5-1　灾害间接经济损失评估的主要内容和用途

	区　域　尺　度	国　家　尺　度
主要内容	部门间接经济损失：产业关联损失、产业中断损失（＋）	间接经济损失：生产瓶颈关联损失、产业中断损失（＋）
	家庭消费下降（＋）	灾区外重建资金的支付负担：政府或保险等（＋）
	重建需求刺激：政府负担或保险赔付（－）	对灾区的重建资助、外部援助（＋）
	生还者补偿、补助（－）	对灾区生还者补偿、补助（＋）
	外部援助：对口支援、红十字会、捐款等（－）	灾区以外生产满足灾区重建需求（－）
	部门恢复重建期（灾害影响持续时间）	灾害影响持续时间
用途	＊灾后重建资金需求估算	＊外部重建援助的机会成本估算
	＊灾后部门重建资金配置额度	＊重建资金配置额度的成本效益分析与决策
	＊诊断主导约束部门	＊潜在灾害风险影响预评估

注：（＋）—损失项，（－）—增益项。地区尺度的增益项，从国家尺度来说是损失项。

1. 准确评价灾害的影响

间接经济损失是反映自然灾害强度、社会经济系统脆弱性的重要指标，也是灾后优化调整重建决策的依据。结合灾害直接经济损失，科学合理评估灾害间接经济损失可以更加系统全面地评价灾害的影响。特别是对于像汶川地震这样的重大自然灾害（或巨灾），可以为中央和地方政府长期的重建资金投放额度提供依据，也可以为调整国家和地方政府财政投入和资金安排提供成本效益分析工具。

2. 服务于灾后恢复重建决策

灾害损失评估是灾后重建科学化的基础，自然灾害机理、预测等有众多的科研群体研究作为基础，包括气象预报、干旱预警等灾害的预测预报基本都有一套科学的方法，而自然灾害损失评估，特别是间接经济损失评估目前国内外没有一套科学的评估标准或模式，从而使防灾减灾和恢复重建处于一种较被动的局面，损失评估数据测算的主观随意性和数据缺乏科学性，给政府灾后恢复重建策略调整带来了一定的困难。科学评估灾害可能造成的间接经济损失，有利于政府及早决策，制定科学的恢复重建计划，合理配置重建资源，重建过程中适度调整加速重建力度，采取积极有效的措施，尽量减少灾害造成的间接经济损失。

3. 地区经济可持续发展的决策工具

我国地域辽阔，自然灾害种类复杂多样，因灾直接经济损失日益严重。据统计，新中国成立以来我国灾害直接经济损失呈明显上升趋势，按 1990 年不变价计算，20 世纪 50 年代为 635 亿元、90 年代为 1035 亿元，进入 21 世纪以来，灾害年平均直接经济损失达 1284 亿元，灾害直接经济损失占国内生产总值的 1%～6%。准确评价灾害的间接经济损失，特别是重大自然灾害的损失评估，对国内经济发展调整具有重要决策参考价值。

首先，损失评估可以为防灾减灾投入提供成本效益分析。随着现代社会经济迅猛发展，人与自然、环境和资源的关系日益紧张，灾害危害的严峻性，也使政府、企业和家庭对减灾行动越来越重视，但减灾投入受地方政府财力，政府、企业和个人不同主体的经济利益，以及国家重视程度等因素的影响，如何合理布置减灾投入力度才能更"经济"，不同减灾投入幅度下的灾害损失评估情景分析可以为不同的主体参与减灾活动提供参考。

其次，从国家和地方政府宏观层面来说，灾害损失评估工作是制定防灾救灾规划和具体安排防灾救灾措施的基础，是政府有关部门合理安排筹措救灾资金，布局灾害发生后的灾区恢复重建规划，以及为政府救灾资金分配的一种强有力的辅助手段。综合灾害风险防范需要灾害科学、应急技术和风险管理技术的支撑，而间接经济损失评估可以为地区灾害风险防范提供技术支持，为经济长期可持续发展及防灾减灾规划优化提供决策工具。

4. 提高人们的防灾意识

灾害间接经济损失评估可以使人们认识到，防御灾害不仅要考虑人身和财产安全，还要考虑灾害同样会对人民经济生产生活产生难以弥补的损失，从而提高人们防灾、减灾的自觉性和主动性。

另外，欧美一些发达国家及少部分发展中国家已经建立了巨灾保险计划，值得一提的是，西班牙的保险体系中保险标的不仅包括由于地震、洪水、恐怖主义等自然和人为灾害对个人和商业财产的破坏，还包括商业中断损失，而后者为灾害间接经济损失的一部分。因此，灾害间接经济损失评估将来也可以为保险业保险市场的开发和保险产品的设计提供参考。未来的灾害保险是否能把灾害间接经济损失纳入保险标的中是一个值得探讨的问题。

同时，灾害间接经济损失评估研究也可以推动灾害经济学的研究。灾害经济损失评估的理论与方法是灾害经济学的核心内容之一，科学的灾害经济损失评估体系的建立和完善，必然使灾害经济学更加充实和成熟。

二、间接经济损失评估的方法

对于停减产损失，可采用分部门调查统计的方法进行评估，具体来说，以灾前各部门单位时间内的产出或服务能力为参数，通过实地调查或专家经验估计各部门产出和服务能力下降程度，以及恢复所持续的时间，进而由产出或服务能力与持续时间的乘积作为停减产经济损失的评估值。

对于产业关联损失，则需要借助经济学模型进行估计，包括经济学中的投入产出模型、可计算一般均衡模型及专家经验法。美国联邦应急管理署的多灾种灾害损失管理平台（HAZUS）利用投入产出模型进行灾害间接经济损失评估。专家经验法根据灾害直接损失程度大小，确定一个经验系数与直接损失相乘作为灾害间接经济损失的大小。需要指出的是，收入和产出是度量经济发展成果的两方面，如果用产出来度量灾害的间接经济损失，就不能将其与用收入度量的间接经济损失进行累加，以避免重复计算问题。

第三节 投入产出分析

一、投入产出分析的基本概念

投入产出分析是在一定经济理论指导下，编制投入产出表，建立相应的投入产出模型，反映经济系统各部分（如各部门、行业、产品）之间的投入与产出间的数量依存关系，并综合系统地分析国内经济各部门、再生产各环节之间的技术经济联系的一种经济数量分析方法，广泛应用于经济分析、政策模拟、经济预测、计划制定和经济控制等领域。投入产出分析法产生于 20 世纪 30 年代中期，由美籍华裔俄国经济学家华西里·里昂惕夫（Wassily Leontief）教授创立，他于 1936 年在《经济统计评论》上发表的论文《美国经济中的投入与产出的数量关系》，被认为是投入产出法产生的标志，并因此而荣获 1973 年诺贝尔经济学奖。

投入产出分析是一种应用广泛且经受住了实践检验的经济数量分析方法，自华西里·里昂惕夫 1936 年创立投入产出分析方法以来，历经半个多世纪的发展，其理论和方法均比较成熟，在世界绝大多数国家和地区得到了广泛的应用。

二、投入产出分析的前提假设

投入产出法的使用是有条件的。为保证投入产出模型线性函数的唯一性以揭示各部门间错综复杂的相互依存、相互制约关系，假定如下。

1. 同质性假定

假定各部门以特定的投入结构和工艺技术生产特定的产品，即每个生产部门只生产一种产品，且只用一种生产技术进行生产，同一部门的产品可以相互替代，不同部门的产品不能相互替代。

2. 比例性假定

假定国内经济各部门的投入量与产出量成正比，即投入越多，产出越多，且投入产出存在较稳定的线性函数关系。

3. 相加性假定

假定任意 n 部门的产出合计等于这 n 部门的投入之和，不存在经济体生产活动之外的"外部经济"因素的影响，既不存在非经济因素的影响，也不存在正外部效应或负外部效应的影响。

4. 直接消耗系数稳定性假定

国内经济各部门之间的技术经济联系是通过直接消耗系数来反映的，为保证所编的投入产出表能应用于实际中，假定直接消耗系数在一定时期内固定不变，至少在编制投入产出表的间隔期内，不存在技术进步和劳动生存率提高的因素。

三、投入产出模型国外研究进展

投入产出模型（IO 模型）一个突出功能是能够模拟和计算灾害对经济系统造成的扰动而产生的连锁反应和波及效应，是区域经济影响分析应用最广泛的工具。IO 模型基于投入产出矩阵，描述了经济系统的所有产业部门之间购买与消费经济流的交互作用（Miller and Blair，1985）。IO 模型可以通过中间消费需求变化来评估灾害对一个或几个部门的经济影响。由于 IO 模型的易用性，其很早被 Cochrane（1974）引入灾害间接经济损失评估，并在随后得到广泛应用。

Kawashima and Kanoh（1990）认为地震间接经济损失主要由基础设施、交通设施及原材料和商品的破坏决定，同时也应考虑重建投资的正面效应，以直接经济损失为依据，应用投入产出分析方法给出了灾害"涟漪效应"影响的评估公式。基于该公式，他们对1983 年日本的 Nihonkai – Chubu 地震进行了间接经济损失评估，但是该模型没有考虑地震对经济系统本身的影响所引起的外部系统损失。

美国国家海洋和大气管理局（National Oceanic and Atmospheric Administration，NOAA）和美国地质调查局（United States Geological Survey，USGS）从 1970 年就开始着手研究预测旧金山地区大尺度地震可能造成的损失，并于 20 世纪 80 年代由美国联邦应急管理署开发了一套基于地震和结构工程等方面专家经验，采用计算机模拟方法来评价地震经济影响的集成系统（ATC – 13）。该系统根据设定的地震及评估区烈度→基于评估区结构和设施特征分类与专家经验→获得对应烈度下的破坏概率矩阵→给出结构和设施破坏情况→结合不同烈度区对应结构的损失比和结构重置价格→计算结构和设施直接经济损失，进而由专家给出各类设施的功能损失和恢复时间函数→考虑生命线系统影响→评估停减产经济损失（美国应用技术委员会，1991）。在此基础上，美国联邦应急管理署与美国建筑科学院

（National Institute of Building Sciences，NIBS）于 1992 年合作开发了基于地理信息系统平台的 HAZUS 灾害评估软件包。该软件包基于美国各州建筑物数据库，除了评估灾害造成的直接经济损失，HAZUS 结合 IO 模型可以用于灾害间接经济损失评估。HAZUS 将家庭作为一个内生的产业部门，使 IO 模型能够反映家庭支出减少造成的损失，且为动态 IO 模型。HAZUS 能够评估地震、洪水和飓风等灾害的间接经济损失，从而为不同层次的政府决策及防灾减灾策略的实施、应急备灾和响应方案的设计提供了一种工具。HAZUS 从最初的 MR1、MR2 版本，发展到 2009 年发布的 MR4 版本，并用于灾害规划、飓风影响评估等案例中，其可操作性和实用性不断得到了证实。但是 HAZUS 没能够考虑劳动力和资本的替代问题，以及不能考虑相对价格变化对最终需求的影响，这也是 IO 模型的劣势所在（FEMA，2001）；同时 HAZUS 为非开源软件包，其详细的评估计算过程不为一般公众所知。

美国国家地震工程研究中心（NCEER）的 Gordon et al.（1997）及 Shinozuka and Chang（1997）考虑到城市地震间接经济损失主要是由于交通和工业生产能力下降造成的，基于网络平衡的观点，计算由于交通网络、桥梁和道路破坏导致的网络运输能力的下降程度→考虑运输源和运输目的地的选择等计算生产运输价格的上升→基于工业生产能力下降水平→根据部门间投入产出关系考虑将损失放入功能下降的网络中→计算地震造成的间接经济损失。

四、投入产出表基本结构

（一）基本表式和结构

投入产出表，即产品部门×产品部门表，也称部门联系平衡表或产业关联表，它以矩阵形式描述国内经济各部门在一定时期（通常为一年）生产活动的投入来源和产出使用去向，揭示国内经济各部门之间相互依存、相互制约的数量关系，是国内经济核算体系的重要组成部分。

我国从 1987 年开始编制全国投入产出表。此后，逢 2、7 年度每 5 年进行投入产出调查，并编制逢 2、7 年度的投入产出表；然后逢 0、5 年度进行投入产出表的局部调整。2002 年之后，我国投入产出表分为 42 生产部门投入产出表和生产部门划分更详细的、包含 100 多部门的投入产出表。

此处以四川省 2012 年 42 部门的投入产出表（表 5 - 2）为例，讲解投入产出表的基本结构。四川省 2012 年 42 部门投入产出表，可从四川省统计局网站下载，表中价格按当年生产者价格计算。

投入产出表由三部分组成，称为第 I、II、III 象限。基本表式如下。

1. 第 I 象限

第 I 象限是由名称相同、排列次序相同、数目一致的若干产品部门纵横交叉而成的中间产品矩阵，其主栏为中间投入，宾栏为中间使用。矩阵中的每个数字都具有双重意义：沿行方向看，反映某产品部门生产的货物或服务提供给各产品部门使用的价值量，被称为中间使用；沿列方向看，反映某产品部门在生产过程中消耗各产品部门生产的货物或服务的价值量，被称为中间投入。

第 I 象限是投入产出表的核心，它充分揭示了国内经济各品部门之间相互依存、相互制约的技术经济联系，反映了国内经济各部门之间相互依赖、相互提供劳动对象供生产和消耗的过程。

表 5 - 2　四川省 2012 年投入产出基本流量表

产出　　投入		中间使用			最终使用											调入（含进口）	其他	总产出
		农林牧渔产品和服务	…	公共管理和社会组织	中间使用合计	最终消费支出						资本形成总额			调出（含出口）	最终使用合计			
						居民消费支出			政府消费支出	合计	固定资本形成总额	存货增加	合计					
						农村居民	城镇居民	小计										
中间投入	农林牧渔产品和服务 ⋮ 公共管理和社会组织	第 I 象限				第 II 象限												
	中间投入合计																	
增加值	劳动者报酬 生产税净额 固定资产折旧 营业盈余	第 III 象限																
	增加值合计																	
总投入																		

2. 第 II 象限

第 II 象限是第 I 象限在水平方向上的延伸，主栏的部门分组与第 I 象限相同；宾栏由最终消费、资本形成总额、出口等最终使用项目组成。沿行方向看，反映某产品部门生产的货物或服务用于各种最终使用的价值量；沿列方向看，反映各项最终使用的规模及其构成。

第 I 象限和第 II 象限连接组成的横表，反映国内经济各产品部门生产的货物或服务的使用去向，即各产品部门的中间使用和最终使用数量。

3. 第 III 象限

第 III 象限是第 I 象限在垂直方向的延伸，主栏由劳动者报酬、生产税净额、固定资产折旧、营业盈余等各种增加值项目组成；宾栏的部门分组与第 I 象限相同。第 III 象限反映各产品部门的增加值及其构成情况。

第 I 象限和第 III 象限连接组成的竖表，反映国内经济各产品部门在生产经营过程中的各种投入来源及产品价值构成，即各产品部门总投入及其所包含的中间投入和增加值的数量。

投入产出表三大部分相互连接，从总量和结构上全面、系统地反映国民经济各部门从生产到最终使用这一完整的实物运动过程中的相互联系。投入产出表有以下几个基本平衡关系。

（1）行平衡关系。

$$中间使用 + 最终使用 - 进口 + 其他 = 总产出$$

（2）列平衡关系。

$$中间投入 + 增加值 = 总投入$$

（3）总量平衡关系。

$$总投入 = 总产出$$
$$每个部门的总投入 = 该部门的总产出$$
$$中间投入合计 = 中间使用合计$$

（二）主要指标解释

1. 宾栏指标

1）总产出

总产出指常住单位在一定时期内生产的所有货物和服务的价值。总产出按生产者价格计算，它反映常住单位生产活动的总规模。常住单位是指在我国的经济领土内具有经济利益中心的经济单位。

2）中间使用

中间使用指常住单位在本期生产活动中消耗和使用的非固定资产货物和服务的价值，其中包括国内生产和国外进口的各类货物和服务的价值。

3）最终使用

最终使用指已退出或暂时退出本期生产活动而为最终需求所提供的货物和服务。根据使用性质分为以下三部分。

（1）最终消费支出，指常住单位在一定时期内为满足物质、文化和精神生活的需要，从本国经济领土和国外购买的货物和服务的支出。它不包括非常住单位在本国经济领土内的消费支出。最终消费支出分为居民消费支出和政府消费支出。

居民消费支出，指常住住户在一定时期内对于货物和服务的全部最终消费支出。它除常住住户直接以货币形式购买货物和服务的消费支出外，还包括以其他方式获得的货物和服务的消费支出：单位以实物报酬及实物转移的形式提供给劳动者的货物和服务；住户生产并由本住户消费了的货物和服务，其中的服务仅指住户的自有住房服务；金融机构提供的金融媒介服务；保险公司提供的保险服务。居民消费支出划分为农村居民消费支出和城镇居民消费支出。

政府消费支出，指政府部门为全社会提供的公共服务的消费支出和免费或以较低的价格向住户提供的货物和服务的净支出，前者等于政府服务的产出价值减去政府单位所获得的经营收入的价值，后者等于政府部门免费或以较低价格向住户提供的货物和服务的市场价值减去向住户收取的价值。

（2）资本形成总额，指常住单位在一定时期内获得减去处置的固定资产和存货的净额，包括固定资本形成总额和存货增加两部分。

固定资本形成总额：指常住单位在一定时期内获得的固定资产减处置的固定资产的价值总额。固定资产是通过生产活动生产出来的，且其使用年限在一年以上、单位价值在规定标准以上的资产，不包括自然资产。固定资本形成总额可分为有形固定资本形成总额和无形固定资本形成总额。有形固定资本形成总额包括一定时期内完成的建筑工程、安装工程和设备工器具购置（减处置）价值，商品房销售增值，以及土地改良，新增役、种、奶、毛、娱乐用牲畜和新增经济林木价值。无形固定资本形成总额包括矿藏勘探、计算机软件等获得（减处置）价值。

存货增加，指常住单位在一定时期内存货实物量变动的市场价值，即期末价值减期初价值的差额，再扣除当期由于价格变动而产生的持有收益。存货增加可以是正值，也可以是负值，正值表示存货上升，负值表示存货下降。它包括购进的原材料、燃料和储备物资，以及产成品、在制品和半成品等存货。

（3）调出（含出口）。调出是指核算期内本省各种货物或服务售往省外的价值。如果通过本省独立核算的批发零售商业企业或其他中介机构售出的货物，则不算调出。出口包括常住单位向非常住单位出售或无偿转让的各种货物和服务的价值。

调入（含进口）。调入是指核算期内本省常住单位从省外直接购入的货物或服务。如果从本省独立核算的批发零售商业企业购进的物资，则不算调入。进口包括常住单位从非常住单位购买或无偿得到的各种货物和服务的价值。由于服务活动的提供与使用同时发生，因此服务的进出口业务并不发生出入境现象，一般把常住单位从非常住单位得到的服务作为进口，非常住单位从常住单位得到的服务作为出口。

2. 主栏指标

1）总投入

总投入指一定时期内我国常住单位进行生产活动所投入的总费用，既包括新增价值，也包括被消耗的货物和服务价值及固定资产转移价值。

2）中间投入

中间投入指常住单位在生产或提供货物与服务过程中，消耗和使用的所有非固定资产货物和服务的价值。

3）增加值

增加值指常住单位生产过程创造的新增价值和固定资产转移价值。它包括劳动者报酬、生产税净额、固定资产折旧和营业盈余。

（1）劳动者报酬，指劳动者因从事生产活动所获得的全部报酬。包括劳动者获得的各种形式的工资、奖金和津贴，既包括货币形式的，也包括实物形式的，还包括劳动者所享受的公费医疗和医药卫生费、上下班交通补贴、单位支付的社会保险费、住房公积金等。

（2）生产税净额，指生产税减生产补贴后的差额。生产税指政府对生产单位从事生产、销售和经营活动，以及因从事生产活动使用某些生产要素（如固定资产、土地、劳动力）所征收的各种税、附加费和规费。生产补贴与生产税相反，指政府对生产单位的单方面转移支付，因此视为负生产税，包括政策性亏损补贴、价格补贴等。

（3）固定资产折旧，指一定时期内为弥补固定资产损耗按照规定的固定资产折旧率提取的固定资产折旧，或者按国民经济核算统一规定的折旧率虚拟计算的固定资产折旧。它反映了固定资产在当期生产中的转移价值。各类企业和企业化管理的事业单位的固定资产折旧是指实际计提的折旧费；不计提折旧的政府机关、非企业化管理的事业单位和居民住房的固定资产折旧是按照统一规定的折旧率和固定资产原值计算的虚拟折旧。原则上，固定资产折旧应按固定资产当期的重置价值计算，但是目前我国尚不具备对全社会固定资产进行重估价的基础，所以暂时只能采用上述办法。

（4）营业盈余，指常住单位创造的增加值扣除劳动者报酬、生产税净额、固定资产折旧后的余额。

（三）部门划分原则

投入产出表的部门分类与现行的国民经济行业分类有所不同，投入产出表一般采用产品部门分类，即以产品为对象，把具有某种相同属性（产品用途相同、消耗结构相同、生产工艺基本相同）的若干种产品组成一个产品部门，根据产品部门的资料编制投入产出表。

值得注意的是，同一个产品部门的货物或服务要同时满足三个基本相同的条件比较困难。因而在实际操作时，只能根据某种货物或服务符合某一个基本相同条件而划归为同一个产品部门，而对符合另一个基本相同条件的其他货物或服务则划归为另一个产品部门。投入产出表采用的产品部门分类，真正实现了按货物或服务的属性归类，因而产品部门是产品的"纯"部门。

五、投入产出表系数的概念

《地震灾害间接经济损失评估方法》（GB/T 27932—2011）给出了投入产出表（表 5 - 3），利用此表讲述部分投入产出系数的概念。

表 5 - 3 投 入 产 出 表

投入（消耗来源）		产出（分配去向）							
		中间需求				最终产品			
		物质生产产业				中间需求合计	固定资产更新、大修理	消费、积累、调出	合计	总产品
		1	2	…	n					
物质消耗产业	1	X_{11}	X_{12}	…	X_{1n}	U_1			Y_1	X_1
	2	X_{21}	X_{22}	…	X_{2n}	U_2			Y_2	X_2
	⋮	⋮	⋮		⋮	⋮			⋮	⋮
	n	X_{n1}	X_{n2}	…	X_{nn}	U_n			Y_n	X_n
	合计	C_1	C_2	…	C_n	C			Y	X

表 5 - 3（续）

投入 （消耗来源）		产出（分配去向）								
		中间需求					最终产品			总产品
		物质生产产业				中间 需求 合计	固定资 产更新、 大修理	消费、 积累、 调出	合计	
		1	2	⋯	n					
初始 投入	折旧	D_1	D_2	⋯	D_n	D				
	劳动报酬	V_1	V_2	⋯	V_n	V				
	社会纯收入	M	M_2	⋯	M_n	M				
	合计	N_1	N_2	⋯	N_n	N				
总投入		X_1	X_2	⋯	X_n	X				

注 1：投入产出表主要由三大部分组成："初始投入""中间需求""最终产品"。

注 2："中间需求"也称为"中间产品"，表示某一产业为其他产业的生产活动所提供的物资和服务；或称为"中间投入"，表示某一产业在生产过程中所消耗其他产业的物资和服务。

注 3："最终产品"，包括"消费、积累、调出"和"固定资产更新、大修"，体现了 GDP 经过分配和再分配后的最终使用。

注 4："初始投入"，表明各产业的初始投入的形成过程和构成情况，体现了 GDP 的初次分配。

1. 直接消耗系数

直接消耗系数，也称投入系数，记为 $a_{ij}(i,j=1,2,\cdots,n)$，它是指在生产经营过程中第 j 产品（或产业）部门的单位总产出直接消耗的第 i 产品部门货物或服务的价值量。将各产品（或产业）部门的直接消耗系数用表的形式表现就是直接消耗系数表或直接消耗系数矩阵，通常用字母 A 表示。

直接消耗系数的计算方法为：用第 j 产品（或产业）部门的总投入 X_j 去除该产品（或产业）部门生产经营中直接消耗的第 i 产品部门的货物或服务的价值量 x_{ij}，用公式表示为

$$a_{ij}=\frac{x_{ij}}{X_j} \quad (i,j=1,2,\cdots,n)$$

2. Leontief 逆矩阵

投入产出表中总产品、中间产品和最终产品有式（5 - 1）的关系，为 Leontief 模型：

$$AX + Y = X \tag{5-1}$$

式中　A——直接消耗系数矩阵；

　　　X——总产品矩阵；

　　　Y——最终产品矩阵。

$$A = \begin{bmatrix} a_{11} & a_{12} & \cdots & a_{1n} \\ a_{21} & a_{22} & \cdots & a_{2n} \\ \vdots & \vdots & & \vdots \\ a_{n1} & a_{n2} & \cdots & a_{nn} \end{bmatrix}$$

$$X = \begin{bmatrix} x_1 \\ x_2 \\ \vdots \\ x_n \end{bmatrix}$$

$$Y = \begin{bmatrix} y_1 \\ y_2 \\ \vdots \\ y_n \end{bmatrix}$$

式（5-1）可以转换为

$$Y = (I - A)X$$

或

$$X = (I - A)^{-1}Y$$

式中　I——单位矩阵。

矩阵 $(I-A)^{-1}$ 称为里昂惕夫逆矩阵，记为 $\overline{B}$，其元素 $\overline{b_{ij}}=$（i, $j=1$, 2，…，n）称为里昂惕夫逆系数，它表明第 j 部门增加一个单位最终使用时，对第 i 产品部门的完全需要量。

3. 完全消耗系数

完全消耗系数，通常记为 b_{ij}，是指第 j 产品部门每提供一个单位最终使用时，对第 i 产品部门货物或服务的直接消耗和间接消耗之和。

按照完全消耗系数的直观含义：直接消耗加一次间接消耗、二次间接消耗……，等于完全消耗来列写公式

$$b_{ij} = a_{ij} + \sum_{k=1}^{n} a_{ik}a_{kj} + \sum_{s}\sum_{k} a_{is}a_{sk}a_{kj} + \sum_{t}\sum_{s}\sum_{k} a_{it}a_{is}a_{sk}a_{kj} + \cdots$$

写成矩阵形式

$$B = A + A^2 + A^3 + A^4 + \cdots = (I-A)^{-1} - I$$

利用直接消耗系数矩阵 A 计算完全消耗系数矩阵 B 的公式为

$$b_{ij} = a_{ij} + \sum_{k=1}^{n} b_{ik}a_{kj}$$

可以注意到，$b_{ik}a_{kj}$ 表示由于 j 部门消耗 k 产品而产生的对 i 产品的全部间接消耗，因此，等式右端第二项就代表了 j 部门对 i 产品的全部间接消耗。

写成矩阵形式

$$B = A + BA$$

$$B = A(I-A)^{-1} = (I-A)^{-1} - (I-A)^{-1} + A(I-A)^{-1} = (I-A)^{-1} - I$$

4. Ghosh 逆矩阵

投入产出表中总投入、中间投入和初始投入有式（5-2）的关系，为 Ghosh 模型：

$$X'H + V' = X' \tag{5-2}$$

式中　H——直接分配系数矩阵；

　　　X'——总投入矩阵；

V'——初始投入矩阵。

$$H = \begin{bmatrix} h_{11} & h_{12} & \cdots & h_{1n} \\ h_{21} & h_{22} & \cdots & h_{2n} \\ \vdots & \vdots & & \vdots \\ h_{n1} & h_{n2} & \cdots & h_{nn} \end{bmatrix}$$

h_{ij}表示直接分配系数。直接分配系数是投入产出分析中另外一个重要的系数，是指某部门所生产的产品中直接提供给其他生产部门使用的比例。与直接消耗系数不同的是，直接分配系数从投入产出表的行向方向描述了各个生产部门之间的关系。h_{ij}的计算公式

$$h_{ij} = \frac{x_{ij}}{X_i} \quad (i,j = 1,2,\cdots,n)$$

式（5-2）可以转换为

$$X' = V'(I - H)^{-1}$$

Leontief 模型中以最终需求 Y 作为自变量，通过技术因素影响总产出 X；Ghosh 模型中以部门增加值 V 作为自变量，通过技术因素影响总投入 X。

六、投入产出表的计算

（一）简单的投入产出表

简单的投入产出表，见表5-4。

表5-4　简单的投入产出表

投　　入		中　间　使　用			最终使用	总产出
		第一产业	第二产业	第三产业	合计	
中间投入	第一产业	20	0	20	60	100
	第二产业	10	30	0	60	100
	第三产业	0	10	10	30	50
增加值	劳动者报酬	30	35	10		
	资本	40	25	10		
总投入		100	100	50		

计算直接消耗系数矩阵 A 和完全消耗系数矩阵 B。

1. 直接消耗系数矩阵 A

$$A = \begin{bmatrix} \dfrac{20}{100} & \dfrac{0}{100} & \dfrac{20}{50} \\ \dfrac{10}{100} & \dfrac{30}{100} & \dfrac{0}{50} \\ \dfrac{0}{100} & \dfrac{10}{100} & \dfrac{10}{50} \end{bmatrix} = \begin{bmatrix} 0.2 & 0 & 0.4 \\ 0.1 & 0.3 & 0 \\ 0 & 0.1 & 0.2 \end{bmatrix}$$

$$\boldsymbol{I}-\boldsymbol{A} = \begin{bmatrix} 0.8 & 0 & -0.4 \\ -0.1 & 0.7 & 0 \\ 0 & -0.1 & 0.8 \end{bmatrix}, \quad (\boldsymbol{I}-\boldsymbol{A})^{-1} = \begin{bmatrix} 1.2613 & 0.0901 & 0.6306 \\ 0.1802 & 1.4414 & 0.0901 \\ 0.0225 & 0.1802 & 1.2613 \end{bmatrix}$$

2. 完全消耗系数矩阵 $\boldsymbol{B}$

$$\boldsymbol{B} = (\boldsymbol{I}-\boldsymbol{A})^{-1} - \boldsymbol{I} = \begin{bmatrix} 0.2613 & 0.0901 & 0.6306 \\ 0.1802 & 0.4414 & 0.0901 \\ 0.0225 & 0.1802 & 0.2613 \end{bmatrix}$$

（二）实例分析

下面以四川省2012年42部门的投入产出表为基础，开展实例分析。

1. 将42部门的投入产出表压缩成三产业分类的投入产出表

依据中国统计出版社出版的《中国2012年投入产出表》，参考中国2012年投入产出表部门分类解释及代码部分的分类，先进行行压缩，再进行列压缩，变成三产业分类的投入产出表，单位改为亿元。第一产业包括01农林牧渔产品和服务，第二产业从02煤炭采选产品到28建筑，第三产业从29批发和零售到42公共管理、社会保障和社会组织。出口包括国内省外流出，进口包括国内省外流入。其他并入出口。四川省2012年3部门投入产出见表5-5。

表5-5 四川省2012年3部门投入产出表 亿元

投入		中 间 使 用				最 终 使 用							进口	总产出
		第一产业	第二产业	第三产业	中间使用合计	最终消费支出			资本形成总额	出口	最终使用合计			
						居民消费支出	政府消费支出	合计						
中间投入	第一产业	788	2441	263	3492	1644	26	1671	354	144	2169		228	5433
	第二产业	1085	25354	3312	29751	4063	0	4063	10884	6079	21026		6827	43950
	第三产业	263	3822	3262	7346	3388	2805	6193	1258	527	7978		245	15079
	中间投入合计	2136	31617	6837	40589	9095	2831	11927	12496	6750	31173		7300	64462
增加值	劳动者报酬	3178	5113	3436	11727									
	生产税净额	8	1273	1118	2399									
	固定资产折旧	111	1973	1222	3305									
	营业盈余	0	3975	2466	6441									
	增加值合计	3297	12333	8242	23873									
总投入		5433	43950	15079	64462									

1）直接消耗系数

$a_{ij} = \dfrac{x_{ij}}{X_j}$，计算得

$$A = \begin{bmatrix} 0.1450 & 0.0555 & 0.0174 \\ 0.1997 & 0.5769 & 0.2197 \\ 0.0484 & 0.0870 & 0.2163 \end{bmatrix}$$

2）Leontief 逆矩阵

投入产出表中总产品、中间产品和最终产品有式（5-1）的关系，为 Leontief 模型：

$$AX + Y = X$$

$$A = \begin{bmatrix} 0.1450 & 0.0555 & 0.0174 \\ 0.1997 & 0.5769 & 0.2197 \\ 0.0484 & 0.0870 & 0.2163 \end{bmatrix}$$

$$I - A = \begin{bmatrix} 0.8550 & -0.0555 & -0.0174 \\ -0.1997 & 0.4231 & -0.2197 \\ -0.0484 & -0.0870 & 0.7837 \end{bmatrix}$$

$$(I - A)^{-1} = \begin{bmatrix} 1.2149 & 0.1751 & 0.0761 \\ 0.6497 & 2.6015 & 0.7437 \\ 0.1471 & 0.2995 & 1.3632 \end{bmatrix}$$

3）完全消耗系数

$$B = (I - A)^{-1} - I = \begin{bmatrix} 0.2149 & 0.1751 & 0.0761 \\ 0.6497 & 1.6015 & 0.7437 \\ 0.1471 & 0.2995 & 0.3632 \end{bmatrix}$$

4）Ghosh 逆矩阵

投入产出表中总投入、中间投入和初始投入有式（5-2）的关系，为 Ghosh 模型：

$$X'H + V' = X'$$

$$H = \begin{bmatrix} 0.1450 & 0.4493 & 0.0483 \\ 0.0247 & 0.5769 & 0.0754 \\ 0.0174 & 0.2534 & 0.2163 \end{bmatrix}$$

$$I - H = \begin{bmatrix} 0.8550 & -0.4493 & -0.0483 \\ -0.0247 & 0.4231 & -0.0754 \\ -0.0174 & -0.2534 & 0.7837 \end{bmatrix}$$

$$(I - H)^{-1} = \begin{bmatrix} 1.2149 & 1.4166 & 0.2111 \\ 0.0803 & 2.6015 & 0.2551 \\ 0.0530 & 0.8728 & 1.3632 \end{bmatrix}$$

第四节　地震灾害间接损失评估实例

一、2013 年芦山 7.0 级地震基本情况

2013 年 4 月 20 日 8 时 2 分，四川省雅安市芦山县（30.3°N，103.0°E）发生里氏 7.0 级强烈地震，成都市、重庆市、西安市、云南省、长沙市等地震感明显。强震袭来，山崩地裂，大地痉挛，满目疮痍，生命瞬间即逝。地震造成 1.87 万 km² 的大地受灾，其中极重灾区和重灾区 10706 km²，196 人遇难，14785 人受伤。四川省 32 个县（市）约 218.4 万人受灾，上百万人无家可归，生产生活设施遭受重创，生态环境受到严重威胁，主要公路多处塌方、受损，大面积山体滑坡、崩塌、泥石流等次生灾害严重，随时威胁着灾区人民的生命财产安全。

二、投入产出表的编制

按照行业部门属性将四川省 2012 年 42 部门的投入产出表合并为 8 个部门，分别是农林牧渔业、采掘制造建筑业、电热燃水业、批零交通住餐业、信息软件业、金融业、房地产业和公共管理业。其中，农林牧渔业指的是 01 农林牧渔产品和服务；采掘制造建筑业包括 02 煤炭采选产品到 23 金属制品、机械和设备修理服务，以及 27 建筑；电热燃水业包括 24 电力、热力的生产和供应、25 燃气生产和供应，以及 26 水的生产和供应；批零交通住餐业包括 28 批发和零售、信息软件业、29 交通运输、仓储和邮政，以及 30 住宿和餐饮；信息软件业指的是 31 信息传输、软件和信息技术服务；32 金融业、33 房地产业；公共管理业包括 34 租赁和商务服务到 42 公共管理、社会保障和社会组织。相应地，将汶芦山地震直接经济损失数据也划分为 8 个产业部门（表 5 - 6）。

三、地震灾害间接经济损失估计

合理的灾害损失评估是开展救灾和恢复重建的基础，间接经济损失是科学评价灾害影响不可或缺的组成部分。

地震对经济系统的影响所产生的产业关联损失，可以通过对投入产出系统的外生变量，如最终产出 Y 或初始投入 V 的变化所产生的冲击来模拟。如果这些外生冲击产生的直接影响来自或者就是自然灾害的直接经济损失，那么该投入产出系统可以视为是与自然灾害影响下的经济系统等效。由这一模拟系统产生的间接影响即为自然灾害的间接经济损失（徐嵩龄，1998）。由于供应方向的投入产出模型与产出方向的投入产出模型具有对偶性，因而这两种方法所得的结果应当相同。

在投入产出表中准确地表达灾害直接经济损失与间接经济损失，是正确有效地利用投入产出模型的首要环节。由于地震灾害造成的直接经济损失不仅包括固定资产等最终产出损失，还包括中间消费损失，可将地震灾害的直接经济损失与间接经济损失均归属于总产出层次。另外，我们假定地震灾害并不影响经济系统中的产业结构关系，即整个经济系统的部门关联性保持稳定。

表5-6 四川省2012年8产业部门投入产出表

单位：亿元

投入		农林牧渔业	采掘制造建筑业	电热燃水业	批零交通餐住业	信息软件业	金融业	房地产业	公共管理业	中间使用合计	居民消费支出	政府消费支出	合计	资本形成总额	出口	最终使用合计	进口	总产出
中间投入	农林牧渔业	788	2441	0	239	0	0	0	23	3492	1644	26	1671	354	7	2169	228	5433
	采掘制造建筑业	1039	22154	1104	1169	261	103	99	1375	27303	3699	0	3699	10882	2420	20500	6825	40978
	电热燃水业	46	1443	653	122	34	31	14	104	2448	364	0	364	2	0	526	2	2972
	批零交通餐住业	146	1877	74	515	94	121	52	504	3383	1236	151	1387	499	0	2165	191	5358
	信息软件业	17	269	12	54	150	48	6	85	641	365	0	365	146	0	674	1	1314
	金融业	31	738	102	220	24	259	86	115	1574	385	63	448	0	0	514	39	2049
	房地产业	0	34	2	69	17	42	35	66	265	367	0	367	492	0	833	0	1098
	公共管理业	69	663	51	199	67	68	42	323	1483	1036	2591	3627	121	1	3792	14	5261
	中间投入合计	2136	29620	1997	2587	647	673	336	2594	40589	9095	2831	11927	12496	2428	31173	7300	64462
增加值	劳动者报酬	3178	4859	255	1002	118	353	153	1809	11727								
	生产税净额	8	1240	32	631	79	142	115	151	2399								
	固定资产折旧	111	1585	388	269	190	82	383	299	3305								
	营业盈余	0	3674	300	869	281	798	111	407	6441								
	增加值合计	3297	11358	975	2771	667	1376	762	2666	23873								
总投入		5433	40978	2972	5358	1314	2049	1098	5261	64462								

假设将地震灾害导致的各产业部门直接经济损失看作是最终产品的损失 $\Delta Y = (\Delta Y_1,$ $\Delta Y_2, \cdots, \Delta Y_n)$，那么因地震灾害而导致的产品总损失，即 $\Delta X = (I - A)^{-1} \Delta Y$。也就是说，地震灾害造成的间接经济损失即中间投入的减少，也就是 $\Delta X - \Delta Y$。根据直接消耗系数的定义，该系数只计算了最终产品生产过程中对中间产品的消耗，并没有将中间产品获取中的生产消耗计算在内。因此若采用这种方式估计地震灾害间接经济损失将会造成中间产品生产过程中致灾损失的遗漏。

完全消耗系数一方面考虑到了直接消耗的中间产品，另一方面也涵盖了可能发生的间接消耗中间产品，在计量间接经济损失方面更为全面，计算结果更为接近实际。在此选择完全消耗系数作为地震灾害间接经济损失计算的模型参数

$$B = (I - A)^{-1} - I$$

在产品生产与消耗中，整个国民经济的动态变动则可以用矩阵表示为

$$\begin{bmatrix} \Delta X_1 \\ \Delta X_2 \\ \vdots \\ \Delta X_i \\ \vdots \\ \Delta X_n \end{bmatrix} = \begin{bmatrix} b_{11} & b_{12} & \cdots & b_{1i} & \cdots & b_{1n} \\ b_{21} & b_{22} & \cdots & b_{2i} & \cdots & b_{2n} \\ \vdots & \vdots & & \vdots & & \vdots \\ b_{i1} & b_{i2} & \cdots & b_{ii} & \cdots & b_{in} \\ \vdots & \vdots & & \vdots & & \vdots \\ b_{n1} & b_{n2} & \cdots & b_{ni} & \cdots & b_{nn} \end{bmatrix} \begin{bmatrix} \Delta Y_1 \\ \Delta Y_2 \\ \vdots \\ \Delta Y_i \\ \vdots \\ \Delta Y_n \end{bmatrix} + \begin{bmatrix} \Delta Y_1 \\ \Delta Y_2 \\ \vdots \\ \Delta Y_i \\ \vdots \\ \Delta Y_n \end{bmatrix}$$

将农林牧渔部门看作为 1 部门，而它的直接经济损失就是 ΔX_1，假设其他部门并没有发生直接经济损失，则经济系统的变化为

$$\begin{bmatrix} \Delta X_1 \\ \Delta X_2 \\ \vdots \\ \Delta X_i \\ \vdots \\ \Delta X_n \end{bmatrix} = \begin{bmatrix} b_{11} \Delta Y_1 \\ b_{21} \Delta Y_2 \\ \vdots \\ b_{i1} \Delta Y_i \\ \vdots \\ b_{n1} \Delta Y_n \end{bmatrix} + \begin{bmatrix} \Delta Y_1 \\ 0 \\ \vdots \\ 0 \\ \vdots \\ 0 \end{bmatrix}$$

根据方程可得

$$\Delta X_1 = b_{11} \Delta Y_1 + \Delta Y_1, \quad \Delta Y_1 = \frac{\Delta X_1}{1 + b_{11}}$$

则该部门在这一过程中的间接损失为

$$LI_1 = \Delta X_1 - \Delta Y_1 = b_{11} \Delta Y_1 = \frac{b_{11} \Delta X_1}{1 + b_{11}}$$

其他部门的产业关联损失为

$$LI_i = b_{i1} \Delta Y_1 = \frac{b_{11} \Delta X_1}{1 + b_{11}}, i \neq 1$$

最后，将各部门损失数据求和可得到全社会总产品产业关联损失，即全社会总的间接经济损失。

芦山县"4·20"地震灾害直接经济损失分布，见表5-7。部分部门的损失数据利用

8 个部门固定资产投资（表 5-8）比例来估算各部门因灾产生的直接经济损失。

表5-7　芦山县"4·20"地震灾害直接经济损失分布表

编码	部　　门	直接经济损失/亿元	占总直接损失比例/%
1	农林牧渔业	13.50	2.24
2	采掘制造建筑业	159.49	26.44
3	电热燃水业	114.90	19.05
4	批零交通住餐业	104.50	17.32
5	信息软件业	2.70	0.45
6	金融业	1.82	0.30
7	房地产业	165.33	27.41
8	公共管理业	41.00	6.80
合　计		603.24	100.00

数据来源：《芦山强烈地震雅安抗震救灾志》。

表5-8　2012年四川省8部门固定资产投资数额

编码	部　　门	固定资产投资/亿元	比例/%
1	农林牧渔业	462.68	2.56
2	采掘制造建筑业	5161.68	28.61
3	电热燃水业	1386.41	7.69
4	批零交通住餐业	3059.69	16.96
5	信息软件业	69.89	0.39
6	金融业	47.06	0.26
7	房地产业	4944.05	27.41
8	公共管理业	2907.47	16.12
合　计		18038.92	100.00

数据来源：《2013年四川省统计年鉴》。

根据合并后的2012年四川省8部门的投入产出表，可以计算得到直接消耗系数矩阵 A 和里昂惕夫逆矩阵 $(I-A)^{-1}$。

$$A = \begin{bmatrix} 0.1450 & 0.0596 & 0.0000 & 0.0446 & 0.0000 & 0.0000 & 0.0000 & 0.0044 \\ 0.1912 & 0.5406 & 0.3714 & 0.2181 & 0.1988 & 0.0500 & 0.0906 & 0.2613 \\ 0.0085 & 0.0352 & 0.2196 & 0.0228 & 0.0261 & 0.0150 & 0.0130 & 0.0198 \\ 0.0269 & 0.0458 & 0.0249 & 0.0962 & 0.0717 & 0.0592 & 0.0470 & 0.0958 \\ 0.0031 & 0.0066 & 0.0040 & 0.0100 & 0.1139 & 0.0235 & 0.0057 & 0.0162 \\ 0.0057 & 0.0180 & 0.0342 & 0.0411 & 0.0180 & 0.1264 & 0.0788 & 0.0218 \\ 0.0000 & 0.0008 & 0.0005 & 0.0129 & 0.0133 & 0.0207 & 0.0320 & 0.0125 \\ 0.0128 & 0.0162 & 0.0172 & 0.0371 & 0.0509 & 0.0334 & 0.0386 & 0.0613 \end{bmatrix}$$

$$B = (I-A)^{-1} - I = \begin{bmatrix} 0.2158 & 0.1801 & 0.0923 & 0.1109 & 0.0571 & 0.0244 & 0.0286 & 0.0711 \\ 0.6038 & 1.4710 & 1.2323 & 0.7156 & 0.7058 & 0.2694 & 0.3410 & 0.8128 \\ 0.0444 & 0.1214 & 0.3453 & 0.0717 & 0.0782 & 0.0407 & 0.0395 & 0.0726 \\ 0.0742 & 0.1466 & 0.1158 & 0.1627 & 0.1434 & 0.1016 & 0.0875 & 0.1682 \\ 0.0111 & 0.0240 & 0.0202 & 0.0225 & 0.1390 & 0.0354 & 0.0145 & 0.0301 \\ 0.0269 & 0.0663 & 0.0865 & 0.0767 & 0.0521 & 0.1613 & 0.1082 & 0.0575 \\ 0.0027 & 0.0066 & 0.0062 & 0.0189 & 0.0204 & 0.0276 & 0.0378 & 0.0187 \\ 0.0323 & 0.0570 & 0.0561 & 0.0659 & 0.0845 & 0.0541 & 0.0578 & 0.0927 \end{bmatrix}$$

以农林牧渔业为例，农林牧渔的 $\Delta X_1 = 13.50$，则

$$LI_1 = \Delta X_1 - \Delta Y_1 = \frac{b_{11} \times \Delta X_1}{1 + b_{11}} = \frac{0.2158 \times 13.5}{1 + 0.2158} = 2.3959（亿元）$$

同理，计算其他各部门的间接经济损失分别为：采掘制造建筑业 6.7052 亿元，电热燃水业 0.4926 亿元，批零交通住餐业 0.8236 亿元，信息软件业 0.1229 亿元，金融业 0.2982 亿元，房地产业 0.0296 亿元，公共管理业 0.3591 亿元，合计农林牧渔业的间接经济损失为 11.2271 亿元。

按照上述方法，可以依次计算出其他部门的间接经济损失总额，见表5-9。

表5-9　芦山县"4·20"地震灾害间接经济损失分布

编码	部　门	间接经济损失/亿元	占总间接损失比例/%
1	农林牧渔业	11.23	1.90
2	采掘制造建筑业	133.80	22.62
3	电热燃水业	166.95	28.22
4	批零交通住餐业	111.89	18.91
5	信息软件业	3.04	0.51
6	金融业	1.12	0.19
7	房地产业	113.89	19.25
8	公共管理业	49.67	8.40
合　计		591.59	100.00

练习题

一、名词解释

1. 灾害间接经济损失
2. 投入产出分析
3. 直接消耗系数
4. 完全消耗系数
5. 里昂惕夫逆矩阵
6. 古什逆矩阵

二、案例题

1. 收集"5·12"汶川地震的直接经济损失数据，运用投入产出方法，评估其间接经济损失。

2. 收集其他震级在 5.0 以上的地震直接经济损失数据，运用投入产出方法，评估其间接经济损失。

3. 运用投入产出方法，计算《地震灾害间接经济损失评估》(GB/T 27932—2011）中的案例题。

第六章 基于 CGE 模型的间接经济损 失 评 估

第 一 节 CGE 模 型 简 介

一、CGE 模型国内外研究进展

CGE 模型（Computable General Equilibrium Model，可计算的一般均衡模型）是灾害间接经济损失评估中另一个常用的模型。CGE 模型的基本思想：生产者根据利润最大化或成本最小化原则，在技术约束下，进行最优投入决策，确定最优的供给产量；消费者根据效用最大化原则，在预算约束条件下，进行最优支出决策，确定最优的需求量；均衡价格使最优供给量与需求量相等，资源得到最合理的使用，消费者得到最大的满足，经济达到稳定的均衡状态（Shoven and Whalley，1992）。灾害间接经济损失可以通过在这两个均衡状态下诊断经济变量的变化来估算。经济变量包括就业、生产力水平、福利、相对价格等（Bohringer et al.，2003；Francois and Reinert，1997；Rutherford，1999）。

Rose 是 CGE 模型提出和在灾害研究中应用的倡导者。CGE 模型被成功地用于自然灾害造成供水系统和电力系统中断的波及影响上（Rose and Guha，2004；Rose and Liao，2005）。Rose 等通过考虑供水系统破坏后，供水的节约、替代等经济的内在和外在弹性，对地震后波特兰市供水系统破坏对部门和区域经济影响进行了模拟，并对弹性参数的校正提供了一个算法。CGE 模型为我们提供了评估"生命线"基础设施破坏对经济影响评估的一个有效方法。Tirasirichai and Enke（2007）基于 CGE 模型对地震导致城市桥梁损坏造成的间接影响进行了评估，结果表明，与直接经济损失相比，间接经济损失更显著，因此决策者在灾前和灾后基础设施决策上应加以重视。Tatano and Tsuchiya（2008）则提出用空间可计算一般均衡（Spatial Computable General Equilibrium，SCGE）模型评估交通中断对经济系统造成的影响，并用于日本 Niigata - chuetsu 地震的间接经济损失评估中。研究结果显示，地震导致的灾区交通中断会对灾区以外的地区经济发展产生重要的影响，因此提出应对策略以减轻灾害损失空间波及效应影响的必要性。

ECLAC 于 2003 年发布的《灾害社会经济和环境影响评估手册》的主要生产部门和家庭等的直接经济损失和间接经济损失评估的方法及主要内容，主要采用实地调查评估法评估灾害的间接经济损失，实地调查评估法能够详尽反映灾害影响的具体方面，但是其调查的成本较高，而且对于灾害影响范围较大的事件，不可能对受灾害影响的各个企业全部进行走访统计。

对于 CGE 模型的运用，中国目前还处于起步阶段。20 世纪 90 年代，伴随能源经济 CGE 模型在国际社会应用越发广泛，以及国内对于环境政策评价研究的日益重视，国内学者也开始着手开发中国能源经济 CGE 模型并取得快速进展。这一时期比较有代表性的研究机构与模型平台主要有国务院发展研究中心，在 OECD（Organization for Economic Co-operation and Development，经济合作与发展组织）贸易与环境项目 CGE 模型的基础上构建中国递归动态环境 DRC–CGE 模型，并将其应用于中国经济增长与产业结构变化的能源环境影响分析之中；中国社会科学院数量经济和技术经济研究所与澳大利亚莫纳什大学合作搭建中国 PRCGEM 模型并应用于中国环境政策分析；国家发展和改革委员会能源研究所在日本 AIM 模型的基础上开发中国能源环境综合政策评价模型（IPAC）并对中国中长期排放做出情景研究。IPAC 模型虽为综合评价模型，但其经济模块以 CGE 模型为基础；国家信息中心基于 ORANI 模型和 Monash 模型搭建国家信息中心动态可计算一般均衡模型（SIC–GE）并将其应用于减排政策对我国国际贸易及产业竞争力的影响分析。中国科学院科技政策与管理科学研究所在 Monash 模型的基础上构造我国能源经济动态可计算一般均衡模型（CDECGE）并对中国 2050 年能源需求做出情景分析。清华大学能源环境经济研究所在与美国麻省理工学院（MIT）合作的中国能源气候项目（CECP）中分别开发了中国省级多区域（C–REM）与全球多区域（C–GEM）递归动态 CGE 模型，并用其对中国低碳政策的区域影响与全球影响做出分析，这是目前我国比较典型的基于 CGE 模型的应用。经过十余年的发展，中国已经具有相对完备的单国动态能源经济 CGE 模型体系，并且在能源环境税收影响与减排政策效果评价等领域取得了大量研究成果。

当前，伴随中国能源经济 CGE 建模能力的提升与发展，我国已经开始在单国模型的基础上向省域尺度与全球尺度的多区域动态模型拓展。中国科学院虚拟经济与数据科学研究中心建立了中国 8 个区域递归动态 CGE 模型，并对中国低碳政策的区域影响做出识别。但与发达国家发展了几十年的水平相比，中国的全球能源经济 CGE 模型建模尚处于起步阶段，模型结构与参数取值大多沿袭发达国家的研究成果，缺乏本土化实证分析与校核，尚有许多的基础性工作有待完成。

二、CGE 模型的背景

CGE 模型以经济账户余额和资源约束为限制条件，以模拟经济主体的优化行为的区域经济模型。CGE 模型的思想源于利昂·瓦尔拉斯（Walras）的一般均衡理论；肯尼斯·约瑟夫·阿罗（Arrow）和罗拉尔·德布鲁（Gerard Debreu）对一般均衡模型解的存在性问题进行论证；1960 年，约翰森（Johansen）构建第一个 CGE 模型；1967 年，斯卡夫（Scarf）对均衡价格开创性算法的提出，使一般均衡模型从纯理论模型转化为实际应用成为可能；至此形成了可计算一般均衡理论，并逐步成为一种应用广泛的建模方法。四十多年来，CGE 模型的理论得到不断完善，作为政策分析的有力工具被美国、澳大利亚、日本、中国等多个国家应用于实践中。CGE 模型在社会核算矩阵的基础上进行研究，常被用来分析关税、汇率等各种对外贸易政策，税收政策，环境政策，价格等变动对国家或地区产业结构、环境状况收入分配造成的影响。

三、CGE 模型的基本结构

CGE 模型的前提假设是供给和需求达到均衡，劳动力充分就业。从形式上看，CGE 模型就是描述经济系统供求平衡关系的一组方程，用于研究包括生产者、消费者、政府和外国经济在内的经济主体行为。

1. 生产者行为

在 CGE 模型中，生产者力求在技术和资源约束下优化利润。与生产者相关的方程主要包括描述性方程和优化条件方程。描述性方程主要描述生产者的生产活动，常用柯布—道格拉斯（C‒D）生产函数或常替代弹性（CES）生产函数来描述；优化条件方程则是描述生产者追求利润最优化的一系列方程。

2. 消费者行为

消费包括居民消费和政府消费。与生产者行为类似，消费者行为也包括描述性方程和优化条件方程。在 CGE 模型中，消费者在预算约束下，通过选择商品（包括服务、投资及休闲）的最优组合以实现效用最大化，优化条件是商品的价格等于边际效用。

3. 政府行为

政府是税收、汇率、利率、财政补贴和收入分配政策等各项政策的制定者。将政府视为经济主体，主要考察政府制定的政策对经济体的影响。除此之外，作为消费主体之一的政府，通过各项税费获得收入，并通过公共事业的投入和转移支付等方式进入消费环节。

4. 对外贸易

由于国内外价格的差异性，因此国内商品和进口商品之间是不完全替代的。CGE 模型通常使用常转换弹性方程（Constant Elasticity of Transformation，CET）描述国内商品在出口和国内市场的优化配置，或者使用 Armington 方程来描述在一定相对价格和可替代程度下，如何以最低成本获得国内商品和进口商品的优化组合。对外贸易往往受到各国对外经济政策的影响，如关税和汇率政策。

5. 各种均衡条件

市场均衡条件是 CGE 模型的重点。CGE 模型的市场均衡和相应的预算均衡包括微观均衡和宏观均衡，微观均衡指产品市场、要素市场和资本市场的均衡；宏观市场则有政府预算均衡、居民收支平衡和国际市场均衡。

CGE 模型的建模思路是寻求一个价格向量和数量向量，作为市场供求双方均衡的纽带，满足各均衡条件的方程组的解便是 CGE 模型的最优解。

第二节　SAM　构　建

一、社会核算矩阵的概念

社会核算矩阵（Socia Accounting Matrix，SAM）的出现和发展源于人们对国民核算账户局限性的认识。通常国民核算账户偏重经济总量及增长的核算，但经济增长并不能保证所有人群的生活水平都能有所改善，因此需要了解有关收入分配方面的信息。SAM 表恰好是一套连接所有经济交易（包括生产、收入分配、流通、消费、储蓄和投资等内容），对生产活动、生产要素和社会经济主体进行分解和分类的完整数据体系，它能定量描述一个经济体内部有关生产、要素收入分配、经济主体收入分配和支出的循环关系。通过SAM表，可以很清楚地看到：增加值是如何分配到各生产要素，进而分配到各机构主体（居民、企业、政府），机构主体的收入通过转移支付等手段进行调整后又用于消费支出。用于消费的各种商品又来自各部门的生产活动，并在此过程中创造增加值。消费以外的其他收入则转化为储蓄，并进一步转化为投资。简言之，SAM表可以看作是以数字方式再现经济循环，并着重于反映分配层面。

由于SAM表能准确刻画模型中包含的各种收支均衡关系，因此被用作CGE模型的基础数据集，并被当作CGE模型的基准均衡解。

二、SAM表的基本结构

SAM表的结构是一个方阵，它根据复式记账的原则将各账户的收支情况进行记录，其中行方向记录账户的收入，列方向记录账户支出，同一账户行和列的合计金额是相等的。通常开放经济体的SAM表账户包括以下几类：生产活动账户、商品账户、生产要素账户、机构账户、资本积累（投资储蓄）账户和国外账户。开放经济体的宏观SAM表结构见表6-1。

表6-1　开放经济体的宏观SAM表结构

部　门			支　出										
			生产活动		生产要素		机构			资本		世界其他地区	合计
			活动	商品	劳动力	资本	居民	企业	政府	资本	存货		
收入	生产活动	活动		国内生产国内供给								出口	总产出
		商品	中间投入				居民消费		政府消费	固定资本形成额	存货增加		国内总需求
	生产要素	劳动力	劳动报酬										要素收入
		资本	固定资产折旧+企业盈余										要素收入
	机构	居民			劳动报酬	资本收入		企业转移支付	政府转移支付			国外收益	居民收入
		企业				固定资产折旧+企业盈余			政府转移支付				企业收入

表6-1（续）

部门		支出										
		生产活动		生产要素		机构			资本		世界其他地区	合计
		活动	商品	劳动力	资本	居民	企业	政府	资本	存货		
收入	机构 政府	间接税	进口关税			个人所得税	企业直接税				国外收入	政府收入
	资本 资本					居民储蓄	企业储蓄	政府储蓄			国外净储蓄	储蓄总额
	资本 存货								存货投资			存货变动
	世界其他地区		进口		国外资投资收益			对国外的支付				国外收入
	合计	总投入	国内总供给	要素支出	要素支出	居民支出	企业支出	政府支出	总投资	存货变动	国外支出	

SAM 表各账户的主要核算内容如下。

"生产活动"账户核算生产者的生产活动。与"生产活动"对应的是投入产出核算中的生产部门，反映中间投入的生产关系。账户的行方向表示生产活动的收入来自各种不同商品的供应，行的总和构成生产活动的总产出；账户的列方向表示生产活动的投入，即向"生产要素"和"商品"账户支出以获得中间投入和要素投入，并且还需向"机构"（政府）支付生产税，列的总和构成生产活动的总成本。

"商品"账户核算各种商品的供应来源和使用。账户的行方向反映国内各机构和世界其他地区购买或使用各种商品的情况，核算的是对"生产活动"的中间投入、各经济主体的最终使用及出口，行的总和构成对各种商品的总需求；账户的列方向表示本国或国外各种商品的来源，把国内生产活动的供给和进口加上进口环节税收就构成了国内市场的总供给。

"生产要素"账户核算各种要素的收入和要素收入在要素提供者之间的分配。账户的行方向反映各要素从生产活动中获得的要素报酬，反映初次分配；账户的列方向则描述的是要素收入在生产要素提供者即机构间的分配。

"机构"账户核算各机构的收入来源和各项支出。账户的行方向反映机构的收入来源与要素收入和机构间的转移，行的总和是各机构的总收入；账户的列方向反映机构的收入使用情况，除部分转移支出外，其余收入都在储蓄和消费之间分配，列的总和反映机构总支出。

"资本"账户核算社会的总资本来源和使用。账户的行方向反映各机构的资本来源于储蓄和机构间的资本转移，行的总和表示总储蓄；列的总和反映社会的总投资。

世界其他地区账户核算与国外有关的交易。账户的行方向反映国外各种商品的进口和支付给国外要素的报酬；账户的列方向则反映商品的出口和从国外得到的各项净收入。

第三节　CGE 模型构建

一、典型生产函数模型

厂商进行生产的过程就是从投入生产要素到生产出产品的过程。在西方经济学中，生产要素一般被划分为劳动、土地、资本和企业家才能这四种类型。劳动指人类在生产过程中提供的体力和智力的总和。土地不仅指土地本身，还包括地上和地下的一切自然资源，如森林、江河湖泊、海洋和矿藏等。资本可以表现为实物形态或货币形态。资本的实物形态又称为资本品或投资品，如厂房、机器设备、动力燃料、原材料等。资本的货币形态通常称为货币资本。企业家才能指企业家组织建立和经营管理企业的才能。通过对生产要素的运用，厂商可以提供各种实物产品，如房屋、食品、机器、日用品等，也可以提供各种无形产品即劳务，如理发、医疗、金融服务、旅游服务等。

生产函数是生产过程中投入与其产出之间的一种函数关系，即一定时期内，在技术水平不变的情况下，投入生产要素的某种组合与其所能产出的最大产量之间的关系，一般可以写为

$$Y = f(K, L, A, \cdots) \tag{6-1}$$

式中　Y——产出；

　　　　K——资本；

　　　　L——劳动力；

　　　　A——技术。

1928 年，Cobb and Douglas 建立了 C－D 生产函数，也是目前应用较为广泛的生产函数，即 $Y = AL^\alpha K^\beta$，（$\alpha + \beta = 1$）；1937 年，Douglas 等建立了 C－D 生产函数的改进型，即 $Y = AL^\alpha K^\beta$，（$\alpha + \beta \neq 1$）；1957 年，Solow 建立了 C－D 生产函数的改进型，即 $Y = A(t) L^\alpha K^\beta$；1961 年，Arrow 等建立了具有不变替代弹性的 CES（constant elasticity of substitution）生产函数，$Y = A(\delta K^{-\rho} + (1-\delta) L^{-\rho})^{-\frac{v}{\rho}}$，由于该生产函数的许多优点，目前应用也较为广泛；1968 年，Sato and Hoffman 建立了具有可变替代弹性的 VES（variable elasticity of substitution）生产函数；1973 年，Christensen and Jorgenson 建立了超越对数生产函数。

1. 线性生产函数模型（Linear P. F.）

$$Y = \alpha + \beta_0 K + \beta_1 L \tag{6-2}$$

由于边际技术替代率 $MRTS_{LK} = \dfrac{MP_L}{MP_K} = \dfrac{\partial Y / \partial L}{\partial Y / \partial K} = \dfrac{\beta_1}{\beta_0}$ 为常数，所以 $\sigma = \dfrac{d\ln(K/L)}{d\ln(MP_L/MP_K)} = \infty$，即要素之间具有无限替代性，也就是说在保持产量不变的情况下，一种生产要素可以被另一种生产要素完全替代。

2. 固定投入比例生产函数（里昂惕夫生产函数）

固定投入比例生产函数是指在每一个产量水平上，任何一对要素投入量之间的比例都是固定的。该生产函数的一般形式为

$$Y = \min\left(\frac{L}{u}, \frac{K}{v}\right) \tag{6-3}$$

式中 u——单位产出的劳动投入量;

v——资本投入量。

u 和 v 是投入对产出的固定比例。产出量 Y 所需要的劳动投入量为 $L = uY$,所需要的资本投入量为 $K = vY$,两者之比 $K/L = v/u$ 为常数,即 $d(K/L) = 0$,也就是 $\sigma = \frac{d\ln(K/L)}{d\ln(MP_L/MP_K)} = 0$,意味着在保持产量不变的情况下两种生产要素之间完全不可以替代。

3. C – D 生产函数

1)模型形式

$$y = Ax_1^{\alpha}x_2^{\beta} \tag{6-4}$$

2)模型特点

(1)技术替代率。

$$\frac{\partial y}{\partial x_1} = aAx_1^{\alpha-1}x_2^{\beta}, \quad \frac{\partial y}{\partial x_2} = \beta Ax_1^{\alpha}x_2^{\beta-1}$$

$$\frac{dx_2}{dx_1} = -\frac{\partial y/\partial x_1}{\partial y/\partial x_2} = -\frac{\alpha}{\beta} \times \frac{x_2}{x_1}$$

(2)产出弹性。

参数 α、β 具有明确的经济意义。根据要素的产出弹性定义

$$E_L = \frac{\partial Y}{\partial L} \cdot \frac{L}{Y} = A\alpha L^{\alpha-1}K^{\beta}\frac{L}{Y} = \alpha\frac{AL^{\alpha}K^{\beta}}{Y} = \alpha$$

$$E_K = \frac{\partial Y}{\partial K} \cdot \frac{K}{Y} = A\beta L^{\alpha}K^{\beta-1}\frac{K}{Y} = \beta\frac{AL^{\alpha}K^{\beta}}{Y} = \beta$$

即 α、β 分别为劳动和资本的产出弹性,$0 \leq \alpha \leq 1$,$0 \leq \beta \leq 1$。

(3)规模报酬。

齐次函数:$f(tx) = t^k f(x)$,k 阶齐次函数。

位似函数:一阶齐次单调递增函数。

C – D 函数具有 $\alpha + \beta$ 阶齐次性,且 $\alpha + \beta$ 决定规模报酬

$$f(\lambda L, \lambda K) = A(\lambda L)^{\alpha}(\lambda K)^{\beta} = \lambda^{\alpha+\beta}AL^{\alpha}K^{\beta} = \lambda^{\alpha+\beta}f(L,K)$$

$\alpha + \beta > 1$,称为递增报酬型,表明按现有技术用扩大生产规模来增加产出是有利的。

$\alpha + \beta < 1$,称为递减报酬型,表明按现有技术用扩大生产规模来增加产出是得不偿失的。

$\alpha + \beta = 1$,称为不变报酬型,该生产函数具有一阶齐次性,表明生产效率并不会随着生产规模的扩大而提高,只有提高技术水平,才会提高经济效益。

(4)要素替代弹性 $\sigma = 1$。

根据 $MP_L = \frac{\partial f}{\partial L} = \alpha AL^{\alpha-1}K^{\beta} = \alpha\frac{Y}{L}$ 和 $MP_K = \frac{\partial f}{\partial K} = \beta AL^{\alpha}K^{\beta-1} = \beta\frac{Y}{K}$

有 $MRTS_{LK} = \frac{MP_L}{MP_K} = \frac{\alpha Y/L}{\beta Y/K} = \frac{\alpha K}{\beta L}$, 即

$$\sigma = \frac{\mathrm{d}(K/L)/(K/L)}{\mathrm{d}(MP_L/MP_K)/(MP_L/MP_K)} = \frac{\mathrm{dln}(K/L)}{\mathrm{dln}(\alpha K/\beta L)} = \frac{\mathrm{dln}(K/L)}{\mathrm{d}(\ln(\alpha/\beta) + \ln(K/L))} = 1$$

由于 C – D 生产函数的参数具有明确的经济意义，并且与要素之间具有无限替代弹性的线性生产函数和要素之间完全不可以替代的固定投入比例生产函数相比较，C – D 生产函数的替代弹性为 1，更加贴近现实生活，所以该生产函数应用广泛。

改进的 C – D 生产函数

$$Y = A(t)K^{\alpha}L^{\beta} \tag{6-5}$$

$$Y = A_0(1+r)^t K^{\alpha}L^{\beta} \tag{6-6}$$

$$Y = A_0 \mathrm{e}^{\lambda t}K^{\alpha}L^{\beta} \tag{6-7}$$

4. 不变替代弹性（CES）生产函数

1）模型形式

1961 年，Arrow 等建立了具有 CES 生产函数

$$Y = A(\delta K^{-\rho} + (1-\delta)L^{-\rho})^{-\frac{v}{\rho}} \tag{6-8}$$

式中　A——效率参数，反映技术进步程度，$A > 0$。

δ——分布参数，反映资本密集程度，$0 < \delta < 1$。

ρ——替代参数，$\rho > -1$。

v——规模报酬参数，$v = 1$，表示规模报酬不变；$v > 1$，表示规模报酬递增；$v < 1$，表示规模报酬递减。

2）模型特点

（1）与线性生产函数和 C – D 生产函数的关系。

线性生产函数是 CES 生产函数在具有完全替代弹性且规模报酬不变时的特例，即，当 $v = 1$，$\rho = -1$，也就是 $\sigma = \infty$ 时，$Y = A(\delta K + (1-\delta)L)$。

C – D 生产函数是 CES 生产函数在具有替代弹性为 1 且规模报酬不变时的特例，即当 $v = 1$，$\rho \to 0$，也就是 $\sigma \to 1$ 时，对 CES 生产函数两边取对数 $\ln Y = \ln A - \frac{v}{\rho}\ln(\delta K^{-\rho} + (1-\delta)L^{-\rho})$，经过变形可得到 $Y = AK^{\delta}L^{(1-\delta)}$。

（2）CES 生产函数的替代弹性为常数。

由于

$$MP_L = \frac{\partial Y}{\partial L} = v(1-\delta)A^{-\frac{\rho}{v}}Y^{1+\frac{\rho}{v}}L^{-(1+\rho)}, \quad MP_K = \frac{\partial Y}{\partial K} = v\delta A^{-\frac{\rho}{v}}Y^{1+\frac{\rho}{v}}K^{-(1+\rho)}$$

$$\frac{MP_L}{MP_K} = \frac{1-\delta}{\delta}\left(\frac{L}{K}\right)^{-(1+\rho)}$$

则

$$\sigma = \frac{\mathrm{d}(K/L)/(K/L)}{\mathrm{d}(MP_L/MP_K)/(MP_L/MP_K)} = \frac{\mathrm{dln}(K/L)}{\mathrm{d}(\ln(1-\delta/\delta) + (1+\rho)\ln(K/L))} = \frac{1}{1+\rho}$$

（3）CES 生产函数的产出弹性不是不变的，而是随时间的变化而变化的，是动态的，受到资本和劳动之间的比值的影响。

$$\alpha = \frac{\partial Y}{\partial L} \cdot \frac{L}{Y} = A\left(-\frac{v}{\rho}\right)(\delta K^{-\rho} + (1-\delta)L^{-\rho})^{-(\frac{v}{\rho}+1)}(1-\delta)(-\rho)L^{-(\rho+1)}\frac{L}{Y} = \frac{v}{1 + \frac{\delta}{(1-\delta)}\left(\frac{L}{K}\right)^{\rho}}$$

$$\beta = \frac{\partial Y}{\partial K} \cdot \frac{K}{Y} = A\left(-\frac{v}{\rho}\right)(\delta K^{-\rho} + (1-\delta)L^{-\rho})^{-\left(\frac{v}{\rho}+1\right)}\delta(-\rho)K^{-(\rho+1)} = \frac{v}{1 + \frac{(1-\delta)}{\delta}\left(\frac{K}{L}\right)^{\rho}}$$

由以上分析可以看出，CES 生产函数隐含着可变的生产弹性，引入了规模参数 v，并且打破了 C – D 生产函数的要素替代弹性 $\sigma = 1$ 的限制，扩展了生产函数的研究领域。

C – D 生产函数和 CES 生产函数有一个共同点，它们都是希克斯（Hicks）中性生产函数（即具有 $y = AF(K,L)$ 的形式）。同时，C – D 生产函数是 CES 生产函数的一种特殊情况。

在 C – D 生产函数中，弹性是恒定的，而在 CES 生产函数中，弹性是可变的，并与资金装备率（即所谓的技术系数）K/L 有关。就这一点而言，CES 生产函数要比 C – D 生产函数要合乎实际。

在 C – D 生产函数中，不仅隐含假定了替代弹性不变，而且恒为 1，即所谓的单位替代弹性。在 CES 生产函数中，虽然也隐含替代弹性不变的假设，但并不一定等于 1。

3）参数估计

第一种方法，由 $\frac{MP_L}{MP_K} = \frac{\omega}{\gamma}$ 和 $\frac{MP_L}{MP_K} = \frac{1-\delta}{\delta}\left(\frac{L}{K}\right)^{-(1+\rho)}$，有 $\frac{\omega}{\gamma} = \frac{1-\delta}{\delta}\left(\frac{L}{K}\right)^{-(1+\rho)}$，将其变形为

$$\ln\frac{\omega}{\gamma} = \ln\frac{1-\delta}{\delta} + (1+\rho)\ln\left(\frac{K}{L}\right) = \beta_0 + \beta_1\ln\left(\frac{K}{L}\right) \tag{6-9}$$

其中，$\beta_0 = \ln\frac{1-\delta}{\delta}$，$\beta_1 = 1 + \rho$。对其应用 OLS 即可求得参数 $\hat{\rho}$、$\hat{\delta}$，再将其代入关系式

$$\ln Y = \ln A - \frac{v}{\rho}\ln(\delta K^{-\rho} + (1-\delta)L^{-\rho})$$

可得到 $\hat{v}$、$\hat{A}$。

第二种方法，直接估计法。将 CES 生产函数 $Y = A(\delta K^{-\rho} + (1-\delta)L^{-\rho})^{-\frac{v}{\rho}}$ 两边取对数，得 $\ln Y = \ln A - \frac{v}{\rho}\ln(\delta K^{-\rho} + (1-\delta)L^{-\rho})$，再将 $\ln(\delta K^{-\rho} + (1-\delta)L^{-\rho})$ 在 $\rho = 0$ 处按泰勒级数展开，取到二阶项，得

$$\ln Y = \ln A + \delta v\ln K + (1-\delta)v\ln L - \frac{1}{2}\rho v\delta(1-\delta)\left(\ln\left(\frac{K}{L}\right)\right)^2$$

该式是一个线性方程式，可运用最小二乘法求出 $\ln A$、δv、$(1-\delta)v$、$-\frac{1}{2}\rho v\delta(1-\delta)$，进而求出 A、δ、ρ、v。

二、简单的 CGE 模型

这里我们先从一个非常简单的 CGE 模型开始。图 6 – 1 是这个一般均衡经济的流程示意图。这个经济只有一个企业、一个居民，没有政府和国外部门。

这个经济只有两个商品或者生产部门。生产函数仍然是里昂惕夫函数，即用固定投入产出（直接消耗）系数和固定增值消耗系数。要素只有一个"劳动"。不过，我们添加了

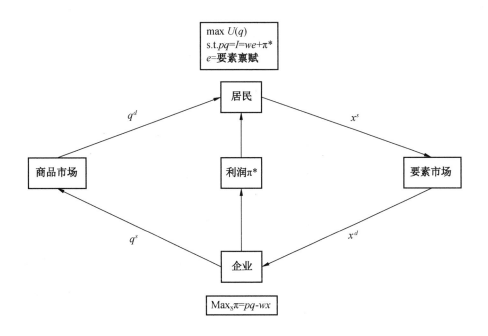

图6-1　一般均衡经济的流程示意图

闭合，从而成为一个完整的CGE模型。这个闭合需要一个非线性的需求函数，即从要素禀赋开始到要素收入，到对各部门产品的最终需求（使用）。注意这个闭合在投入产出模型中是没有的。

表6-2是价值型投入产出表，q为商品数量，h为居民的商品需求量，l为劳动要素投入，这些都是名义变量。

表6-2　价 值 型 投 入 产 出 表

项　目	中间使用	中间使用	最终使用	总产出
中间投入	q_{11}	q_{12}	h_1	q_1
中间投入	q_{21}	q_{22}	h_2	q_2
增值	l_1	l_2	=国内生产总值	
总投入	q_1	q_2		=社会总产出

在表6-2的基础上改制成SAM表，并进一步将实际变量和价格显示，描述性SAM表见表6-3。其中，q、h、x是产出、消费和劳动变量的不受价格影响的实际数量，w为要素价格，p为商品价格。只有居民总收入Y在本表中是名义变量。

表6-3 描述性SAM表

项 目	商品/活动1	商品/活动2	要素（劳动）	居民	汇总
商品/活动1	p_1q_{11}	p_1q_{12}		p_1h_1	p_1q_1
商品/活动2	p_2q_{21}	p_2q_{22}		p_2h_2	p_2q_2
要素（劳动）	wx_1	wx_2			$w \cdot e$
居民			$w \cdot e$		Y
汇总	p_1q_1	p_2q_2	$w \cdot e$	Y	

将具体数据代入，得到表6-4的SAM表。

表6-4 SAM表

项 目	商品/活动1	商品/活动2	要素（劳动）	居民	汇总
商品/活动1	4	3		3	10
商品/活动2	2	5		6	13
要素（劳动）	4	5			9
居民			9		9
汇总	10	13	9	9	

按照SAM表，设置一个简单的两部门的CGE模型。这个CGE模型方程的生产函数仍然是里昂惕夫函数，有中间投入部分的投入产出系数 α_{11}、α_{12}、α_{21}、α_{22} 和增值部分的要素消耗系数 α_{n1}、α_{n2}。从里昂惕夫生产函数导出的优化条件

$$p_1 = p_1\alpha_{11} + p_2\alpha_{21} + \omega\alpha_{n1} \tag{6-10}$$

$$p_2 = p_1\alpha_{12} + p_2\alpha_{22} + \omega\alpha_{n2} \tag{6-11}$$

上述等式隐含了商品供应函数。因为这个生产函数是规模报酬不变的，在上面的条件满足下，企业已经利润最大化，愿意在满足这个条件下供应任何数量的商品 q_1 和 q_2。因此，商品供应量 q_1 和 q_2 并没有在上述等式上显性地显示出来。要理解这一点，以商品部门1为例，将两边乘以数量 q_1，有

$$p_1q_1 = p_1\alpha_{11}q_1 + p_2\alpha_{21}q_1 + \omega\alpha_{n1}q_1 \tag{6-12}$$

等式的等号左边是企业销售收入，右边是生产成本，利润为

$$\pi_1 = p_1q_1 - (p_1\alpha_{11}q_1 + p_2\alpha_{21}q_1 + \omega\alpha_{n1}q_1) = (p_1 - p_1\alpha_{11} - p_2\alpha_{21} - \omega\alpha_{n1})q_1 \tag{6-13}$$

设括号里表达为

$$v_1 = (p_1 - p_1\alpha_{11} - p_2\alpha_{21} - \omega\alpha_{n1})q_1 \tag{6-14}$$

从等式（6-14）可以看出，企业追求利润最大化的结果分别为：如果 $v_1 > 0$，生产越多利润越大，供应量 q^* 趋向无穷大，因此一般均衡点不存在。如果 $v_1 < 0$，只要生产

就会亏本，因此企业停止生产，也无法得到产量为止的均衡点。如来 $v_1 = 0$，经济利润是零，企业不赚也不亏，因此供应量 q^* 为任意非负数 $q^* = [0, \infty)$。只要有需求，就可能存在均衡点。因此，式（6-10）和式（6-11）起到的实际功能也是里昂惕夫生产技术的商品供应函数，虽然该函数在投入产出模型和 CGE 文献中又被称为价格函数。

上述里昂惕夫生产函数导出的要素需求为

$$\alpha_{n1} q_1 = x_1 \tag{6-15}$$

$$\alpha_{n2} q_2 = x_2 \tag{6-16}$$

居民的劳动禀赋为 e，要素总供给也为 e。居民收入是从提供要素得到的收入加上作为企业股东得到的利润

$$Y = \omega \cdot e + \pi \tag{6-17}$$

但是由于生产函数规模报酬不变，利润 $\pi = 0$，上述等式简化为

$$Y = \omega \cdot e \tag{6-18}$$

居民的效用函数是 C-D 生产函数，这里用 h_i 来记居民对商品 i 的需求，由此导出的商品消费需求函数为

$$p_1 h_1 = \alpha Y \tag{6-19}$$

$$p_2 h_2 = (1 - \alpha) Y \tag{6-20}$$

商品市场出清的条件是中间投入 + 消费需求 = 产出量

$$\alpha_{11} q_1 + \alpha_{12} q_2 + h_1 = q_1 \tag{6-21}$$

$$\alpha_{21} q_1 + \alpha_{22} q_2 + h_2 = q_2 \tag{6-22}$$

要素市场出清条件

$$x_1 + x_2 = e \tag{6-23}$$

整理后将该 CGE 模型重复如下

$$p_1 = p_1 \alpha_{11} + p_2 \alpha_{21} + \omega \alpha_{n1} \tag{6-24}$$

$$p_2 = p_1 \alpha_{12} + p_2 \alpha_{22} + \omega \alpha_{n2} \tag{6-25}$$

$$\alpha_{n1} q_1 = x_1 \tag{6-26}$$

$$\alpha_{n2} q_2 = x_2 \tag{6-27}$$

$$Y = \omega \cdot e \tag{6-28}$$

$$p_1 h_1 = \alpha Y \tag{6-29}$$

$$p_2 h_2 = (1 - \alpha) Y \tag{6-30}$$

$$\alpha_{11} q_1 + \alpha_{12} q_2 + h_1 = q_1 \tag{6-31}$$

$$\alpha_{21} q_1 + \alpha_{22} q_2 + h_2 = q_2 \tag{6-32}$$

$$x_1 + x_2 = e \tag{6-33}$$

该 CGE 模型包括上述式（6-24）~式（6-33）一共 10 个等式，10 个内生变量为 q_1、q_2、h_1、h_2、x_1、x_2、Y、p_1、p_2、ω。外生变量为劳动禀赋 e。外生的参数为 α_{11}、α_{12}、α_{21}、α_{22}、α_{n1}、α_{n2}、α。这个模型虽然简单，但是已经超过了投入产出模型的框架，是一个 CGE 模型。这是因为这个模型已经包含了下面的宏观闭合（closure），即居民从要素投入到获取货币收入，而这个要素投入又等于供给。

$$\omega (\alpha_{n1} q_1 + \alpha_{n2} q_2) = Y = \omega e \tag{6-34}$$

给定货币收入和商品价格，在效用最大化下形成了对商品的消费需求。

$$p_1 h_1 = \alpha Y \tag{6-35}$$

$$p_2 h_2 = (1 - \alpha) Y \tag{6-36}$$

从而完成了一个一般均衡要求的闭合，然后有商品和要素市场同时出清。

$$p_1 h_1 + p_2 h_2 = Y \tag{6-37}$$

这是一个完整的 CGE 模型，具有一个完整的如图 6-1 所表现的在要素和商品市场上由供需双方在特定价格上达到的供需平衡。和一般投入产出模型不同，它有商品的需求函数，加上从居民收入到需求函数的闭合，形成了一个关键链接，完成了 CGE 模型所要求的完整经济的结构。不过，它的生产函数还是里昂惕夫的，因此，不能研究投入之间随着价格变化如何相互替代的情况。

瓦尔拉斯法则仍然起作用。这个模型中有 2 个商品和 1 个要素，共 3 个市场。如果其中 2 个市场（3-1=2）出清，剩下的 1 个市场自动出清。

 练习题

一、名词解释

1. 社会核算矩阵

2. 里昂惕夫假设

3. 科布道格拉斯生产函数

4. 不变弹性生产函数

5. 瓦尔拉斯法则

二、思考题

1. 推算一个简单 CGE 模型的均衡条件。

2. 瓦尔拉斯法则在现实中的存在性。

第七章 灾害间接经济损失评估应用分析

第一节 GAMS 软件基本应用

GAMS（General Algebraic Modeling System，一般性代数仿真系统）最初的研究与发展是由国际复兴开发银行（International Bank for Reconstruction and Development）所资助。自1987 年以来，GAMS 的研究与发展已改由 GAMS Development Corporation 所资助。

GAMS Development Corporation 所接手开发的 GAMS 软件，是为了处理模型线性、非线性及混合整数优化的问题。GAMS 尤其适合处理需要构建大型及精确模型、复杂及独特问题的情形，也允许使用者自行快速且简便地修改公式以便于求解其他的问题，甚至于只要稍加费心就能转换线性公式成非线性公式，近年来已广泛地被世界各经济学家所使用。对初学者来讲，需要掌握三个学习重点：解决含有限制式的目标函数优化问题、解决经济上一般平衡的问题、解决非线性系统程序的问题。

一、GAMS 的基本操作

Menus and Windows（菜单和窗口）包括进入 GAMS 系统、File Menu、Edit Menu、Search Menu、Windows Menu、Help Menu 5 个子项。

1. 进入 GAMS 系统

当 GAMS 软件安装好之后，在电脑桌面上会出现 GAMS – IDE 图像，点击此按钮进入 GAMS 系统。

2. File Menu

1）File｜New

打开新的编辑视窗，请选择 File｜New 指令或按键盘 Ctrl + N，即可编写新的 GAMS 程序。

2）File｜Open

打开一个或者多个已存在档案，请点选 File｜Open 指令或按键盘 Ctrl + O，或者在 GAMS 界面中点击文件夹打开按钮，会出现开启档案的视窗，然后按照档案存储的路径开启档案，按 Shift + Ctrl +↓可选择多个 GAMS 档案。

3）File｜Open in New Window

打开一个或多个已存在档案在新的编辑视窗，其操作同 1.1.2。

4）File｜View in Explorer

先开启一个已存在的 GAMS 档案，再选择 File｜View in Explorer 指令，会出现其档案的储存视窗。

5）File｜Run

执行 GAMS 程序，请选择 File｜Run 指令或直接按键盘的 F9，或在 GAMS 界面中点击运行按钮。

6）File｜Save

原档名存储 GAMS 档案，请选择 File｜Save 指令或按键盘 Ctrl＋S，或在 GAMS 界面中点击保存按钮。

7）File｜Save as

更改档名存储 GAMS 档案，请选择 File｜Save as。

8）File｜Close

关闭 GAMS 档案，请选择 File｜Close 指令或点击编辑视窗右上角关闭按钮。

9）File｜Print

打印 GAMS 档案，请选择 File｜Print 指令或者在 GAMS 界面中点击打印按钮。打印之前可选择打印内容，如档案路径及页数（Header & page number）、每列程序的编号（Line numbers）、程序格式打印（Syntax print，如粗体字和斜体字）、彩色打印（Color print）、双面打印（Two pages）、预览打印（Preview）及字型大小和样式（Printer font）等。

10）File｜Preview

打开之前曾经开启过的档案，请选择 File｜Preview 指令。

11）File｜Exit

点选 File｜Exit 指令，或者点击 GAMS 系统视窗右上角，可离开 GAMS 系统。

12）File｜Model Library

点选 File｜Model Library 指令，可打开 GAMS 标准模型图书馆（Open GAMS Model Library）里的范例档案（注重于 Model Type，如 LP 或 NLP 等）。

或者，可打开样式模型图书馆（Open User Model Library）里的范例档案（注重于语法格式，如变数、方程式及模型的宣告），其档名为 modlib. glb，路径如下：C:\Program Files\GAMS22. 6\docs\bigdocs\gams2002\modlib. glb。

13）File｜Project

（1）New Project。点选 File｜Project｜New Project 后，再决定 New Project 的档名（如 Harry Potter）及路径，其功能是所有跟 Harry Potter. gpr 有关的档案都会储存在相同的路径下，gpr 为 Project 的副档名。

（2）Open Project。打开一个已存在的 Project，则 GAMS 系统会要求你储存正在修改中的档案，且会自动关闭。

14）File｜Options

Options 的功能如同 GAMS 系统的管家，总管 GAMS 系统的设定，包括 Editor、Execute、Output、Solvers、Licenses、Colors、File Extensions、Charts/GDX 及 Execute2。

（1）Options｜Editor。可设定字型及其样式和大小、Tab 键的型式及大小、页边空白、段落标记、语法颜色等。

（2）Options｜Execute。设定 GAMS 系统执行程序时的环境，显示执行过程的视窗及执行完成后显示 lst 档的视窗等。

（3）Options｜Output。设定输出档页面宽度和高度、日期和时间的型式，通常页面宽度的范围介于 72 ~ 255，页面高度为 0 或 99999。

（4）Options｜Solvers。显示可使用的 Solvers 和 Model 的型态，以便解决问题。第一行显示可使用的 Solvers，第二行显示 Solvers 的 license 状态。Full 表示可完全使用其 Solvers 的功能，Demo 表示试用版本，可部分使用其 Solvers 的功能。小长方形表示对某个 Model 型态来说，此 Solvers 选择了 GAMS 系统的隐含值；X 表示对某个 Model 型态来说，现行所使用的 Solvers；–（a dash）表示对某个 Model 型态来说，无法使用的 Solvers。

例如，CPLEX 适用于 LP、MIP、MIQCP、QCP 等模型。

（5）Options｜Licenses。在安装 GAMS 系统时，即可上传 license 档案，或者在 Options｜Licenses 选择替代的 license 档案。

（6）Options｜Colors。设定 GAMS 程序语法的颜色［分为前景（Foreground）及背景（Background）］、字体［包括粗体（Bold）、斜体（Italics）］，以及底线（Underline）。例如，保留字（Reserved words），前景为蓝色，背景为 Default 值，粗体字。

3. Edit Menu

1）Edit｜Undo（Ctrl + Z）

回复至上一次更改程序的画面。

2）Edit｜Redo（Shift + Ctrl + Z）

再次回复至上一次更改程序的画面。

3）Edit｜Cut（Ctrl + X）

删除某一段程序内容，并复制到你想要贴上的地方。

4）Edit｜Copy（Ctrl + C）

复制所选择的程序内容。

5）Edit｜Paste（Ctrl + V）

贴上所选择的程序内容。

6）Edit｜Delete

删除所选择的程序内容。

7）Edit｜Select All（Ctrl + A）

选择档案全部的内容。

4. Search Menu

1）Search｜Find（Ctrl + F）

寻找程序里的指令或语法。

2）Search｜Replace（Ctrl + R）

寻找程序里错误的语法，并用正确的语法来取代。

3）Search｜Goto line（Ctrl + G）

输入某列错误程序的号码列数（可由输出档得知此号码列数），并修改其程序。

5. Window Menu

1）Windows｜Cascade

多个编辑视窗呈阶梯式排列。

2）Windows｜Tile Horizontal

多个编辑视窗呈水平排列。

3）Windows｜Tile Vertical

多个编辑视窗呈垂直排列。

6. Help Menu

可查询 GAMS 语法及其操作方法。

1）Help｜GAMSIDE Help Topics

输入帮助主题。

2）可供查询的 GAMS 文件

（1）Help｜GAMS Users Guide。

（2）Help｜Solver Manual。

（3）Help｜Expanded GAMS Guide（McCarl）。

二、GAMS 的程序语法

GAMS 程序基本结构、GAMS 基本成员的语法格式大致如下所述。

（一）声明

1. 集合的声明/宣告（Declaration of sets）

  set set_name optional descriptive text/first element, second element, .../;

2. 数据的声明/宣告（Declaration of data）

数据的声明/宣告包括直接参数赋值（scalar）、集合参数赋值（parameter）、表格赋值（table）三种类型。

  scalar scalar_name optional descriptive text/numerical value/;

  parameter parameter_name（set_dependency）optional descriptive text

      /first element with respect to the associated value, second ele

      ment with respect to the associated value, .../;

  table table_name（set_1, set_2, ...）optional descriptive text

	set_2_element_1	set_2_element_2
set_1_element_1	value_11	value_12
set_1_element_2	value_21	value_22;

3. 变量的声明/宣告（Declaration of variables）

  variable type variable_name（set_dependency）optional descriptive text;

4. 方程式的声明/宣告（Declaration of equations）

  equation equation_name（set_dependency）optional descriptive text;

  Equation_name.. definition of equation;

5. 模型的陈述（Model statement）

  model model_name/all/;

6. 求解方法的陈述（Solve statement）

  solve model_name maximizing objective_function_name using model type;

solve model_name minimizing objective_function_name using model type；

（二）集合和索引

任何 GAMS 程序中，集合是基本的组成部分，它可以使模型程序变得清晰易懂。

集合语句以关键字 set（或 sets）开始，后面跟集合名称，最后是集合元素。其中可以用"text"在集合名称或集合元素后加上解释性文字用来进一步描述前面的集合或元素。

GAMS 程序的集合基本读法规则：

Set set_name［"**text**"］［/**element1**［"**text**"］, **element2**［"**text**"］, . . ./］；

【例题】包含 a、b、c、d 四个元素的集合 S，用数学符号表示为

S = {a, b, c, d}

在 GAMS 程序中，可以写成：

Set G1 /a, b, c, d/；

或者

Set G1 " the first group " /a " the element1 ", b " the element2 ", c " the element3 ", d " the element4 "/；

或者

Set G1 " the first group " /a " the element1 "

b " the element2 "

c " the element3 "

d " the element4 "/；

1. 集合名称

集合名称是一个必须以字母开始的最多有 63 个字母数字字符（alphanumeric charac-ters）构成的标识符（集合名称又称为索引）。例如：

ii15

26

Countries

￥210

$currency in USA

t003

Food&drink

T003

2. 集合元素

每一个集合元素名称由最多 63 个字符长度构成，分为加引号和不加引号两种形式。

不加引号的集合元素名称必须以字母或者数字的形式开始，后面只能跟字母、数字或者"_"符号。例如：

Pho – acid

1987

2009 – march

Novenmer

H2s04

K2_4329

Line + 1

加引号的集合元素名称可以以任何字符开始，后面可以跟任何字符，但两边必须用引号（单引号或双引号）。例如：

"* TOTAL * "

" Month "

"2846 "

"27sy "

' 10% increase '

' Line 1 '

值得注意的是：加引号的集合元素没有值，元素不是数值的概念。

例如，"2846"不是数值2846；集合元素"010"与集合元素"10"不同。

（对于集合元素名称，采用不加引号的形式使用时更为方便，最常用；加引号的形式相对烦琐，容易出错，通常仅仅对于特殊的集合元素，如 no、ne 或者 sum 这样的名称加以使用）。

集合中，元素名称和元素名称之间必须以逗号或者行结束等形式分开。例如：

Set cq　／N210，P304／；

或者

Set cq　／N210

　　　P304／；

注意：GAMS 程序中集合元素两边用斜杠"／"而不是大括号。

3. 关联文本

解释性的文本可以放在集合名称或者集合元素名称后面，起进一步说明和解释的作用。关联文本不能超过 254 个字符，并且放在双引号" "之中。集合中，元素名称和解释文本之间，集合名称与解释文本之间必须以空格来分开。例如：

Set fp "final products "/yncrude　" refined crude（million barrels）", lpg "liquefied petroleum gas（million barrals）", amm "ammonia（million tons）", sulf "sulfer（million tons）"/；

注意：双括号中的关联文本可以由任何字符组成，包括空格、斜线、逗号、货币符号等，只要不超过最长限度即可。

4. 星号（＊）的特殊作用

在 GAMS 程序中，星号（＊）在集合定义中起着特殊的作用。对于连续排列的集合元素，使用星号（＊）可以使得集合元素输入简洁。例如：

Set t "time"

/2001，2002，2003，2004，2005，2006，2007，2008，2009，2010，2011，2012，2013，2014，

2015，2016，2017，2018，2019，2020，2021，2022/；

或者

Set t "time"

/2001

2002

```
2003
2004
2005
2006
2007
2008
2009
2010
2011
2012
2013
2014
2015
2016
2017
2018
2019
2020
2021
2022/;
```

以上例子可以写成为

```
Set t "time"/2001 * 2022/;
```

值得注意的是，对于非数字的集合元素，若集合元素之间的差别仅仅在于某个位置的数字不同，并且前一个集合元素中的数字小于后面集合元素中的数字，而且连续，则也可以使用星号（*）进行简化输入。例如：

```
Set g/a1bc * a30bc/;

Set w/qw201tons * qw400tons/;

Set t1/a20na * a10na/;

Set qy/a1x1 * a9x9/;

Set r/a1 * b9/;

Set g/a01bc * a30bc/;
```

但是，"set g/a1bc * a20bc/;"与"set g/a01bc * a20bc/;"不同。

5. 多重集合的声明

当 GAMS 程序中有两个或两个以上的集合时，一种方法是使用多个 set，另一种方法是使用一个 sets，例如：

```
Set s "sector"/Industry, Agriculture, Servers, Residence, Government, Foreign/;

Set p "province"/Jiangsu, Anhui, Zhejiang, Beijing, Shanghai, Xinjiang/;
```

或者

```
Sets s "sector"/Industry, Agriculture, Servers, Residence, Government, Foreign/

p "province"/Jiangsu, Anhui, Zhejiang, Beijing, Shanghai, Xinjiang/;
```

注意，set 或 sets 必须以"；"结束。

6. alias 语句：集合的多重命名

有时，需要对同一集合使用两个以上的名字。例如，投入产出表行与列，SAM 表中的行与列等，a(i,j)。例如：

set c " commodities "/food, clothing, drinking, tobacco, vegetable/;

alias(c, cp); 或 alias(cp, c);

7. 子集

在现实经济活动中，如出口和进口，由于对外贸易的行业仅仅是全部行业的一部分，因此，对外贸易部门相对全部行业就是一个子集。当一个较大集合的子集需要单独突出时，就需要用子集定义进行声明。子集定义的基本语法：

Set   name1   /element1, element2, element3, element4, element5, .../

　　　　name2（name1） /elementi, .../

　　　　name3（name1） /elementj, .../

例如：

Set   i   " all sectors " /light – ind, food + agr, heavy – ind, services/

　　　t(i)   " traded sectors "   /light – ind, food + agr, heavy – ind/

　　　nt(i) " non – traded sectors "   /services/;

又如：

Sets

I   SECTORS

/

agric   Agriculture

imini   Coal mining and Metal ore mining and Non – ferrous mineral mining

ifood   Manufacture of food products and tobacco processing

itext   Textile goods and Wearing apparel leather furs products

iopro   the other productions in industry

ielec   Electricity steam and hot water production and supply

icook   Petroleum processing and cooking and Gas product and supply

ichem   Chemicals productions

ibuil   the building materiala and Nonmetal mineral products

imetl   Metals smelting and pressing and Metal products

imach   Machinery and equipment

icons   Construction

stran   Transport and warehousing and post

swhol   Wholesale and retail and Eating and drinking places and lodge

sesta   Real estate and rent and business serves

sbank   Finance and insurance

sothe   other social services

/

IE(I)   EXPORT SECTORS

　　　　　/agric, imini, ifood, itext, iopro, ielec, icook, ichem, ibuil, imetl,

imach, icons, stran, swhol, sesta, sbank, sothe/

IA（I） AGRICULTURE SECTOR

　　　　　/agric/

II（I） INDUSTRY AND CONSTRUCTION SECTORS

/imini, ifood, itext, iopro, ielec, icook, ichem, ibuil, imetl, imach, icons/

IS（I） SERVICE SECTORS

/stran, swhol, sesta, sbank, sothe/

ALIAS（I，J）；

（三）数据输入：参数、标量和表格

GAMS 的数据包括直接参数赋值（scalar）、集合参数赋值（parameter）、表格赋值（table）三种类型。

1. 直接参数赋值

直接参数赋值用 scalar（标量）语句，适用于单一（标量）数据输入。这个语句给标量参数赋值，即一个参数名称对应一个具体的数值。应用 scalar 语句用来声明和初始化一个参数，意味着该参数没有相关的集合，因此只有一个与参数有关的数字。

一般来讲，scalar 的 GAMS 语法为

scalar [s] scalar_name [text][/signed_num/]

{scalar_name [text][/signed_num/]}；

Scalar　scalar_name [text]/scalar_number/；

或者

Scalars　scalar_name1 [text]/scalar_number1/

　　　　　scalar_name2 [text]/scalar_number2/

　　　　　scalar_name3 [text]/scalar_number3/；

同集合名称一样，scalar_ name 也必须以字母开始，后面跟最长不超过 63 个字符长度的字母或数字。说明性文本同样不能超过 254 个字符。

例如：

Scalars rho " discount rate "/0. 15/

　　　　alpha " rate of investment profit "/0. 7/

　　　　beta " lifetime of products "/30/

　　　gamma " the number of liquid capital "；

以上语句初始化了参数 rho，alpha 和 beta。以后可以使用一个赋值语句直接赋值：

gamma = 5000；

注意：这个赋值语句只有在参数 gamma 经过 scalar 定义以后才有效。

2. 集合参数赋值

集合参数赋值用 parameter（参数）语句，适用于一维的列或行数据输入。一个集合参数可以被一个或者多个索引序列检索，集合中的元素应该是属于那些已经声明过的索引，元素值与数值之间用空格或等号分开。parameter 的 GAMS 语法为

parameter[s] param_name [text][/element [=] signed_num

　　　　　　　　　　　　　{,element [=] signed num}/]

　　　{,param_name [text][/element [=] signed_num

　　　　　　　　　　　　　{,element [=] signed num}/]}；

例如：

    Set i " market "/beijing, shanghai, tianjing/;

    Parameter dd(i) the price of the real estate

                  /beijing 30000, tianjing 8500/;

集合参数 dd 中的每个元素值都与索引序列中的每一个元素对应，由于对应 i = shanghai 的元素，没有赋值，说明参数 dd(shanghai)暂时定为 0。

集合参数的默认值为零。

Parameter 也可以进行多个一维数列赋值，如：

    Parameters a(i)   /settle = 350, san – diego = 600/

             b(i)   /seattle 2000, san – diego 4500/;

※ parameter 也可以进行简单的二维或多维数据赋值。例如：

    Set i   /row1 ∗ row10/

      j   /column1 ∗ column6/;

      Parameter a(i,j);

      a(i,j) = 2.5;

3. 表格赋值

表格赋值用 table 语句，适用于二维及二维以上的集合参数赋值。表格赋值语句是 GAMS 中唯一的一个格式限定的语句，即表格中的每个元素顺序一定，并且必须与相对应的索引的交叉点位置一致，也即固定的行、列位置。在用表格语句 table 之前，必须用 set 语句来为表格元素确定其在集合中的位置。例如：

    Sets i commodities/food, clothing, drinking, tobacco, vegetable/

      j companies   /company1 ∗ company3/;

    table p(i,j) initial productive units (1000 tons per yr)

	company1	company2	company3
food	3702	12910	9875
clothing	23	517	1207
drinking		181	148
tobacco	207	235	579
vegetable	93719		122;

其中的行坐标由"i"确定，列坐标由"j"确定。注意是由"i""j"在 p(i,j)中的位置确定。

如果一行不足以输入所有列数据的话，则可以用"+"号继续，上例也可以写成

    table p(i,j) initial productive units (1000 tons per yr)

	company1	company2
food	3702	12910
clothing	23	517
drinking		181
tobacco	207	235
vegetable	93719	;

+	company3
food	9875
clothing	1207
drinking	148
tobacco	579
vegetable	122；

注意"＋"号的位置。

表格也可以是多维的，三维的表格例子如下：

Sets i commodities/food, clothing, drinking, tobacco, vegetable/

j companies　/company1 ∗ company3/

c　cities　　/Beijing, shanghai/；

table p(i,c,j) initial productive units (1000 tons per yr)

	company1	company2	company3
food. Beijing	2202	8910	6375
food. Shanghai	1500	4000	3500
clothing. Beijing	15	317	947
clothing. Shanghai	7	200	360
drinking. Beijing		131	28
drinking. Shanghai	0	60	120
tobacco. Beijing	162	115	279
tobacco. Shanghai	45	120	300
vegetable. Beijing	70719		72
vegetable. Shanghai	23000		50；

注意 i、c、j 的位置。

(四) 带参数的基本运算

1. 用索引赋值

例如：

Scalar x/1.5/；

x = 1.2；

x = x + 2；

第一条语句通过 scalar 语句给 x 赋予初始值 1.5；

第二条语句将 x 的值改为 1.2；

第三条语句是将 x 的值改为 3.2。

第二句和第三句都用新值代替了旧值，这样做的前提是标量 x 已经被声明过。

注意所有的赋值语句前需要用分号作为分隔符。

例如：对参数 a 中的 60 个数据元素进行赋值。

Set row/r1 ∗ r10/

　　col/c1 ∗ c6/；

Parameter a(row,col)；

　　　　a(row,col) = 13.2；

也可用索引为集合中的某个元素直接赋值（用双引号或单引号），如：

a("r7","c2")=6；

a(row,"c5")=20；

a("r6",col)=-15；

向量/矩阵的求和运算：

已知 B 矩阵为 B=[1 3 5；9 4 8；7 12 16]，C 矩阵每个元素都是 B 元素的 2.5 倍，则 C 的矩阵定义如下：

```
Set i   /i1,i2,i3/
     j   /j1,j2,j3/；
table b(i,j)
           j1      j2      j3
     i1     1       3       5
     i2     9       4       8
     i3     7      12      16；
parameter  c(i,j)；
     c(i,j)=2.5*b(i,j)；
```

注意：b 矩阵的行与列的顺序。

【例题】已知 B 矩阵为 B=[1 3 5；9 4 8；7 12 16]；C 矩阵为 C=[-2 1；22 20；19 75]，求 D=B+C。

```
Sets i/i1,i2,i3/
      j/j1,j2,j3/
      g/g1,g2/
      h/j1,j2,j3,g1,g2/；
table b(i,j)
        j1   j2   j3
     i1  1    3    5
     i2  9    4    8
     i3  7   12   16；
table c(i,g)
        g1   g2
     i1  -2    1
     i2  22   20
     i3  19   75；
parameter d(i,h)；
     d(i,"j1")=b(i,"j1")；
     d(i,"j2")=b(i,"j2")；
     d(i,"j3")=b(i,"j3")；
     d(i,"g1")=c(i,"g1")；
     d(i,"g2")=c(i,"g2")；
```

或者

```
sets   i  /i1, i2, i3/
```

```
        h    /j1,j2,j3,g1,g2/
            j(h)   /j1,j2,j3/
            g(h)   /g1,g2/;
        table b(i,j)
            j1   j2   j3
        i1   1    3    5
        i2   9    4    8
        i3   7   12   16;
        table c(i,g)
            g1   g2
        i1  -2    1
        i2  22   20
        i3  19   75;
        parameter d(i,h);
        d(i,j)=b(i,j);
        d(i,g)=c(i,g);
```

GAMS 程序中的字母不分大小写，即 P 与 p 完全一样。

2. 利用数学表达式赋值

1）标准数学运算

同其他计算软件一样，在 GAMS 程序中，"＋"、"－"表示加、减运算；"＊"、"／"表示乘、除运算；"＊＊"求幂运算；运算的优先级别与此序相反。可以用括号改变优先级，一般在表达式中使用圆括号。

例如：数学式"$x=(5+7)\div2\times9^2$"，可以写成

"$x=(5+7)/2*9**2$"；

一个数学中的求和计算：

$$TC_i = \sum_j C_{i,j}$$

用 GAMS 语言表达如下：

```
Sets  I  products/food, clothes, drinking, tobacco/
      J  provinces/jiangsu, anhui, zhejiang/
Parameter C(i,j)   productive capacity in tons per day for each province
          TC(i)    total productive capacity in tons per day;
          TC(i)=sum(j,C(i,j));
```

如计算公式为 $\text{count}=\sum_i\sum_j a_{i,j}$ 和 $\text{mp}=\sum_t(l_t\times m_t)$，对应的 GAMS 程序分别为

```
Count=sum((i,j),a(i,j));
Mp=sum(t,l(t)*m(t));
```

另外，还可以利用索引寻找集合中的最大或最小值或者求积，如"$f=\text{smax}((i,h),d(i,h));$"就是在二维集合 d 中寻找最大值并赋值给参数 f；如"$f=\text{smin}((i,h),d(i,h))$"就是在二维集合 d 中寻找最小值并赋值给参数 f。思考"$f(j)=\text{prod}(i,b(i,j))$"和"$f=\text{prod}((i,j),b(i,j))$"的含义？

193

2）函数

GAMS 提供了一些常用的标准函数，表 7 - 1 给出了 GAMS 中所有的可用函数。

表 7 - 1 GAMS 常用函数及其含义

函　　数	功　能　描　述
errorf(x)	标准正态分布的积分（ $-\infty$, x）
exp(x)	指数 e^x
log(x)	自然对数 $\log_e$ （x）
log10(x)	常用对数 $\log_{10}$ （x）
normal(x,y)	均值为 x，方差为 y 的随机正态分布函数
uniform(x,y)	均匀分布在 x 与 y 之间的随机数
abs(x)	x 的绝对值
ceil(x)	x 的上限值，大于等于 x 的最小整数
floor(x)	x 的下限值，小于等于 x 的最大整数
mapval(x)	映射函数
max(x,y，…)	求序列中的最大值
min(x,y，…)	求序列中的最小值
mod(x,y)	求模 x $-$ y * trunc （x/y）
power(x,y)	整数幂 x^y
round(x)	取整，求最接近 x 的整数
sign(x)	符号 1（x＞0）；-1（x＜0）；0（x＝0）
sqrt(x)	x 的平方根
sqr(x)	x 的平方
trunc(x)	Sign(x) * floor(abs(x))
arctan(x)	反正切
cos(x)	余弦
sin(x)	正弦

3）逻辑运算

GAMS 的逻辑运算符，见表 7 - 2。

表7-2 GAMS 的逻辑运算符

操作符	说 明	操作符	说 明
lt，<	小于	ne，<>	不等于
gt，>	大于	not	非
le，<=	小于或等于	and	与
ge，>=	大于或等于	or	或
eq，=	等于	xor	非或

（五）变量

变量同参数一样，在使用之前必须定义（声明），变量同参数的一个重要区别在于它可以设置类型和属性。

1. 变量的类型

变量有 5 种基本类型，见表 7-3。

表7-3 变量的 5 种基本类型

关键字	默认取值下限	默认取值上限	变 量 特 征 描 述
free（默认）	− inf	+ inf	变量取值没有界限要求，使用者可以改变变量的上限和下限
positive	0	+ inf	变量不可以取负值，使用者可以改变变量的上限
negative	− inf	0	变量不可以取正值，使用者可以改变变量的下限
binary	0	1	只能取 0 和 1 的离散变量
integer	0	100	变量取值只能为值域内的整数，使用者可以改变变量的上限和下限

在上述 5 种变量中，free 为默认类型，即如果某变量在 GAMS 程序中没有特别声明，则该变量就是一个没有界限限制的变量，其取值范围为（ −∞ ， +∞ ）。

2. 变量的定义

在 GAMS 程序中，基本的变量语句格式为

[var_type] variable[s] var_name [text]

var_type 是变量类型，不一定在每次变量定义前都使用，可以选用。

variable 是在 GAMS 程序中用来定义或声明变量的内部语句，同 set，table，scalar 一样。当定义或声明的变量仅有一个时使用单数形式；当定义或声明多个变量时，使用复数形式，即 variables。

var_name 是定义变量的名称，必须以字母开始，紧跟着更多的字母或数字，但同其他名称一样，最长不超过 63 个字符。附随的解释性文本用于描述它前面的集合或元素，

文本不能超过 254 个字符，并且必须与它所描述的名称在同一行内。

定义变量类型有两种方式，第一种方式是列出所有变量及其相应的解释文本，然后再分组说明变量类型。例如：

```
variables k(t)    capital stock（million dollars）
          c(t)    consumption（million dollars per year）
          i(t)    investment（million dollars per year）
          trade(t)    net export（million dollars per year）
          utility    utility measure;
positive variables k, c, i;
```

根据上述程序，变量 k，c，i 为正值变量；trade 和 utility 为自由变量（free），其取值范围为（−∞，+∞）。值得注意的是，同 set(s)，scalar(s)，parameter(s)，table(s) 一样，每个 variable 语句必须用分号结束。

第二种方式是根据类型对变量进行分组定义。上例的具有等价为

```
free variables    trade(t)    net export（million dollars per year）
                  utility    utility measure;
positive variables    k(t)    capital stock（million dollars）
                      c(t)    consumption（million dollars per year）
                      i(t)    investment（million dollars per year）;
```

3. 变量属性

在 GAMS 程序结束时，往往需要显示（Display）变量的大小。由于在 GAMS 程序中，参数或系数往往只有一个数值与之对应，而变量（variable）在求解过程中，可能有多种取值，多种属性。因此，需要利用变量的一个附加设置来说明变量的各种属性。GAMS 语言中，每个变量可以有 6 种属性，变量属性见表 7−4。

表 7−4 变 量 属 性

变量属性	变量后缀	属 性 描 述
Lower bound	. lo	变量下限，被使用者设定的准确值或默认值
Upper bound	. up	变量上限，被使用者设定的准确值或默认值
Fixed value	. fx	变量的固定值，使上下限同值
Activity	. l	变量的活动水平值，又称当前值。模型求解后赋予的新值
Marginal or dual value	. m	变量的边际值。模型求解后赋予的新值
Scale value	. scale	变量的比例因子，是非线性规划结果
Branching priority value	. prior	变量分支优先值，仅在混合整数规划模型中使用

例如：

    x. up(c , i , j) = 1000；

    inv. lo = - 1；

    p. fx(" agri ", " mining ", " energy ") = 200；

    c. l(t) = 4 * alpha；

第一个语句为变量 x 中的所有元素设定了一个上限；

第二个语句为变量 inv 设定了一个下限；

第三个语句为变量 p 中的三个元素设定了固定值；

最后一个语句将变量 c 中的所有元素设定为参数 alpha 的 4 倍。

在赋值语句中，语句的顺序有时很重要。下面两对语句将得到两个不同的结果。

    c. fx(" 1990 ") = 1; c. lo(t) = 0. 01；

    c. lo(t) = 0. 01; c. fx(" 1990 ") = 1；

第一种情况下，变量 c(" 1990 ")的下限为 0. 01；第二种情况下，变量 c(" 1990 ")的下限为 1。

所用程序为

    set t the year/1980 * 2000/；

    Variables c(t)   capital stock (million dollars)；

            c. fx(" 1990 ") = 1; c. lo(t) = 0. 01；

    *   c. lo(t) = 0. 01; c. fx(" 1990 ") = 1；

    display   c. lo；

需要注意的事项如下。

（1）后缀 . fx 是后缀 . lo 和后缀 . up 的简写，因此在赋值时只能用在赋值语句的左侧。

（2）在显示语句和赋值语句中，变量必须使用带后缀名 （. lo, . up, . l, . m）。不带后缀名的变量只能出现在变量定义语句和方程定义语句中。

（3）当显示变量的时候必须说明显示变量 6 个相应值中的哪一个，可以通过在变量名称后面附加一个后缀来实现。例如，语句 Display k. l，c. m；分别显示变量 k 的当前值和变量 c 的边际值。后缀不同，显示结果不同。

（六）方程

1. 方程的声明

同参数和变量一样，方程在使用前必须声明。

方程的声明与参数和变量的声明类似，其中可以包括值域和解释文本。方程的名称必须以字母开头，后跟字母或数字（它只能包括文字数字式字符），最长 63 个字符，后附的文本用于描述它前面的集合或元素，文本不能超过 254 个字符，并且必须与其描述的标识符在同一行。语法格式为

    Equation[s] eqn_name   text

例如：

    Equations

        Cost   the residents' consumption function

Supply(i) the supplement for productions of i

Demand(i) the demand for production of i

Tsums the total of supplyment for production i

注意，第一个方程的声明必须在关键词 Equation(s)之后。

2. 方程的定义

方程的定义就是解释 GAMS 语言中的数学方程。GAMS 定义方程的语法格式为

Eqn_name(domain_list).. expression eqn_type expression

其中，"Eqn_ name"是方程名和代数表达式之间必须加入两个圆点".."。

"eqn_ type"是指表达式之间的符号，主要有：

＝e＝ 等于，左边的表达式等于右边的表达式；

＝g＝ 大于，左边的表达式大于右边的表达式；

＝l＝ 小于，左边的表达式小于右边的表达式；

＝n＝ 方程的左边与右边不存在强制性关系。这类方程很少用到。

例如：

Equations vari01(i)

Vari01(i).. consup(i) = salary(i) + transfer(i) − tax(i) − saving(i), or

Vari01(i).. consup(i) + saving(i) = salary(i) + transfer(i) − tax(i),

Equations vari01(i);

Vari01(i).. consup(i) = salary(i) + transfer(i) − tax − saving(i);

Equations vari01;

Vari01.. consup(i) = salary(i) + transfer(i) − tax(i) − saving(i);

Equations vari01;

Vari01.. consup = sum(i, salary(i) + transfer(i) − tax(i) − saving(i));

注意：方程与变量必须是同一索引类型。

有时，在方程中可以使用加引号的标签，如：

Equations vari01;

Vari01.. tconsup1 = consup("richest") + consup("midrich") + consup("rich");

（七）模型

定义模型就是选择进入模型的方程，并给模型命名，使之能被求解。最简单的定义模型的形式就是使用关键词 all，表示在定义模型之前所有被定义的方程都被选进模型。

1. 定义模型

定义模型的语法格式为

Model(s) model_name [text]/all or eqn_name.../

同所有标示符（参数、变量、方程）一样，model_ name 必须以字母开始，后面紧跟字母或数字，长度最多为 10 个字符，解释性文本不能超过 80 个字符，而且必须与其描述的模型名称在同一行。例如，

Model transport "a transportation model"/all/

几个模型可以在一个 model 语句中声明（定义），这在尝试不同的方程解决同一问题

时往往比较方便。例如：

Models nortonl　linear version/cb1, rc1, dfl1, bc1, obj1/
　　　　 nortonn　nonlinear version/cb2, rc2, dfl2, bc2, obj2/;

或者

Model nortonl　linear version/cb1, rc1, dfl1, bc1, obj1/;

Model nortonn　nonlinear version/cb2, rc2, dfl2, bc2, obj2/;

2. 模型分类

GAMS 可以求解各种类型的问题，但求解之前必须明确模型的类型，若 GAMS 程序中确定的模型类型与模型数据不符，则 GAMS 就会发布解释性错误信息。例如，若模型中存在二进制或整数型变量，若使用线性（LP）或非线性（NLP）方法求解，则 GAMS 在运算时就会给出错误提示信息。模型的类型及其描述，见表 7-5。

表 7-5　模型的类型及其描述

模型类型	解 释 说 明
LP	线性规划。模型中没有非线性项或离散（二进制或整数）变量
QLP	二次约束规划。模型中有线性和二次项，但没有一般的非线性项或者离散变量
NLP	非线性规划。模型中有一般的非线性项，仅包含光滑函数，不包含离散变量
MIP	混合整数规划。模型可以包括离散变量，但离散条件是强制的，也即离散变量在其边界内必须取整数值
RMIP	松弛混合整数规划。模型可以包括离散变量，但离散条件是松弛的，也即整数和二进制变量在边界内可取任意值
RMINLP	松弛混合整数非线性规划。模型可以包含离散变量和一般的非线性项，离散条件是松弛的
MINIP	混合整数非线性规划。模型可以包含离散变量和一般的非线性项，离散条件是强制的
MPEC	有均衡约束的数学规划
MCP	混合互补问题
CNS	约束性非线性系统

3. 模型求解

模型定义后，就可以利用求解语句（solve）进行模型求解。Solve 语法格式为

Solve model_name　using model_type　maximizing/minimizing objvar_name;

Solve model_name maximizing/minimizing objvar_name using model_type;

其中，solve 和 using 是保留字；model_ name 是定义的模型名称；objvar_ name 是被优化的目标变量的名称，目标变量必须是标量和 free 类型；model_ type 是模型的类型；maximizing/minimizing 是优化的方向。例如：

Solve transport using lp minimizing cost；

需要注意以下几点：①目标变量必须是标量和 free 类型；②所有方程都被定义，并且至少有一个方程含有目标函数；③每个方程都使用于指定的模型类型（lp 要求方程均为线性方程；nlp 要求每个方程均连续可导）。

（八）结果输出（display）

GAMS 默认的输出内容比较丰富，包括程序清单、错误信息、运行参考图、模型统计、状态报告和结果报告。程序清单将列出带语句序号的所有源程序代码、编译过程中出现的问题；运行参考图和模型统计会列出模型中所有变量和参数属性、独立方程与变量的个数，以及它们之间的关系等模型信息；状态报告会显示计算所用的算法和迭代次数、模型求解结果类型（是否是可行解或是最优解）。

当结果出现"feasible solution"和"optimal solution"，或者"EXIT – Optimal Solution found"和"＊＊＊State：Normal completion"，则表示程序运算成功，得到了最优解。否则，程序出现语法错误提示或者算法和逻辑错误。

一般情况下，Display 语法格式为

Display " text " parameter_name/variable_name. l or. m or . up or. lo

例如：

Set s /s1 ＊ s4/
  t /t1 ＊ t7/；
parameter p(s)/s1 0.33, s3 0.67/；
parameter q(t)/t5 0.33, t7 0.67/；
variable v(s,t)；
v. l(s,t) = p(s)＊q(t)；
display " the first set ", s, " the second set ", t, " then a parameter ", p,
    " the activity level of a variable ", v. l；

通常在 display 语句前，可以加上 optimal 语句以控制输出数值的小数点后显示的位数，其格式为

option decimals = " value "；

其中，value 的值为 0 ~ 8 的整数。如果等于零，则表示不显示小数点后面的数。默认 value = 3。

Set s /s1 ＊ s4/
  t /t1 ＊ t7/；
parameter p(s)/s1 0.33, s3 0.67/；
parameter q(t)/t5 0.33, t7 0.67/；
variable v(s,t)；
v. l(s,t) = p(s)＊q(t)；
option decimals = 4；
display " the first set ", s, " the second set ", t, " then a parameter ", p,
    " the activity level of a variable ", v. l；

（九）GAMS 模型库

GAMS 模型库为新人提供了丰富而翔实的模型案例，这些模型案例几乎包括所有行

业、所有类型的 GAMS 建模问题。如农业经济模型、水资源开发和利用模型、收入分配模型、信贷风险模型、宏观经济模型、税收政策一般均衡模型、地区经济增长模型、二氧化碳排放税模型、投资组合最优化模型、化学平衡模型、非线性回归模型、储蓄模型、石油贸易模型、最佳定价和开采模型、工艺流程结构最优化模型、能源模型、石油战略储备模型、电力规划模型、金融风险管理模型、贸易及资本流动模型、生产调度模型、基本生产和调度模型、随机规划模型等大约 340 个模型。

通过这些模型案例的学习，可以使新人快速掌握应用 GAMS 程序的建模技能，不断提高模型质量，获得成功的捷径。

三、GAMS 特殊符号与命令

（一）条件 $ 符号

$ 符号是 GAMS 中比较有用的运算符之一。$ 与一个逻辑体条件一起应用就构成了 $ 条件式。"$（条件）"可以被读成"在条件成立的情况下"。$ 条件式常常被用于条件赋值语句、条件表达式和条件方程。注意：$ 运算符后不留空格。

例如：if(b>1.5)，then a = 2；

在 GAMS 程序中，用 $ 条件可以表示为

$a\$(b>1.5) = 2；$

以上语句可读为"a 在 b 大于 1.5 条件成立的情况下等于 2"。如果条件不满足，则不赋值。

又如：

$u(k)\$(s(k)\$t(k)) = a(k)；$

上式表明只有在索引 k 中的元素既属于集合 s 也属于集合 t 时，赋值才成立。上式等价于

$u(k)\$(s(k) \text{ and } \$t(k)) = a(k)；$

为增强程序的可读性，建议采用逻辑符号和括号，如：

$Rho(i)\$(sig(i) \text{ ne } 0) = (1/sig(i)) - 1$

上式表明：当 $sig(i)$ 不零时，$rho(i) = (1/sig(i)) - 1$；若 $sig(i)$ 为零时，$rho(i)$ 不赋值。

$x = 2 \$(y > 1.5)$

上式表明：如果 y>1.5，那么 x = 2；否则 x = 0；

$ 在等式左边和在等式右边的区别：

$ 在等式左边，若 $ 条件不成立，则不进行赋值；

$ 在等式右边，若 $ 条件不成立，则赋值为零。

（二）options 命令

Option 是 GAMS 程序中一个有用的选择命令，它一般放在求解命令 solve 语句之前，它可以对输出格式进行控制，并且在求解过程中对运算方式进行选择。

Option 对输出格式的控制功能，见表 7 - 6。

Option 选择结果对求解过程中计算机资源的需求，见表 7 - 7。

表7-6 Option 对输出格式的控制功能

标识符	类型	描　　述
decimals	整数	控制输出参数、变量小数点后个数
Eject		置于下一页的开头
Limcol	整数	方程的列数
Limrow	整数	方程的行数
Solprint	On/off	控制模型解是否输出
Sysout	On/off	控制求解结果文件是否输出

表7-7 Option 选择结果对求解过程中计算机资源的需求

标识符	类型	描　　述
Domlim	整数	限制求解过程中发生值域错误的次数
iterlim	整数	限制求解过程的迭代次数
Reslim	实数	限制求解过程的时间
Optca	实数	对 MIP 类型的模型求绝对优化的解
Optcr	实数	对 MIP 类型的模型求相对优化的解

例如：

　　Option eject, iterlim = 100, solprint = off, reslim = 60;

　　Solve mymodel using lp maximizing profit;

注意：多个选项之间用逗号或者行结束字符进行分隔。

（三）程序控制命令（loop 语句、if - else 语句）

1. Loop 语句

循环语句 loop 经常用在循环或迭代的计算中，去执行一连串的指令。也就是说，在一个循环（loop）里，GAMS 系统会先用集合里的第一个元素去执行循环里的指令，当执行完毕后，GAMS 系统会将集合里的第二个元素重复相同的动作，如此一直重复下去，直到集合里的最后一个元素执行完毕后，GAMS 系统才会跳出循环，继续执行程式里的下一个指令。

Loop 语法的基本格式为

　　Loop（索引［＄条件］，语句）；

　　Loop（set_name, statement or statements to excute）；

例如：

```
set t  /2017 * 2022/；
parameter  pop(t)  2017 年四川省人口(单位：万人)/2017 8289/
           growth(t)  历年人口增长(单位：万人)
       /2017 32，2018 30，2019 20，2020 1，
       2021 2，2022 2/；
loop (t, pop(t + 1) = pop(t) + growth(t))；
display pop；
```

求解结果：

```
8 PARAMETER pop
2017 8289.000，  2018 8321.000，  2019 8351.000，  2020 8371.000
2021 8372.000，  2022 8374.000
```

说明：

$$当 t = 2017 时，pop(2018) = pop(2017 + 1)$$
$$= pop(2017) + growth(2017)$$
$$= 8289 + 32$$
$$= 8321；$$

$$当 t = 2018 时，pop(2019) = pop(2018 + 1)$$
$$= pop(2018) + growth(2018)$$
$$= 8321 + 30$$
$$= 8351；$$

...

$$当 t = 2021 时，pop(2022) = pop(2021 + 1)$$
$$= pop(2021) + growth(2021)$$
$$= 8372 + 2$$
$$= 8374；$$

当 GAMS 系统执行完毕后，即跳出循环，执行程序的下一个指令。

2. if – (elseif) – else 语句

If – else 语句用于程序中的条件转移，在某些情况下，可以用 $ 条件语句替代。由于 if – else 语句与 fortune 语言、visual basic 语言等中 if – else 语句使用类似，因此 if 语句使得 GAMS 程序具有更好的可读性。

if – elseif – else 语句的语法格式为

```
If(条件,
    语句;
  elseif 条件,
      语句;
  else  语句;));
```

注意：if 语句后的括号不能少；条件与语句之间的逗号不能缺；语句后面的分号不能缺。

例如：

```
p(i)$(f<=0) = -1;
p(i)$((f>0) and (f<1)) = p(i)**2;
p(i)$(f>1) = p(i)**3;
q(j)$(f<=0) = -1;
q(j)$((f>0) and (f<5)) = q(j)**2.5;
q(j)$(f>5) = q(j)**4;
set i/i1*i10/
    j/j1*j10/;
parameter p(i)    /i1 1.3,i2 2.5,i3 8.9,i4 4.2,i5 3.5,i6 6.8,i7 0.2
                   i8 5.7,i9 9.2 ,i10 1.3/
          q(j)    /j1 4.2,j2 5.6,j3 4.5,j4 6.9,j5 7.9,j6 4.5,j7 7.2,
                   j8 1.7,j9 1.2,j10 4.7/
          f/7/;
p(i)$(f<=0) = -1;
p(i)$((f>0) and (f<1)) = p(i)**2;
p(i)$(f>1) = p(i)**3;
q(j)$(f<=0) = -1;
q(j)$((f>0) and (f<5)) = q(j)**2.5;
q(j)$(f>5) = q(j)**4;
display p,q,f;
```

或者

```
set i/i1*i10/
    j/j1*j10/;
parameter p(i)    /i1 1.3,i2 2.5,i3 8.9,i4 4.2,i5 3.5,i6 6.8,i7 0.2
                   i8 5.7,i9 9.2 ,i10 1.3/
          q(j)    /j1 4.2,j2 5.6,j3 4.5,j4 6.9,j5 7.9,j6 4.5,j7 7.2,
                   j8 1.7,j9 1.2,j10 4.7/
          f/7/;
if(f<=0,
p(i) = -1;
q(j) = -1;
elseif((f>0) and (f<1)),
p(i) = p(i)**2;
q(j) = q(j)**2.5;
else
p(i) = p(i)**3;
q(j) = q(j)**4;
);
display p,q,f;
```

又如：

```
p(i)$(f<=0) = -1;
```

```
p(i)$((f>0) and (f<1)) = p(i)**2;
p(i)$((f>1) and (f<10)) = p(i)**3;
p(i)$(f>10) = p(i)**5;
q(j)$(f<=0) = -1;
q(j)$((f>0) and (f<1)) = q(j)**2.5;
q(j)$(f>1) = q(j)**4;
set i/i1 * i10/
    j/j1 * j10/;
parameter p(i)    /i1 1.3,i2 2.5,i3 8.9,i4 4.2,i5 3.5,i6 6.8,i7 0.2
                   i8 5.7,i9 9.2 ,i10 1.3/
          q(j)    /j1 4.2,j2 5.6,j3 4.5,j4 6.9,j5 7.9,j6 4.5,j7 7.2,
                   j8 1.7,j9 1.2,j10 4.7/
          f/7/;
if(f<=0,
p(i) = -1;
elseif((f>0) and (f<1)),
p(i) = p(i)**2;
elseif((f>1) and (f<10)),
p(i) = p(i)**3;
else
p(i) = p(i)**5;
);
if(f<=0,
q(j) = -1;
elseif((f>0) and (f<1)),
q(j) = q(j)**2;
else
q(j) = q(j)**3;
);
```

If 语句内不能进行参数或变量声明或者定义方程。

例如：

```
If(s>0,   eq. . sum(i,x(i)) = g = 2);
If(s>0,   Scalary; y = 5;);
```

（四）GAMS 的其他语法及注意事项

1. GAMS 输出档

当 GAMS 程序（即输入档，也就是 filename. gms）被执行完成后，会自动产生一个输出档，也就是 filename. lst。

$Title title - name：定义 lst 档的标题，通常写于输入档中的第一列。

$Stitle subtitle - name：定义 lst 档的子标题。

2. 蓝色粗体字

蓝色粗体字通常代表程序指令（GAMS reversed words）。例如：set、parameter、varia-

205

ble、equation、model、solve 等，也可在 GAMS 界面中点选 File → Options → Color 自行设定指令的颜色。

3. Semicolon (;)

分号通常置于每句 statement 的句尾，表示中止这句 statement command，但要注意中文和英文状态下的不同。

4. 单行注释（single line comments）

（1）在 GAMS 程序中可插入 a single line comment，但必须在每一句句首置入 * 符号，输出档中会显示此 comments 及其行数。

（2）允许在一行中嵌入注释，但必须使用编译器选项 \$inlinecom 或 \$eolcom 来启用它，看下面的例子。

例 1：

```
$eolcom #
$inlinecom | |
x = 1 ; # this is a comment
y = 2 ; | this is also a comment | z = 3 ;
```

例 2：

```
$eolcom //
variables x1, x2, obj;
x1.l   =    10 ; x2.l  = -10 ;      //initial value
 x1.lo = -100 ; x2.lo = -100 ;      //lower bounds
x1.up = 100 ; x2.up  =100 ;         //upper bounds
```

5. 多行注释（multiple line comments）

在 GAMS 程序中也可插入 multiple line comments，通常用于说明此模型的目的或摘要。程序的语法如下：

```
$ontext
Write your comment here
Write your comment here
Write your comment here
$offtext
```

6. Ord 运算语法

Ord（GAMS 的语法），英文全名为 order，表示次序的意思。在 GAMS 用法中，则表示集合中每个元素的位置，并依序给予其一个编号。

范例：假设 2012 年浙江省人口有 46000000 人且每年的人口增长率为 1.5%，若以 2012 年为基准年，求 2012—2022 年之人口各是多少？

GAMS 求解：

```
set t time periods/2012 * 2022/;
parameter pop(t);
pop(t) =46000000 * (1.015 ** (ord(t) -1));
display pop;
```

求解结果：

```
----      7 PARAMETER pop
```

2012 4.600000E +7,	2013 4.669000E +7,	2014 4.739035E +7,
2015 4.810120E +7,	2016 4.882272E +7,	2017 4.955506E +7,
2018 5.029040E +7,	2019 5.105286E +7,	2020 5.181866E +7,
2021 5.259594E +7,	2022 5.338488E +7	

说明：

（1）2012 * 2022 表示 2012—2022 年，* 在这里不是乘法之运算符号。

（2）2022 5.338488E +7 表示 2022 年四川人口约有 53384880 人，5.338488E +7 为科学记述法 5.338488×10^7。

（3）ord（2012）=1、ord（2013）=2、ord（2014）=3，…，依此类推。

7. Card 运算语法

Card（GAMS 的语法），英文全名为 cardinal，表示基数的意思。在 GAMS 用法中，则表示集合中元素的 zon 总个数。

例如：承上述范例，求集合 t 共有几个元素？

GAMS 求解：

```
set t time periods/2012 * 2022/;

parameter s;

s = card(t);

display s;
```

求解结果：

s =11，因为 2012 至 2022 共有 11 个数，表示此集合总共 11 元素。

（五）GAMS 软件与 EXCEL 软件的联合应用

如何将数据从 GAMS 汇出至 Excel？

将数据汇出至 Excel 的 GAMS 程式语法如下：

```
Execute_Unload 'filename. gdx', data_name;

Execute 'Gdxxrw. exe filename. gdx  O = filename. xls  data _ type = data _ name  Rng = Excel
spreadsheet!';
```

其中，第一行的程序语法是表示创造一个新的档案，副档名为 gdx，后面紧接着所要汇出数据的名称。第二行的程序语法则表示将 gdx 档转换成 Excel 档，副档名为 xls，此 Excel 档储存的路径会紧跟着输出档（副档名为 lst）储存的路径，其路径可在输出档结构中最后的部分——File Summary 里找到。

第二行程序语法中的 O 表示 output file，即一个输出的 Excel 档。

要将一个或多个数据汇出至 Excel spreadsheet，首先数据类型（data types）必须很明确地告知 GAMS 系统，数据类型通常包括 set、par、var 及 equ。

Rng 表示要输入汇出数据至 Excel 的格式范围，注意若没有输入此范围则以 Excel 第一页表格的 A1 开始读写数据。

范例：The transportation problem of linear programming

```
$Title The Transportation Problem of Linear Programming

Sets
```

```
                i canning plants/Seattle, San - Diego/;
                j markets/New - York, Chicago, Detroit/;
Parameters
                a(i) capacity of plant i in cases
                        /Seattle 350
                            San - Diego 600/;
                b(j) demand at market j in cases
                        /New - York 325
                            Chicago 300
                            Detroit 275/;
Table d(i,j) distance in thousands of miles
                                    New - York    Chicago    Detroit
                    Seattle             2. 5         1. 7       1. 8
                    San - Diego         2. 5         1. 8       1. 4;
Scalar f freight in dollars per case per thousand miles/90/;
Parameter c(i,j) transport cost in 1000s of dollars per case;
                c(i,j) = f * d(i,j)/1000;
Variables
                x(i,j) shipment quantities in cases
                z total transportation costs in 1000s of dollars;
Positive variable x;
Equations
                cost define objective function
                supply(i) observe supply limit at plant i
                demand(j) satisfy demand at market j;
cost.. z = e = sum((i,j), c(i,j)*x(i,j));
supply(i).. sum(j, x(i,j)) = l = a(i);
demand(j).. sum(i, x(i,j)) = g = b(j);
Model transport/all/;
Solve transport using lp minimizing z;
Display x. l, x. m;
Execute_Unload ' transport. gdx ', c, x, z;
Execute ' Gdxxrw   transport. gdx O = transport. xls par = c Rng =
        Sheet1 ! a1 :d3 ';
Execute ' Gdxxrw   transport. gdx O = transport. xls var = x Rng =
        Sheet1 ! a5 :d7 ';
Execute ' Gdxxrw   transport. gdx O = transport. xls var = z Rng = Sheet1 ! e8 ';
```

其中，c，x，z 表示所汇出数据的名称，transport 表示档案名称，Sheet1！a1: d3 表示参数 c 的数据会被 GAMS 系统读写至 Excel 第一页表格中的 a1 到 d3，Sheet1！a5: d7 ' 表示变量 x 的数据会被 GAMS 系统读写至 Excel 第一页表格中的 a5 到 d7，Sheet1！e8 ' 表示变量 z 的数据会被 GAMS 系统读写至 Excel 第一页表格中的 e8。

第二节 2013 年芦山 7.0 地震实例分析

一、SAM 构建

1. 宏观 SAM 表

以第五章表 5-6 四川省 2012 年 8 个产业部门投入产出表为基础，编制四川省 2012 年宏观 SAM 表，见表 7-8。

表 7-8 四川省 2012 年宏观 SAM 表 亿元

序号	01	02	03	04	05	06	07
01		64462					64462
02	40589				11927	11946	64462
03	11727						11727
04	12146						12146
05			11727	12146			23873
06					11946		11946
07	64462	64462	11727	12146	23873	11946	188616

2. 微观 SAM 表

以四川省 2012 年 8 个行业的投入产出表为基础，编制四川省 2012 年微观 SAM 表，见表 7-9。

本节设定经济环境为 CES 经济，在其中一切经济活动均按照 CES 函数形式进行。生产者按照 CES 技术进行生产，消费者按照 CES 偏好进行消费，投资活动按照 CES 形式购买商品，国际贸易按照 CES 函数形式进口或出口。机构部门的总收入等同于总支出，任一商品或要素的价格可被作为基准价格固定下来，要素分成劳动和资本两种要素。设定新古典主义闭合（Neoclassical closure）情形，总投资等于总储蓄，即储蓄驱动情形。

二、参数设定

模型的参数主要分为两类：第一类，可以利用 SAM 表，通过校准法计算得到参数值。如 CES 函数的规模参数和份额参数，各种税率、转移支付以及经济主体在商品上的消费占总额的比例等。第二类，这些参数不能通过 SAM 表得到，可以通过文献参考法等外生确定，如替代弹性参数。

理论上来说，替代弹性参数应该通过计量方法测算得出，但是存在数据不足，致使不

表 7-9 四川省 2012 年微观 SAM 表

亿元

	01	02	03	04	05	06	07	08	09	10	11	12	13	14	15	16	17	18	19	20	21
01	788								5433												5433
02	1039	2441								40978											40978
03	46	22154									2972										2972
04	146	1443										5358									5358
05	17	1877											1314								1314
06	31	269												2049							2049
07	0	738													1098						1098
08	69	34														5261					5261
09	3178	663	0	239	0	0	0	23											1671	270	5433
10	119	4859	1104	1169	261	103	99	1375											3699	9976	40978
11		6499	653	122	34	31	14	104											364	160	2972
12			74	515	94	121	52	504											1387	588	5358
13			12	54	150	48	6	85											365	308	1314
14			102	220	24	259	86	115											448	27	2049
15			2	69	17	42	35	66											367	466	1098
16			51	199	67	68	42	323											3627	151	5261
17			255	1002	118	353	153	1809									11727				11727
18			721	1769	549	1023	609	857										12146			12146
19																	11727	12146			23873
20																			11946		11946
21	5433	40978	2972	5358	1314	2049	1098	5261	5433	40978	2972	5358	1314	2049	1098	5261	11727	12146	23873	11946	188616

能得出稳健性的结果，所以不便用计量方法进行测算，本节参照郭正权（2003）、庞军和傅莎（2007）、娄峰（2015）文献，得出替代弹性系数。另外，替代弹性系数也可以在虚拟仿真平台自行设置，通过模拟比较估计结果。

三、模型求解

CGE 模型实际上是数十个方程构成的非线性方程组，需要求出此非线性方程组均衡解。由于模型相对复杂，不便手工计算，可利用 GAMS 进行程序表达和求解，具体步骤如下。

程序第一部分，用 set 语句对集合进行声明命名和定义，每一个集合用符号定义，列出集合里的元素。

程序第二部分，用 parameters 语句进行参数（包括外生变量）声明，包括数据导入、参数定义以及初始值设置、参数的校准。

程序第三部分，用 variable 语句对内生变量进行宣称和定义。

程序第四部分，用 equation 语句定义模型方程，并建立模型方程表达式。

程序第五部分，赋予变量初始值，并根据所选择的闭合规则，选择变量使其变成参数或外生变量。

程序第六部分，执行优化程序，可以求解基准年均衡解。

程序第七部分，检验模型与程序正确性，包括：①检验是否是最优解，即求解时有没有出现"optimal solution"；②结果平衡性检验，运算结果方程数量"single equation"与变量数量"single variables"是否一致，以及 walras 变量是否为零或近似为零；③模型一致性检验，即内生变量的当前值与其初始值是否相等，不存在误差；④模型齐次性检验，也就是当基准价格变化，运行结果中所有的价格或价值变量均同等程度变化，但是数量变量保持不变。

程序第八部分，根据设置情景，模拟冲击。改变相关参数或变量，可得冲击后的均衡解，与基准解进行对比，得出最终结论。

四、模拟情景设计

1. 无灾情景

没有发生灾害的 2012 年 CGE 模型模拟。表 7 - 10 展现了没有发生灾害的 2012 年 CGE 模型模拟结果。

表 7 - 10　2012 年芦山无灾情景的 CGE 模型模拟结果

各行业最终消费	金额/亿元
农林牧渔业	1670.84
采掘制造建筑业	3698.65
电热燃水业	364.13

表7-10（续）

各行业最终消费	金额/亿元
批零交通住餐业	1386.72
信息软件业	365.08
金融业	448.00
房地产业	366.70
公共管理业	3626.58
最终消费总额	11926.70
总支出	23872.80
各行业投资	
农林牧渔业	270.37
采掘制造建筑业	9976.11
电热燃水业	159.78
批零交通住餐业	587.63
信息软件业	308.14
金融业	26.81
房地产业	465.87
公共管理业	151.40
投资总额	11946.11

2. 有灾情景

芦山地震带来的资本供给损失和劳动供给损失的 CGE 模型模拟。

依据四川省 2012 年投入产出表，2012 年四川省资本供给 12146.58 亿元。依据《芦山强烈地震雅安抗震救灾志》数据，芦山地震直接经济损失 603.24 亿元，占 2012 年四川省资本供给的 4.97%，即芦山地震带来的资本供给损失百分比为 4.97%。

依据四川省 2012 年投入产出表，2012 年四川省劳动供给 11727.22 亿元。依据《芦山强烈地震雅安抗震救灾志》数据，芦山地震导致四川省受灾人口 218.36 万人。依据《四川省 2013 年统计年鉴》2012 年四川省全部单位就业人员工资总额为 3.59 万元。按照受灾人口 50% 计，芦山地震劳动供给损失为 391.96 亿元，占 2012 年四川省劳动供给的 3.34%，即芦山地震带来的劳动供给损失百分比为 3.34%。表 7-11 为芦山"4·20"地震情景的模拟结果。

表7-11　芦山"4·20"地震情景的模拟结果

各行业最终消费	金额/亿元
农林牧渔业	1620.60
采掘制造建筑业	3608.43
电热燃水业	355.82
批零交通住餐业	1354.17
信息软件业	357.23
金融业	438.36
房地产业	359.01
公共管理业	3532.41
最终消费总额	11626.02
总支出	23270.96
各行业投资	
农林牧渔业	263.55
采掘制造建筑业	9724.61
电热燃水业	155.75
批零交通住餐业	572.82
信息软件业	300.37
金融业	26.13
房地产业	454.12
公共管理业	147.59
投资总额	11644.94

3. 有灾情景和无灾情景的模拟结果比较

芦山有灾情景和无灾情景模拟比较见表7-12，从比较结果来看存在如下差异。

表7-12　芦山有灾和无灾两种情景模拟结果比较

各行业最终消费	因灾减少额/亿元	因灾减少额占比/%
农林牧渔业	50.24	16.71
采掘制造建筑业	90.22	30.01

表 7-12（续）

各行业最终消费	因灾减少额/亿元	因灾减少额占比/%
电热燃水业	8.31	2.76
批零交通住餐业	32.55	10.83
信息软件业	7.85	2.61
金融业	9.64	3.21
房地产业	7.70	2.56
公共管理业	94.18	31.32
最终消费总额	300.68	100.00
各行业投资		
农林牧渔业	6.82	2.26
采掘制造建筑业	251.50	83.51
电热燃水业	4.03	1.34
批零交通住餐业	14.81	4.92
信息软件业	7.77	2.58
金融业	0.68	0.23
房地产业	11.74	3.90
公共管理业	3.82	1.27
投资总额	301.17	100.00

（1）芦山 7.0 地震对四川省各行业的最终消费需求影响差异较大，其中对公共管理业和采掘制造建筑业的最终消费需求影响较大，分别减少了 94.18 亿元和 90.22 亿元，占最终消费需求总减少额的 31.32% 和 30.01%。农林牧渔业的最终消费需求额减少了 50.24 亿元，占最终消费需求总减少额的 16.71%；批零交通住餐业减少了 32.55 亿元，占最终消费需求总减少额的 10.83%。其他行业最终消费需求额没有超过 10 亿元。

（2）芦山 7.0 级地震对四川省各行业的投资需求影响差异也较大，其中对采掘制造建筑业的投资需求影响较大，减少了 251.50 亿元，占到投资需求总减少额的 83.51%。其他行业最终消费需求额没有超过 10 亿元。

4. 芦山 "4·20" 地震灾害经济损失结果

从表 7-13 来看，运用投入产出方法和 CGE 方法对芦山 "4·20" 地震灾害经济损失进行评估，得到灾害经济损失均在 600 亿元左右，但是行业间的经济损失差异较大。本节估计结果主要讲述地震灾害经济损失的原理，得到的估计结果仅供学习过程中参考。

表7-13　芦山"4·20"地震灾害总经济损失计较　　　　亿元

编码	部　门	直接经济损失（统计调查方法）	间接经济损失（投入产出方法）	间接经济损失（CGE方法）
1	农林牧渔业	13.50	11.23	57.06
2	采掘制造建筑业	159.49	133.80	341.72
3	电热燃水业	114.90	166.95	12.34
4	批零交通住餐业	104.50	111.89	47.36
5	信息软件业	2.70	3.04	15.62
6	金融业	1.82	1.12	10.32
7	房地产业	165.33	113.89	19.44
8	公共管理业	41.00	49.67	97.99
	合　计	603.24	591.59	601.84

数据来源：《芦山强烈地震雅安抗震救灾志》。

 练习题

一、名词解释

1. GAMS 软件
2. 集合元素
3. 直接参数赋值
4. Loop 语句
5. 替代弹性参数

二、案例题

收集其他震级在5.0以上的地震直接经济损失数据，运用 CGE 方法，编制简单的宏观 SAM 表和微观 SAM 表，评估其间接经济损失。

第八章 地震灾害间接经济损失评估报告

第一节 地震灾害间接经济损失评估报告编制内容

地震灾害间接经济损失评估报告编制内容包括九个部分，其中第一部分至第四部分主要为第四章地震灾害直接损失评估报告的编制内容，在此基础上编制地震灾害间接损失评估报告。在具体案例中，可以结合实际情况对评估报告的编制内容做适当的增加和删减。地震灾害间接经济损失评估报告编制内容如下。

一、灾区基本情况

（一）灾害基本参数

包括：灾害时间、灾害位置、灾害其他基本信息等。

（二）灾区概况和自然环境

1. 灾区概况

包括：①灾区面积；②包括的省、市、县；③包括的城市街道、乡、镇个数；④灾区人口、户数；⑤户均住宅建筑面积；⑥震害特征。

2. 灾区社会经济环境

包括：①地区总产值，工业总产值，第一产业增加值，第二产业增加值，第三产业增加值；②支柱产业、重大工程设施以及主要生命线系统状况等；③灾区范围。

（三）损失评估分区与抽样点数目与抽样点分布图

应在抽样点分布图中标明极灾区，并附上对应的分布图。

二、人员伤亡及失去住所人数

包括：死亡人数、重伤人数、轻伤人数、失踪人数、失去住所人数、死亡分布图等。

三、房屋破坏直接经济损失

包括：评估区划分及附图、灾区房屋类别与破坏等级、各类房屋建筑总面积、各类房屋不同等级破坏总面积汇总表、农村和城镇房屋每间平均面积、调查得到各类房屋破坏比、选定的房屋破坏损失比、确定的房屋重置单价、确定的房屋损失比、各评估子区和地灾区房屋总损失、按用途和按行政区分类的房屋损害汇总、重新计算的各评估的房屋破坏比等。

四、室内外财产损失

包括：住宅和公用房屋室内财产损失估计、室外财产损失等。

五、工程结构直接经济损失

包括：生命线系统工程结构损失、水利工程结构和其他各类工程结构损失等。

六、企事业设备财产直接经济损失

略。

七、灾害直接经济损失总值

略。

八、间接经济损失评估

（一）编制投入产出表

按照发生地震的时间选择当年或者前一年的全国（本省或本区域）投入产出表，或者根据实际情况选择编制延长投入产出表。按照行业部门属性对投入产出表的部门进行合并，编制合并后的投入产出表。

（二）编制 SAM 表

以合并后投入产出表为基础，编制与该投入产出表对应的宏观 SAM 表和微观 SAM 表。

（三）参数设定

设定经济环境。选择生产者的生产技术类型、消费者消费偏好类型和投资偏好类型，以及国际贸易的进出口偏好类型。设定经济环境中的基准价格。设定宏观闭合情形等。

（四）模型求解

利用设定的参数，以及地震灾害直接经济损失数据，运用 GAMS 软件，对 CGE 模型进行求解。

（五）模拟情景设计

对模拟情景进行设计，通过对有灾情景和无灾情景的模拟结果进行比较，得出地震灾害间接损失的评估结果。

九、相关建议

略。

第二节　地震灾害间接经济损失评估报告案例

"4·20" 芦山 7.0 级地震灾害间接损失评估报告

2013 年 4 月 20 日 8 时 02 分，四川省雅安市芦山县（30.3°N，103.0°E）发生里氏 7.0 级强烈地震，贵州省、河南省、陕西省、湖北省、重庆市等省（区、市）普遍有震感，成都市、重庆市、西安市、云南省、长沙市等地震感明显。地震造成四川省 32 个县（市、区）约 218.4 万人受灾，大量老旧住房倒塌，未倒塌住房结构受损严重，学校、医院等公共服务设施和供水、排水、供气等市政设施受到不同程度损坏，主要公路多处塌方、受损，山体滑坡、崩塌、泥石流等次生灾害严重，生态环境受到严重威胁，余震多、震级高，持续影响大。芦山"4·20"强烈地震是继"5·12"汶川特大地震之后，中国遭受的发生在高山河谷及沿山地带破坏十分严重的又一次地震灾害。

芦山强烈地震发生后，民政部、国家发展改革委、财政部组织国家减灾委专家委员会和民政部国家减灾中心会同四川省人民政府，协商自然资源国土资源部、国家统计局、中国地震局、国家测绘地理信息局、中国科学院及有关高等院校，通过实地调查核定和综合分析，根据地震致灾强度、灾情严重程度和地质灾害影响等因素，对芦山地震灾害进行评估。

根据评估结果，芦山地震波及区域分为极重灾区、重灾区、一般灾区和影响区。地震Ⅸ度分布的雅安市芦山县为极重灾区；雅安市雨城区、天全县、雅安市名山区、荥经县、宝兴县及成都市邛崃市高何镇、天台山镇、道佐乡、火井镇、南宝乡、夹关镇等 6 个乡（镇）为重灾区；雅安市汉源县、石棉县，成都市蒲江县、大邑县，眉山市丹棱县、洪雅县、东坡区，乐山市金口河区、夹江县、峨眉山市、峨边彝族自治县，甘孜藏族自治州泸定县、康定县，凉山彝族自治州甘洛县等 14 个县（市、区）及邛崃市的其他 18 个乡（镇）为一般灾区。

一、灾区基本情况

（一）灾区概况

依据民政部、国家发展改革委、财政部、国土资源部、中国地震局上报国务院的《四川芦山"4·20"强烈地震灾害评估报告》结果，芦山地震灾区包括 21 个县（市、区），383 个乡（镇、街道），总面积约为 42721 km²。地震波及区域按照受灾程度分为极重灾区、重灾区、一般灾区和影响区 4 个等级。严重受灾地区（极重灾区、重灾区）面积为 10706 km²，其中极重灾区在芦山县全境，面积 1260 km²；重灾区面积为 9446 km²。一般灾区面积为 32015 km²。

芦山地震Ⅵ度（6 度）区及以上总面积 18682 km²。极重灾区烈度高达Ⅸ度（9 度）区，包括芦山县龙门乡、双石镇、宝盛乡、太平镇、清仁乡等地，面积 208 km²。Ⅷ度（8 度）区主要区域为芦山县芦阳镇、思延乡、飞仙关镇；宝兴县灵关镇、大溪乡；天全城厢镇、老场乡、仁义乡、新华乡、新场乡、大坪乡、始阳镇、乐英乡、多功乡；雨城区多营镇、北郊镇、上里镇、中里镇、碧峰峡镇、对岩镇、凤鸣乡；名山区蒙阳镇、蒙顶山镇、建山乡、万古乡、城东乡，面积 1418 km²。Ⅶ度（7 度）区面积 4029 km²，Ⅵ度（6度）区面积 13027 km²。芦山地震造成的人员伤亡、居民房屋财产、基础设施、公共服务、产业、资源环境等毁损主要集中在极重灾区、重灾区和一般灾区。

1. 自然地理环境

芦山强烈地震发生于龙门山地震断裂带南端，此断裂带地处四川盆地西北边缘，青藏高原向四川盆地过渡地带。断裂带西南起于天全县二郎山东侧，跨川西甘孜裙皱带、川旗南北构造带和四川盆地北东向构造带 3 个地质单元，地壳运动激烈。断裂带区内山高坡陡，沟壑纵横，地层破碎，地表稳定性差，暴雨多、强度大，水土流失严重，自然生态系统自我调节能力弱，极易发生山体崩塌滑坡、泥石流等地质灾害，是生态环境高度脆弱区和敏感区。地震灾区生态类型及生物多样性富集，是全球生物地理的热点和关键区域，是全球 25 个生物多样性保护热点区域之一，也是国家退耕还林和天然林保护示范区、世界自然遗产大熊猫栖息地的核心区。

芦山地震灾区属亚热带湿润性季风气候区，年平均气温为 14.1～15.2 ℃，年降雨量在 1700 mm 以上。雨量非常充沛，降雨相对集中，分布趋势大致由西北向东南递增。宝兴县、芦山县一带，多年平均降雨量为 800～1200 mm；荥经县、天全县一带，多年平均降雨量为 1400～1800 mm。天全县二郎山一带年平均降雨量为 2041.7 mm；荥经县龙苍沟镇的金山一带年平均降雨量高达 2637 mm，居全省之冠。极重灾区的芦山县多年平均气温为 15.2 ℃，月平均气温最高为 24.2 ℃，最低为 5.0 ℃。降雨在 7－8 月最为集中。芦山地震前期观察发现降雨对地质灾害的发生和复活有着直接的影响，特别是滑坡、泥石流的发生与暴雨强度有密切联系。

2. 断裂带分布

芦山强烈地震的发震时刻为 2013 年 4 月 20 日 8 时 02 分，震级为里氏 7.0 级，震中位于四川省雅安市芦山县龙门乡马边沟（30°18′N，102°57′E），震源深度 15 km，发震断层属中国南北地震带的中段、青藏高原东缘的四川龙门山逆冲推覆断裂带南端。从芦山地震发生后到 5 月 31 日 16 时止，芦山地震记录到余震 10144 次，最大余震是 4 月 21 日 17 时 05 分发生在芦山县、巩峡市交界的 5.4 级地震。余震震源深度集中分布在地下 10～20 km 深度范围内。这些余震主要分布在龙门山前山江油—都江堰断裂南西延展部分的大川—双石断裂上。

芦山强烈地震震级大、震源浅、烈度高，余震多，震级达到里氏 7.0 级，最大烈度高达Ⅸ度，是四川省自 2008 年 5 月 12 日汶川 8.0 级特大地震发生后，5 年内青藏高原东部龙门山断裂带发生的又一次影响巨大的地震。

3. 社会经济状况

芦山地震灾区震前所在的雅安市、成都市、眉山市、乐山市、甘孜藏族自治州、凉山彝族自治州所属 2 个县（市、区）2012 年的户籍总人口为 578.36 万人，其中非农业人口 177.81 万人，年末常住人口 553.9 万人。灾区 21 个县（市、区）2010 年的城镇化率为 39.6%，低于全国城镇化水平（49.68%），低于四川省城镇化水平（43.5%）约 3.9 个百分点。区内的汉源县、名山区、宝兴县、甘洛县、夹江县、峨边县城镇化水平不足 30%。主震区雅安市震前户籍总人口为 156.51 万人，占灾区总人口的 27.1%。2012 年末，极重灾区和重灾区包括雅安市雨城区、名山区、荥经县、天全县、芦山县、宝兴县 6 个县（区）及成都市巩峡市的 6 个乡（镇），常住总人口为 114.79 万人，户籍总人口为 119.24 万人，其中非农业人口为 33.5 万人。

2012 年芦山地震灾区受灾县市 2012 年经济状况见表 8－1 和表 8－2。

截至 2012 年底，芦山地震灾区 21 个县（市、区）地区生产总值 1546.28 亿元，不足

表8-1 2012年芦山地震灾区受灾县（市、区）经济状况（一）

县（市、区）		全部工业增加值/亿元	社会消费品零售总额/亿元	服务业增加值/亿元
极重及重灾区	芦山县	15.65	7.08	5.31
	雨城区	57.36	45.97	42.81
	天全县	23.76	12.55	8.50
	名山区	23.01	16.70	11.62
	荥经县	31.78	13.80	11.63
	宝兴县	14.18	5.23	3.28
	巡峡市（含全境）	69.02	49.18	53.11
	小计	234.76	150.51	136.26
一般灾区	汉源县	27.30	18.70	12.50
	石棉县	40.80	11.89	8.27
	蒲江县	38.90	19.00	25.60
	大邑县	55.87	37.41	50.09
	丹棱县	20.20	11.90	8.70
	洪雅县	29.83	12.91	12.15
	东坡区	156.52	87.00	73.66
	金口河区	21.27	4.91	3.73
	夹江县	56.92	31.92	26.36
	峨眉山市	98.18	61.46	50.83
	峨边彝族自治县	17.52	9.25	7.50
	泸定县	16.10	2.85	5.11
	康定县	18.72	9.78	18.49
	甘洛县	14.95	6.08	7.15
	小计	601.08	325.06	310.14
合计		847.84	475.57	446.40

表 8-2 2012 年芦山地震灾区受灾县（市、区）经济状况（二）

县（市、区）	乡（镇、街道）数/个	面积/km²	户籍人口/人	GDP/亿元	地方公共财政收入/万元	城镇居民人均可支配收入/元	农村居民纯收入/元
芦山县	9	1260	120864	25.35	6019	17959	6719
雨城区	22	1063	347105	113.10	15203	21967	8113
天全县	15	2390	154424	37.84	10611	17873	6672
名山区	20	618	278266	48.56	11041	19177	7708
荥经县	21	1777	152038	49.97	15302	19805	7725
宝兴县	9	3114	58729	20.23	10011	18942	7437
汉源县	30	2215	329622	50.00	37059	19518	6457
石棉县	17	2679	124009	53.59	37213	18744	6797
巡峡市	24	1377	656065	150.43	10168	19724	9833
大邑县	20	1284	511975	132.86	72889	19662	10406
蒲江县	12	580	263527	79.80	31961	18284	10135
洪雅县	15	1896	349631	77.69	37418	18904	8156
东坡区	26	1337	864798	267.20	7509	21209	8864
丹棱县	7	449	163237	37.10	11796	17396	8332
金口河区	6	598	53063	26.48	345223	19849	5894
夹江县	22	744	351675	99.37	34119	21143	8817
峨眉山市	18	1182	433705	163.63	103559	21342	9485
峨边彝族自治县	19	2382	151002	28.85	23471	18172	3607
泸定县	12	2165	87107	16.10	18478	15983	4949
康定县	21	11595	132405	40.98	42677	21670	5550
甘洛县	28	2152	220397	27.15	22316	17423	3965
合计	373	42721	5803644	1546.28	1031552	20092	8158

注：数据来源于《四川省 2013 年统计年鉴》和《四川年鉴（2013）》。县（市、区）按国务院《芦山地震灾后恢复重建总体规划》规划范围顺序排列。

全省的 10%。人均 GDP 高于全国平均水平（38354 元/人）的仅有石棉县和金口河区，有 12 个县（市、区）低于四川省平均水平（29579 元/人），表明灾区整体经济较为落后，多数地区在全省属于欠发达地区。人均 GDP 最高的 4 个县（市、区）中除峨眉山市人口较多外，其他 3 个属灾区人口最少的县（区），经济总量较小。

灾区震前 GDP 分布格局是东部高、西部低，城市经济规模偏小。灾区东部邻近成都平原中心地区，是经济活动的集中区域。2011 年 GDP 高于 100 亿元的县（市、区）有雨城区、东坡区、峨眉山市、巩峡市、大邑县，其中仅有东坡区、峨眉山市、巩峡市 3 个县（市、区）城市经济规模超过四川省的平均水平。GDP 在 50 亿~100 亿元的县（市、区）有夹江县、蒲江县、洪雅县；GDP 在 30 亿~50 亿元的县（市、区）有石棉县、荥经县、名山区、洪雅县、天全县、康定县、丹棱县、甘洛县；GDP 小于 30 亿元的县（市、区）有芦山县、宝兴县、峨边县、金口河区、泸定县。灾区中部河谷地带相对高差较大，适宜人类经济活动的区域仅限于部分河谷地区，可利用土地资源不足，不利于工业大规模开发。灾区西部高山地区的土地资源虽然丰富，但人口较少，各县（市、区）经济总量普遍偏低。

截至 2012 年底，芦山地震灾区 21 个县（市、区）实现地方公共财政收入 103.2 亿元，仅占四川省地方公共财政收入的 4.2%。灾区东部少数县（市、区）达到四川省平均水平（5.93 亿元）。灾区中部雅安市各县（区），距离成都等经济发达地区较远，且以山地为主，交通不便，地方财政收入有限，是灾区财政收入最低的地区，主要靠国家和省级的财政转移支付，而这些县（市、区）恰恰是本次地震受灾最严重的地区。

主震区雅安市产业基础和地方财力薄弱，人均地区生产总值、城乡居民人均收入均低于全国、全省平均水平。截至 2012 年底，全市地区生产总值为 398.05 亿元，占全省地区生产总值的 1.67%；农业增加值为 60.39 亿元，全部工业增加值为 202.76 亿元，服务业增加值为 104.10 亿元，社会消费品零售总额为 131.92 亿元；地方公共财政预算收入 30.2 亿元，占全省的 1.25%；全社会固定资产投资 357.2 亿元，占全省的 1.98%。

（二）地震概况

1. 地震基本情况

据中国地震台网测定：2022 年 9 月 5 日 12 时 52 分四川甘孜州泸定县（29.59°N，102.08°E）发生 6.8 级地震，震源深度 16 km。甘孜州、雅安市、凉山州和成都市震感强烈，四川大部及重庆、贵州等地有感。

据中国地震台网中心和四川省地震局测定，芦山强烈地震发生后到 5 月 31 日 16 时止，芦山地震记录到余震 10144 次，发生 3 级以上地震 134 次，其中 3.0~3.9 级 107 次，4.0~4.9 级 23 次，5.0~5.9 级 4 次，最大余震是 4 月 21 日 17 时 05 分发生在芦山县、巩峡市交界的 5.4 级地震。最大余震与主震的震级差为 1.6 级，为典型的主震余震型地震序列。据中国地震信息网截至 2014 年 1 月 19 日 15 时 58 分的统计，芦山地震记录到 1.0 级以上地震事件 1245 次，其中 7.0~7.9 级 1 次，5.0~5.9 级 4 次，4.0~4.9 级 23 次，3.0~3.9 级 117 次，2.0~2.9 级 354 次，1.0~1.9 级 746 次。

2. 地震烈度分析

芦山地震分布方向与双石—大川断层方向一致，呈东北西南走向；烈度圈呈现由东北往西南的方向性效应，即烈度破坏主要向西南发散，在东北西南走向椭圆形烈度圈两侧，由中心向外扩散形成Ⅷ度、Ⅶ度不等的烈度圈，如图 8-1 所示。

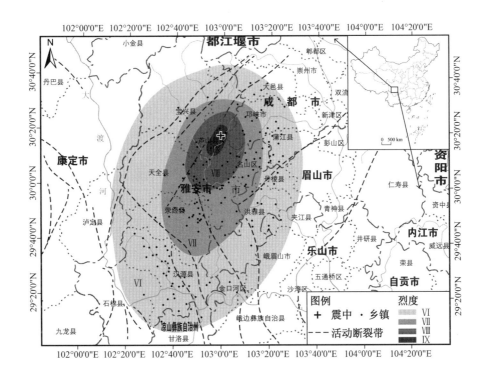

图 8 – 1　四川芦山 "4·20" 7.0 级强烈地震烈度图
（图片来源:《芦山强烈地震雅安抗震救灾志》）

Ⅸ度区（9度）:Ⅸ度区面积 208 km²,东北自芦山县太平镇、宝盛乡以北,西南至芦阳镇向阳村。等震线长轴呈北东走向分布,长半轴为 11.5 km,短半轴为 5.5 km。主要区域为芦山县龙门乡、双石镇、宝盛乡、太平镇、清仁乡。

Ⅷ度区（8度）:Ⅷ度区面积 1418 km²,东北自芦山县宝盛乡漆树坪村,西南至天全县兴业乡,西北自宝兴县灵关镇,东南至名山区城区。长半轴为 29 km,短半轴为 17.5 km。主要区域为芦山县芦阳镇、思延乡、飞仙关镇;宝兴县灵关镇、大溪乡;天全城厢镇、老场、仁义乡、新华乡、新场乡、大坪乡、始阳镇、乐英乡、多功乡;雨城区多营镇、北郊镇、上里镇、中里镇、碧峰峡镇、对岩镇、凤鸣乡;名山区蒙阳镇、蒙顶山镇、建山乡、万古乡、城东乡。

Ⅶ度区（7度）:Ⅶ度区面积 4029 km²,东北自芦山县大川镇,西南至荥经县龙苍沟镇岗上村,西北自天全县紫石乡,东南至眉山市洪雅县汉王乡。长半轴为 56 km,短半轴为 33 km。雅安市主要区域为芦山县大川镇;宝兴穆坪镇;天全县小河乡、鱼泉乡、思经乡、兴业乡、紫石乡;雨城区合江镇、大兴镇、草坝镇、南郊乡、孔坪乡、沙坪镇、严桥镇、曼场镇、望鱼乡、观化乡、八步乡、东城街道办事处、西城街道办事处、青江街道办事处、河北街道办事处;名山区百丈镇、解放乡、中峰乡、前进乡、新店镇、车岭镇、永兴镇、红岩乡、红星镇、黑竹镇、廖场乡、双河乡;荥经县附城乡、五宪乡、青龙乡、烟竹乡、宝峰彝族乡、天凤乡、民建彝族乡、烈太乡、六合乡、安靖乡、洒坪镇、烈士乡、荥河乡、新建乡、新庙乡、三合乡、大田坝乡、新添乡、严道镇、花滩镇、龙苍沟镇。

Ⅵ度区（6度）：Ⅵ度区面积 13027 km²，东北自成都市大邑县新场镇李家山村，西南至凉山州甘洛县两河乡，西北自甘孜州泸定县岗安乡，东南至眉山市丹棱县杨场镇。长半轴为 95 km，短半轴为 64 km。雅安市主要区域为宝兴县蜂桶寨乡、五龙乡、陇东镇、明礼乡；天全县两路乡；名山区茅河乡、联江乡、马岭镇；荥经县三合乡、新庙乡；汉源县大田乡、河西乡、前域乡、后域乡、富乡乡、梨园乡、三交乡、双溪乡、西溪乡、安乐乡、万里乡、马烈乡、河南乡、晒经乡、料林乡、小堡藏族彝族乡、呢美彝族乡、永利彝族乡、顺河彝族乡、片马彝族乡、富林镇、九襄镇、皇木镇、宜东镇、富庄镇、清溪镇、大树镇、乌斯河镇、唐家镇、富泉镇；石棉县美罗乡、宰羊乡、永和乡、丰乐乡、迎政乡、回隆彝族乡、新棉镇。

二、灾害范围评估

（一）极重灾区

泸定县磨西镇、得妥镇，石棉县王岗坪彝族藏族乡、草科藏族乡。

（二）重灾区

石棉县新民藏族彝族乡，泸定县德威镇、冷碛镇、燕子沟镇、兴隆镇、泸桥镇。

（三）一般灾区

石棉县美罗镇、迎政乡、蟹螺藏族乡、新棉街道、安顺场镇、丰乐乡，汉源县富乡乡、宜东镇，泸定县烹坝镇。

三、受灾人口评估

依据 2013 年 5 月 6 日四川省上报的数据和 2013 年 5 月 17 日国家减灾委员会专家委员会、民政部国家减灾中心发布的《四川芦山"4·20"强烈地震灾害评估报告》灾害评估结果，核定芦山地震导致四川省受灾人口 2183628 人；造成 196 人死亡（无失踪人口），其中雅安市因灾死亡人数 176 人，芦山地震导致四川省因灾伤病人口 13019 人。上述伤亡人口按遇难地点统计。

四、直接经济损失评估

综合地震现场灾害调查和生命线系统、行业部门统计结果，按照国家标准《地震现场工作 第 4 部分：灾害直接损失评估》（GB/T 18208.4—2011）的地震灾害损失评估方法，利用地震灾害损失评估系统进行计算，本次地震造成的直接经济损失为 6032378 万元，见表 8-3。

表 8-3　地震直接经济损失汇总

评 估 项 目		损失/万元	比例/%
房屋	居民房屋	3050742	50.57
	室内财产损失	69100	1.15
	室外财产损失	12000	0.20

表 8-3（续）

评 估 项 目		损失/万元	比例/%
房屋	装修损失	75536	1.25
	小计	3207378	53.17
基础设施	交通系统	1045000	17.32
	通信系统	27000	0.45
	电力系统	62000	1.03
	水利和给排水工程	1087000	18.02
	小计	2221000	36.82
公共服务设施	教育系统	112000	1.86
	卫生系统	124000	2.05
	其他系统	149000	2.47
	小计	385000	6.38
产业	农牧业	120000	1.99
	林业	15000	0.25
	工矿企业	59000	0.98
	旅游	25000	0.41
	小计	219000	3.63
总计		6032378	

五、间接经济损失评估

1. 投入产出表的编制

按照行业部门属性将四川省 2012 年 42 部门的投入产出表合并为 8 个部门，分别是农林牧渔业、采掘制造建筑业、电热燃水业、批零交通住餐业、信息软件业、金融业、房地产业和公共管理业。其中，农林牧渔业指的是 01 农林牧渔产品和服务；采掘制造建筑业包括 02 煤炭采选产品到 23 金属制品、机械和设备修理服务，以及 27 建筑；电热燃水业包括 24 电力、热力的生产和供应、25 燃气生产和供应，以及 26 水的生产和供应；批零交通住餐业包括 28 批发和零售、信息软件业、29 交通运输、仓储和邮政，以及 30 住宿和餐饮；信息软件业指的是 31 信息传输、软件和信息技术服务；32 金融业、33 房地产业；公共管理业包括 34 租赁和商务服务到 42 公共管理、社会保障和社会组织。相应地，我们将汶芦山地震直接经济损失数据也划分为 8 个产业部门，见表 8-4。

表8-4 四川省2012年8个产业部门投入产出表

单位：亿元

投入	\ 使用	农林牧渔业	采掘制造建筑业	电热燃水业	批零交通住餐	信息软件业	金融业	房地产业	公共管理业	中间使用合计	居民消费支出	政府消费支出	合计	资本形成总额	出口	最终使用合计	进口	总产出
中间投入	农林牧渔业	788	2441	0	239	0	0	0	23	3492	1644	26	1671	354	7	2169	228	5433
	采掘制造建筑业	1039	22154	1104	1169	261	103	99	1375	27303	3699	0	3699	10882	2420	20500	6825	40978
	电热燃水业	46	1443	653	122	34	31	14	104	2448	364	0	364	2	0	526	2	2972
	批零交通住餐	146	1877	74	515	94	121	52	504	3383	1236	151	1387	499	0	2165	191	5358
	信息软件业	17	269	12	54	150	48	6	85	641	365	0	365	146	0	674	1	1314
	金融业	31	738	102	220	24	259	86	115	1574	385	63	448	0	0	514	39	2049
	房地产业	0	34	2	69	17	42	35	66	265	367	0	367	492	0	833	0	1098
	公共管理业	69	663	51	199	67	68	42	323	1483	1036	2591	3627	121	1	3792	14	5261
	中间投入合计	2136	29620	1997	2587	647	673	336	2594	40589	9095	2831	11927	12496	2428	31173	7300	64462
增加值	劳动者报酬	3178	4859	255	1002	118	353	153	1809	11727								
	生产税净额	8	1240	32	631	79	142	115	151	2399								
	固定资产折旧	111	1585	388	269	190	82	383	299	3305								
	营业盈余	0	3674	300	869	281	798	111	407	6441								
	增加值合计	3297	11358	975	2771	667	1376	762	2666	23873								
	总投入	5433	40978	2972	5358	1314	2049	1098	5261	64462								

2. 基于投入产出模型的间接经济损失评估

芦山县"4·20"地震各行业直接经济损失数据来源《芦山强烈地震雅安抗震救灾志》，部分部门的损失数据利用各部门固定资产投资（表8-5）比例来估算各部门因灾产生的直接经济损失（表8-6）。

表8-5 2012年四川省8个部门固定资产投资数额

编码	部 门	固定资产投资/亿元	比例/%
1	农林牧渔业	462.68	2.56
2	采掘制造建筑业	5161.68	28.61
3	电热燃水业	1386.41	7.69
4	批零交通住餐业	3059.69	16.96
5	信息软件业	69.89	0.39
6	金融业	47.06	0.26
7	房地产业	4944.05	27.41
8	公共管理业	2907.47	16.12
合 计		18038.92	100.00

数据来源：《2013年四川省统计年鉴》。

表8-6 芦山"4·20"地震灾害直接经济损失分布

编码	部 门	直接经济损失/亿元	占总直接损失比例/%
1	农林牧渔业	13.50	2.24
2	采掘制造建筑业	159.49	26.44
3	电热燃水业	114.90	19.05
4	批零交通住餐业	104.50	17.32
5	信息软件业	2.70	0.45
6	金融业	1.82	0.30
7	房地产业	165.33	27.41
8	公共管理业	41.00	6.80
合 计		603.24	100.00

数据来源：《芦山强烈地震雅安抗震救灾志》。

根据合并后的2012年四川省8部门的投入产出表，可以计算得到直接消耗系数矩阵 A 和里昂惕夫逆矩阵 $(I-A)^{-1}$，如下所示：

$$A = \begin{bmatrix} 0.1450 & 0.0596 & 0.0000 & 0.0446 & 0.0000 & 0.0000 & 0.0000 & 0.0044 \\ 0.1912 & 0.5406 & 0.3714 & 0.2181 & 0.1988 & 0.0500 & 0.0906 & 0.2613 \\ 0.0085 & 0.0352 & 0.2196 & 0.0228 & 0.0261 & 0.0150 & 0.0130 & 0.0198 \\ 0.0269 & 0.0458 & 0.0249 & 0.0962 & 0.0717 & 0.0592 & 0.0470 & 0.0958 \\ 0.0031 & 0.0066 & 0.0040 & 0.0100 & 0.1139 & 0.0235 & 0.0057 & 0.0162 \\ 0.0057 & 0.0180 & 0.0342 & 0.0411 & 0.0180 & 0.1264 & 0.0788 & 0.0218 \\ 0.0000 & 0.0008 & 0.0005 & 0.0129 & 0.0133 & 0.0207 & 0.0320 & 0.0125 \\ 0.0128 & 0.0162 & 0.0172 & 0.0371 & 0.0509 & 0.0334 & 0.0386 & 0.0613 \end{bmatrix}$$

$$B = (I-A)^{-1} - I = \begin{bmatrix} 0.2158 & 0.1801 & 0.0923 & 0.1109 & 0.0571 & 0.0244 & 0.0286 & 0.0711 \\ 0.6038 & 1.4710 & 1.2323 & 0.7156 & 0.7058 & 0.2694 & 0.3410 & 0.8128 \\ 0.0444 & 0.1214 & 0.3453 & 0.0717 & 0.0782 & 0.0407 & 0.0395 & 0.0726 \\ 0.0742 & 0.1466 & 0.1158 & 0.1627 & 0.1434 & 0.1016 & 0.0875 & 0.1682 \\ 0.0111 & 0.0240 & 0.0202 & 0.0225 & 0.1390 & 0.0354 & 0.0145 & 0.0301 \\ 0.0269 & 0.0663 & 0.0865 & 0.0767 & 0.0521 & 0.1613 & 0.1082 & 0.0575 \\ 0.0027 & 0.0066 & 0.0062 & 0.0189 & 0.0204 & 0.0276 & 0.0378 & 0.0187 \\ 0.0323 & 0.0570 & 0.0561 & 0.0659 & 0.0845 & 0.0541 & 0.0578 & 0.0927 \end{bmatrix}$$

以农林牧渔业为例，农林牧渔的 $\Delta X_1 = 13.50$，则

$$LI_1 = \Delta X_1 - \Delta Y_1 = \frac{b_{11} \times \Delta X_1}{1 + b_{11}} = \frac{0.2158 \times 13.5}{1 + 0.2158} = 2.3959（亿元）$$

同理计算其他各部门的间接经济损失分别为：采掘制造建筑业 6.7052 亿元，电热燃水业 0.4926 亿元，批零交通住餐业 0.8236 亿元，信息软件业 0.1229 亿元，金融业 0.2982 亿元，房地产业 0.0296 亿元，公共管理业 0.3591 亿元，合计农林牧渔业的间接经济损失为 11.2271 亿元。

按照上述方法，可以依次计算出其他部门的间接经济损失总额，见表 8-7。

表 8-7　芦山"4·20"地震灾害间接经济损失分布

编码	部　门	间接经济损失/亿元	占总间接损失比例/%
1	农林牧渔业	11.23	1.90
2	采掘制造建筑业	133.80	22.62
3	电热燃水业	166.95	28.22
4	批零交通住餐业	111.89	18.91
5	信息软件业	3.04	0.51
6	金融业	1.12	0.19
7	房地产业	113.89	19.25
8	公共管理业	49.67	8.40
合　计		591.59	100.00

3. 构建 SAM 表

以 2012 年四川 8 个行业的投入产出表为基础,编制 2012 年四川 SAM 表,见表 8 – 8。

表 8 – 8 2012 年四川宏观 SAM 表   亿元

	01	02	03	04	05	06	07
01		64462					64462
02	40589				11927	11946	64462
03	11727						11727
04	12146						12146
05			11727	12146			23873
06					11946		11946
07	64462	64462	11727	12146	23873	11946	188616

4. 基于 CGE 模型的间接经济损失评估

设定经济环境为 CES 经济,在其中一切经济活动均按照 CES 函数形式进行。生产者按照 CES 技术进行生产,消费者按照 CES 偏好进行消费,投资活动按照 CES 形式购买商品,国际贸易按照 CES 函数形式进口或出口。机构部门的总收入等同于总支出,任一商品或要素的价格可被作为基准价格固定下来,要素分成劳动和资本两种要素。设定新古典主义闭合(Neoclassical closure)情形,总投资等于总储蓄,即储蓄驱动情形。

1)无灾情景

没有发生灾害的 2012 年 CGE 模型模拟。表 8 – 9 展现了没有发生灾害的 2012 年 CGE 模型模拟结果。

表 8 – 9 无灾情景的模拟结果

各行业最终消费	金额/亿元
农林牧渔业	1670.84
采掘制造建筑业	3698.65
电热燃水业	364.13
批零交通住餐业	1386.72
信息软件业	365.08
金融业	448.00
房地产业	366.70

表 8-9（续）

各行业最终消费	金额/亿元
公共管理业	3626.58
最终消费总额	11926.70
总支出	23872.80
各行业投资	
农林牧渔业	270.37
采掘制造建筑业	9976.11
电热燃水业	159.78
批零交通住餐业	587.63
信息软件业	308.14
金融业	26.81
房地产业	465.87
公共管理业	151.40
投资总额	11946.11

2）有灾情景

芦山地震带来的资本供给损失和劳动供给损失的 CGE 模型模拟。

依据四川省 2012 年投入产出表，2012 年四川省资本供给 12146.58 亿元。依据《芦山强烈地震雅安抗震救灾志》数据，芦山地震直接经济损失 603.24 亿元，占 2012 年四川省资本供给的 4.97%，即芦山地震带来的资本供给损失百分比为 4.97%。

依据四川省 2012 年投入产出表，2012 年四川省劳动供给 11727.22 亿元。依据《芦山强烈地震雅安抗震救灾志》数据，芦山地震导致四川省受灾人口 218.36 万人。依据《四川省 2013 年统计年鉴》2012 年四川全部单位就业人员工资总额为 3.59 万元。按照受灾人口 50% 计，芦山地震劳动供给损失为 391.96 亿元，占 2012 年四川省劳动供给的 3.34%，即芦山地震带来的劳动供给损失百分比为 3.34%。表 8-10 为芦山 "4·20" 地震有灾情景的模拟结果。

表 8-10 芦山 "4·20" 地震有灾情景的模拟结果

各行业最终消费	金额/亿元
农林牧渔业	1620.60
采掘制造建筑业	3608.43

表 8 - 10（续）

各行业最终消费	金额/亿元
电热燃水业	355.82
批零交通住餐业	1354.17
信息软件业	357.23
金融业	438.36
房地产业	359.01
公共管理业	3532.41
最终消费总额	11626.02
总支出	23270.96
各行业投资	
农林牧渔业	263.55
采掘制造建筑业	9724.61
电热燃水业	155.75
批零交通住餐业	572.82
信息软件业	300.37
金融业	26.13
房地产业	454.12
公共管理业	147.59
投资总额	11644.94

3）有灾情景和无灾情景的模拟结果比较

从表 8 - 11 的计算结果比较来看：

（1）芦山 7.0 地震对四川省各行业的最终消费需求影响差异较大，其中对公共管理业和采掘制造建筑业的最终消费需求影响较大，分别减少了 94.18 亿元和 90.22 亿元，占最终消费需求总减少额的 31.32% 和 30.01%。农林牧渔业的最终消费需求额减少了 50.24亿元，占最终消费需求总减少额的 16.71%；批零交通住餐业减少了 32.55 亿元，占最终消费需求总减少额的 10.83%。其他行业最终消费需求额没有超过 10 亿元。

（2）芦山 7.0 地震对四川省各行业的投资需求影响差异也较大，其中对采掘制造建筑业的投资需求影响较大，减少了 251.50 亿元，占到投资需求总减少额的 83.51%。其他行业最终消费需求额没有超过 10 亿元。

表 8-11　芦山 7.0 地震两种情景模拟结果比较

各行业最终消费	因灾减少额/亿元	因灾减少占比/%
农林牧渔业	50.24	16.71
采掘制造建筑业	90.22	30.01
电热燃水业	8.31	2.76
批零交通住餐业	32.55	10.83
信息软件业	7.85	2.61
金融业	9.64	3.21
房地产业	7.70	2.56
公共管理业	94.18	31.32
最终消费总额	300.68	100.00
各行业投资		
农林牧渔业	6.82	2.26
采掘制造建筑业	251.50	83.51
电热燃水业	4.03	1.34
批零交通住餐业	14.81	4.92
信息软件业	7.77	2.58
金融业	0.68	0.23
房地产业	11.74	3.90
公共管理业	3.82	1.27
投资总额	301.17	100.00

5. 芦山"4·20"地震灾害经济经济损失结果

从表 8-12 来看，运用投入产出方法和 CGE 方法对芦山"4·20"地震灾害经济损失进行评估，得到灾害经济损失均在 600 亿元左右，但是行业间的经济损失差异较大。

表 8-12　芦山"4·20"地震灾害总经济经济损失计较　　　　　　　　　亿元

编码	部　门	直接经济损失 （统计调查方法）	间接经济损失 （投入产出方法）	间接经济损失 （CGE 方法）
1	农林牧渔业	13.50	11.23	57.06
2	采掘制造建筑业	159.49	133.80	341.72

表8-12（续） 亿元

编码	部 门	直接经济损失 （统计调查方法）	间接经济损失 （投入产出方法）	间接经济损失 （CGE方法）
3	电热燃水业	114.90	166.95	12.34
4	批零交通住餐业	104.50	111.89	47.36
5	信息软件业	2.70	3.04	15.62
6	金融业	1.82	1.12	10.32
7	房地产业	165.33	113.89	19.44
8	公共管理业	41.00	49.67	97.99
合 计		603.24	591.59	601.84

数据来源：《芦山强烈地震雅安抗震救灾志》。

六、相关结论与建议

略。

 练习题

一、思考题

1. 地震灾害间接经济损失评估报告的编制内容主要包括哪些？

2. 如何设定有灾情景和无灾情景？

二、案例题

自选一个震级5.0级以上的国内地震，按本章编制要求，编写地震灾害间接经济损失评估报告。

附录1 《地震现场工作 第4部分：灾害直接损失评估》

（GB/T 18208.4—2011）

1 范围

GB/T 18208 的本部分规定了地震灾害直接损失评估的工作内容、程序、方法和报告内容。本部分适用于在地震现场开展的地震灾害直接损失的评估。

2 规范性引用文件

下列文件对于本文件的应用是必不可少的。凡是注日期的引用文件，仅所注日期的版本适用于本文件。凡是不注日期的引用文件，其最新版本（包括所有的修改单）适用于本文件。

GB/T 18208.3—2011 地震现场工作 第3部分：调查规范

GB/T 24335—2009 建（构）筑物地震破坏等级划分

GB/T 24336—2009 生命线工程地震破坏等级划分

3 术语和定义

下列术语和定义适用于本文件。

3.1

地震灾害直接损失 earthquake – caused direct loss

地震灾害造成的人员伤亡、地震直接经济损失以及地震救灾投入费用。

3.2

地震直接经济损失 earthquake – caused direct economic loss

地震（包括地震动、地震地质灾害及地震次生灾害）造成的房屋和其他工程结构、设施、设备、物品等物项破坏的经济损失。

3.3

地震救灾投入费用 cost for earthquake disaster relief

地震救灾投入的各种费用，包括人工、物资、运输、通信设施抢修、电力设施抢修、医疗药品、消毒防疫、埋葬、废墟清理及人员搬迁暂住等费用。

3.4

重置费用 replacement cost

基于当地当前价格，重建与震前同样规模和标准的房屋和其他工程结构、设施、设备、物品等物项所需费用。

3.5

地震灾区 earthquake disaster area

地震发生后，人民生命财产遭受损失、经济建设遭到破坏的地区。

3.6

地震极灾区 extreme earthquake disaster area

遭受地震灾害直接损失最严重的区域，不包括对社会经济无直接影响的地震地质灾害区域。

3.7

地震失去住所人数 number of homeless caused by earthquake

因地震破坏而失去原住所的人数。

3.8

房屋破坏比 damage ratio of buildings

房屋某一破坏等级的建筑面积与总建筑面积之比。

3.9

损失比 loss ratio

房屋或工程结构某一破坏等级的修复单价与重置单价之比。

3.10

续发地震损失评估 loss assessment of consequent earthquake

对相同区域震群型的后续地震或强余震造成损失进行的灾害损失评估。

3.11

城市评估区 loss assessment area in city

地震灾害损失评估的范围主要覆盖按国家行政建制设立的直辖市、市、县以及部分经济较为发达的镇辖区。

3.12

农村评估区 loss assessment area in village

地震灾害损失评估的范围主要覆盖不属于城市评估区范围内的农村（乡村）以及部分经济较为落后的建制镇辖区。

3.13

中高档装修地震直接经济损失 earthquake – caused direct economic loss of middle and high grade decoration

城市评估区中房屋装修占主体造价较大比例的公共建筑和民居，因地震而造成的装修部分价值损失。

4 地震灾害直接损失调查

4.1 地震灾区调查

4.1.1 确定地震极灾区位置及地震灾区范围，可通过地震台网测定参数、电话收集震害、网络查询、航空摄像、遥感影像和实地调查了解等方法进行综合判定。

4.1.2 在地震灾区调查，应收集下列基础资料：
  a) 城镇村庄分布；
  b) 村镇人口及分布；
  c) 房屋结构类型；
  d) 各类房屋总建筑面积；
  e) 各类房屋中采用中高档装修的建筑总面积；
  f) 人均或户均住宅建筑面积；
  g) 各类房屋建造单价；
  h) 生命线系统构成；
  i) 其他工程设施的规模和分布；
  j) 灾区经济及支柱产业；
  k) 其他灾区特性资料（自然环境、民族构成、震源机制、地震破裂过程、地震构造、工程地质、水文地质等）。

4.2 房屋破坏损失调查分区

4.2.1 地震灾区的房屋破坏损失情况，应按农村评估区和城市评估区分别调查。

4.2.2 农村评估区应将破坏连续分布的地震灾区按下列原则分为若干子区：
  a) 6级（不含6级）以下地震，应至少将地震灾区分为二个子区，分界线宜选定在地震极灾区中心到地震灾区边界线的二等分距离处；
  b) 6~7级（不含7级）地震，应至少将地震灾区分为三个子区，分界线宜选定在地震极灾区中心到地震灾区边界线的三等分距离处；
  c) 7级以上（含7级）地震，应至少将地震灾区分为四个子区，分界线宜选定在地震极灾区中心到地震灾区边界线的四等分距离处；
  d) 在地震极灾区震害分布不均匀时，宜将地震极灾区所在子区再进行细分若干评估子区。

4.2.3 在破坏连续分布的区域之外的破坏区应单独作为评估子区。不应将此单独评估子区作为破坏连续分布评估区的边界。

4.2.4 在城市评估区，可按城市行政区划或街区划分评估子区，如果因场地条件等原因导致震害分布不均匀，宜按震害程度划分为若干评估子区。

4.2.5 地震次生灾害波及范围较大的区域，宜单独作为评估子区。

4.3 房屋建筑面积调查

4.3.1 按照地震灾区房屋结构类型，参照 GB/T 18208.3—2011 附录 A 中的 A.1 可将房屋划分为下列类别：

 a) Ⅰ类：钢结构房屋，包括多层和高层钢结构等；

 b) Ⅱ类：钢筋混凝土房屋，包括高层钢筋混凝土框筒和筒中筒结构、剪力墙结构、框架剪力墙结构、多层和高层钢筋混凝土框架结构等；

 c) Ⅲ类：砌体房屋，包括多层砌体结构、多层底部框架结构、多层内框架结构、多层空斗墙砖结构、砖混平房等；

 d) Ⅳ类：砖木房屋，包括砖墙、木房架的多层砖木结构、砖木平房等；

 e) Ⅴ类：土、木、石结构房屋，包括土墙木屋架的土坯房、砖柱土坯房、土坯窑洞、黄土崖土窑洞、木构架房屋（包括砖、土围护墙）、碎石（片石）砌筑房屋等；

 f) Ⅵ类：工业厂房；

 g) Ⅶ类：公共空旷房屋。

4.3.2 在每个评估子区，应分别调查各类房屋的总建筑面积。宜通过地震灾区地方政府并结合该地区最新统计资料（年鉴或人口普查资料等）得到。

4.3.3 在无法得到各类房屋总建筑面积时，可通过抽样调查得到各类结构建筑面积占总面积的比例，乘以所有房屋总建筑面积得到各类房屋总建筑面积。

4.3.4 在农村评估区，房屋总建筑面积包括住宅房屋总建筑面积、公用房屋面积和厂房建筑面积，其中，住宅房屋总建筑面积可通过人均房屋建筑面积或户均房屋建筑面积分别乘以人口或户数得到。

4.3.5 在城市评估区，应调查各类房屋中高档装修房屋所占比例，并按附录 B 中表 B.1 的要求填写，然后乘以所有房屋总建筑面积得到该评估子区各类中高档装修房屋的总建筑面积。

4.4 房屋破坏比调查

4.4.1 钢筋混凝土房屋、砌体房屋等一般房屋应按照 GB/T 24335—2009 的规定将房屋破坏划分为基本完好、轻微破坏、中等破坏、严重破坏和毁坏五个等级。

4.4.2 土、木、石结构等简易房屋可划分为三个破坏等级：

 a) 基本完好：建筑物承重和非承重构件完好，或个别非承重构件轻微损坏，不加修理可继续使用（其划分指标等同于 GB/T 24335—2009 规定的基本完好）；

 b) 破坏：个别承重构件出现可见裂缝，非承重构件有明显裂缝，不需要修理或稍加修理即可继续使用。或多数承重构件出现轻微裂缝，部分有明显裂缝，个别非承重构件破坏严重，需要一般修理（其划分指标等同于 GB/T 24335—2009 规定的中等破坏或轻微破坏两者的综合）；

 c) 毁坏：多数承重构件破坏较严重，或有局部倒塌，需要大修，个别建筑修复困难。或多数承重构件严重破坏，结构濒于崩溃或已倒毁，已无修复可能（其划分指标等同于 GB/T 24335—2009 规定的毁坏和严重破坏两者的综合）。

4.4.3 房屋破坏比应按不同结构类型、不同破坏等级分别调查求得。

4.4.4 房屋不同破坏等级的破坏面积，应采用抽样调查得到。对 6 级以下地震，地震极灾区内宜逐村调查。应区分评估子区和结构类型，并应按附录 B 中表 B.2 与表 B.3 填写各抽样点调查结果。

4.4.5 抽样调查遵循以下原则：

  a）抽样点的分布，应覆盖整个地震灾区；

  b）抽样点应代表不同破坏程度，不应只抽样调查破坏轻微的点，或只抽样调查破坏严重的点；

  c）农村评估区应以自然村为抽样点，抽样点内的房屋应逐个调查；

  d）城市评估区的抽样点应选在房屋集中的街区，每个抽样点的覆盖面积不应小于一个中等街区；

  e）城市评估区中，所有抽样点的房屋的建筑面积总和不应小于该城市评估区房屋总建筑面积的 10%；

  f）城市评估区的抽样点，应逐栋调查；因故无法逐栋调查时，每个抽样点调查的房屋建筑面积不应小于该抽样点房屋总建筑面积的 60%。

4.4.6 农村评估区抽样调查点的数目应符合下列要求：

  a）6 级（不含 6 级）以下地震，抽样点数不应少于 24 个；

  b）6~7 级（不含 7 级）地震，抽样点不应少于 36 个；

  c）7 级以上（含 7 级）地震，抽样点不应少于 48 个；

  d）每个评估子区内的抽样点不应少于 12 个，当评估子区内村庄少于 12 个时，应逐个调查。

4.4.7 每个评估子区应分别计算不同类别房屋在各破坏等级下的破坏比，并将结果按附录 B 中表 B.4 填写。计算方法应按下列步骤：

  a）分别统计一个评估子区内所有抽样点某类房屋遭受某种破坏等级的破坏面积之和 A；

  b）分别统计该评估子区内某类房屋总建筑面积 S；

  c）评估子区内某类房屋遭受某种破坏等级的破坏比为 A/S。

4.4.8 当确定等震线（烈度分布）图后，应按照烈度分区再给出不同烈度区的各类房屋的各破坏等级的破坏比，并将结果按附录 C 中表 C.3 填写。

4.5 室内外财产损失调查

4.5.1 每个评估子区内应区分住宅和公用房屋，分别针对不同结构类型和不同破坏等级的房屋，宜各选取不少于五户（栋）典型房屋，统计不同破坏等级下住宅和公用房屋室内财产损失值和典型房屋（栋）的总建筑面积，求得二者之比，得到不同类别房屋、不同破坏等级的单位面积室内财产损失值，并按附录 B 中表 B.5 填写。也可以参照当地年鉴的有关统计数字，根据房屋破坏程度和数量估计。

4.5.2 每个评估子区的单位面积室内财产损失值，应为评估子区内的各个抽样值的平均值，并将结果按附录 B 中表 B.6 填写。

4.5.3 对于农村及城镇评估区，当房屋重置单价不包括室内外装修时，室内外装修的破坏损失应按照第4.5.1条规定计入室内财产损失之中。

4.5.4 对于城市评估区，房屋破坏损失的评估内容应当包括房屋主体结构损失，中高档装修损失和室内外财产损失三部分。

4.5.5 选取典型房屋样本时应考虑不同经济条件住户的比例。

4.5.6 价值50万元以上的设备、机械和精密仪器等室内财产损失应逐个调查，调查结果应按附录 B 中表 B.7 填写。价值50万元以下或库存物资可由企事业单位或分管部门归类估计。

4.5.7 对每个评估子区，应由灾区当地政府按附录 D 中表 D.5 填写牲畜、棚圈、围墙、蓄水池等室外财产破坏数量和损失，经核实后再按附录 B 中表 B.8 汇总。

4.6 工程结构和设施损失调查

4.6.1 各种生命线系统的工程结构、工业和特殊用途结构应逐个调查，并将调查结果逐一按附录 B 中表 B.11 填表。

4.6.2 对公路、铁路、城市轨道交通、市政道路、农田水利灌渠、供排水系统管道、供气系统管道、供热系统管道、输油管道、输电线路、通信系统线路等，宜逐段调查得到绝对破坏长度，或抽样调查得到平均每千米破坏长度，再乘以总长度得到绝对破坏长度。

5 地震人员伤亡统计与失去住所人数估计

5.1 宜通过灾区地方政府获得地震人员伤亡情况（死亡、失踪、重伤和轻伤），并按下列规定填写附录 B 表 B.9，再按 B.10 汇总：

  a）死亡：因地震直接或间接致死；

  b）失踪：以地震为直接原因导致下落不明，暂时无法确认死亡的人口（含非常住人口）；

  c）重伤：需要住院治疗的伤员；

  d）轻伤：无须住院治疗的伤员。

5.2 地震死亡人员，应说明其性别、年龄、住房结构类型、死亡地点及致死原因等；因地震重伤、轻伤人员宜加以说明。

5.3 出现因地震而失踪人员时应加以说明。

5.4 应给出按村落或按街区人员伤亡的空间分布调查结果。

5.5 失去住所人数 T，宜按式（1）计算：

$$T = \frac{c + d + e/2}{a} \times b - f \qquad (1)$$

式中　　a——调查中得到的户均住宅建筑面积，m^2；

　　　　b——调查中得到的户均人口，人/户；

　　　　c——调查中得到的所有住宅房屋的毁坏建筑面积，m^2；

d——调查中得到的所有住宅房屋的严重破坏建筑面积，m^3；

XX——调查中得到的所有住宅房屋的中等破坏建筑面积，m^2；

f——调查中得到的死亡人数，人。

6 地震灾害直接损失报表

6.1 破坏性地震发生后，应向灾区各级行政主管部门、行业主管部门提供地震灾害直接损失报表格式，调查、收集建（构）筑物、室内（外）财产、生命线系统工程结构和设施、企业工程结构和设施以及文物古迹部门的震前基础信息及震后损失等资料，并由地震主管部门核实。

6.2 房屋震前基础资料应由灾区行政主管部门按不同用途（居住、政府办公和其他房屋）分别填写附录 D 表 D.1～表 D.3。

6.3 地震人员伤亡情况应由灾区行政主管部门按 5.1～5.5 相关规定填写附录 B 表 B.9。

6.4 城市和农村民房、行业系统（教育、卫生、行政管理事业单位等）房屋、生命线系统（电力、供排水、供气、供热、交通、长输油（气）管道、水利、通信、广播电视、市政、铁路）房屋、企业房屋、文物古迹部门管理用房等的建（构）筑物地震灾害直接损失，应由灾区各主管部门分别按附录 D 表 D.4 填写报表。

6.5 城市和农村民房、行业系统（教育、卫生、行政管理事业单位等）房屋、生命线系统（电力、供排水、供气、供热、交通、长输油（气）管道、水利、通信、广播电视、市政、铁路）房屋等的室内（外）财产地震灾害直接损失，应由灾区各行政主管部门分别按附录 D 表 D.5 填写报表。

6.6 生命线系统工程结构和设施地震灾害直接损失，应区分电力、供排水、供气、供热、交通、长输油（气）管道、水利、通信、广播电视、市政和铁路等系统，由灾区各主管部门分别按附录 D 中表 D.6～D.16 填写报表。

6.7 企业除建（构）筑物以外的地震灾害直接损失，应由灾区各主管部门按附录 D 表 D.17 填写报表。

6.8 文物古迹地震灾害直接损失，应区分古建筑、配套设施和文物，由灾区文物主管部门按附录 D 表 D.18 填写报表。

7 地震直接经济损失

7.1 房屋直接经济损失

7.1.1 房屋破坏损失比应根据结构类型、破坏等级，并应按当地土建工程实际情况，在表 1 规定的范围内适当选取，一般选取中值，相同区域所选取的值应有延续性。对按照基本完好、破坏、毁坏三个破坏等级评定的土、木、石结构房屋，损失比应分别在 0%～5%、30%～50%、80%～100% 的范围内选取。对于表 1 未涉及类型的房屋损失比可参照表 1 选取。

表1 房屋损失比

用百分比（%）表示

房屋类型		破坏等级				
		基本完好	轻微破坏	中等破坏	严重破坏	毁坏
钢筋混凝土、砌体房屋	范围	0～5	6～15	16～45	46～100	81～100
	中值	3	11	31	73	91
工业厂房	范围	0～4	5～16	17～45	46～100	81～100
	中值	2	11	31	73	91
城镇平房、农村房屋	范围	0～5	6～15	16～45	46～100	81～100
	中值	3	11	28	71	86

7.1.2 房屋破坏直接经济损失，应按下列步骤计算：

a) 按式（2）计算各评估子区各类房屋在某种破坏等级下的损失 L_h：

$$L_h = S_h \times R_h \times D_h \times P_h \qquad (2)$$

式中 S_h——该评估子区同类房屋总建筑面积，m^2；

R_h——该评估子区同类房屋某种破坏等级的破坏比；

D_h——该评估子区同类房屋某种破坏等级的损失比；

P_h——该评估子区同类房屋重置单价，m^2。

b) 将所有破坏等级的房屋损失相加，得到该评估子区该类房屋破坏的损失；

c) 将所有类别房屋的损失相加，得到该评估子区房屋损失；

d) 将所有评估子区的房屋损失相加，得出整个灾区的房屋损失。

7.1.3 按照附录C中表C.1和表C.2分别填写房屋破坏面积汇总表。

7.2 房屋装修直接经济损失

7.2.1 城市评估区应在计算7.1规定的房屋经济损失基础上，增加中高档装修房屋的装修破坏直接经济损失，按下列步骤计算：

a) 按式（3）计算各评估子区各类房屋装修在某种破坏等级下的损失 L_d：

$$L_d = \gamma_1 \times \gamma_2 \times S_d \times R_h \times D_d \times P_d \qquad (3)$$

式中 S_d——该评估子区同类中高档装修房屋总建筑面积（见7.2.2），m^2；

R_h——该评估子区同类房屋某种破坏等级的破坏比；

D_d——该评估子区同类房屋某种破坏等级的装修破坏损失比（见7.2.3）；

P_d——该评估子区同类房屋中高档装修的重置单价（见7.2.4），元/m^2；

γ_1——考虑各个地区经济状况差异的修正系数（见7.2.5）；

γ_2——考虑不同用途的修正系数（见7.2.6）。

b） 将所有破坏等级的房屋装修损失相加，得到该评估子区该类房屋装修破坏的损失；

c） 将所有类别的装修损失相加，得到该评估子区房屋装修破坏损失；

d） 将所有评估子区的房屋装修损失相加，然后乘以修正系数 γ_1、γ_2，得出整个灾区的房屋装修破坏损失。

7.2.2 中高档装修房屋总建筑面积可通过抽样调查获得在该评估区该类房屋中高档装修所占的比例 ξ（或者在附录 A 中表 A.1 规定的范围内适当选取），然后乘以第 7.1.2 条中各类房屋的总建筑面积 S_h 得出：$S_d = S_h \times \xi$。

7.2.3 房屋装修破坏损失比 D_d 宜取中值，中档装修取中值以下数值，高档装修取中值以上数值，如表 2 所示。

表 2　房屋装修破坏损失比

用百分比（%）表示

房屋类型		破坏等级				
		基本完好	轻微破坏	中等破坏	严重破坏	毁坏
钢筋混凝土房屋	范围	2～10	11～25	26～60	61～100	91～100
	中值	6	18	43	81	96
砌体房屋	范围	0～5	6～19	20～47	48～100	86～100
	中值	3	13	34	74	93

7.2.4 房屋装修费用主要由 7.1.3 中各类房屋的重置单价乘以装修百分比 η（见附录 A 中表 A.2）得到：$P_d = P_h \times \eta$

7.2.5 装修费用应随地区经济发达水平而有所提高，可采用附录 A 中表 A.3 规定的修正系数 γ_1 予以修正。

7.2.6 若按照用途分类评估房屋破坏的直接经济损失，房屋装修费用因其用途不同而有所差异，可采用附录 A 中表 A.4 规定的修正系数 γ_2 予以修正，否则取 1.0。

7.3　房屋室内外财产的直接经济损失

7.3.1 住宅和公用房屋室内财产损失，应分别按下列步骤计算：

a） 按下列公式计算各评估子区各类房屋在某种破坏等级下的室内财产损失 L_p：

$$L_p = S_p \times R_p \times V_p \tag{4}$$

式中　S_p——该评估子区同类房屋总建筑面积，m^2；

R_p——该评估子区同类房屋某种破坏等级的破坏比；

V_p——该评估子区同类房屋某种破坏等级单位面积室内财产损失值，元/m^2。

b） 将所有破坏等级的室内财产损失相加，得到该评估子区该类房屋的室内财产损失；

c) 将所有类型房屋的室内财产损失相加，得到该评估子区房屋室内财产损失；

d) 将所有评估子区的室内财产损失相加，得出整个灾区房屋室内财产损失。

7.3.2 企事业单位室内财产损失，应按 4.5.6 规定的调查结果评定，评估时应考虑设备破坏程度或修复难易程度。

7.3.3 室外财产损失，应按 4.5.7 的规定所作调查结果评定。

7.4 工程结构设施和企业的直接经济损失

7.4.1 生命线系统工程结构破坏等级划分

生命线系统工程结构的破坏等级，应按照 GB/T 24336—2009 中的规定划分。凡该标准中未作具体规定的结构，可按照下列原则划分破坏等级：

a) 基本完好：不影响继续使用；

b) 破坏：丧失部分功能，可以修复；

c) 毁坏：丧失大部或全部功能；无法修复或已无修复价值。

7.4.2 生命线系统直接经济损失

7.4.2.1 生命线系统的工程结构损失应与有关企业或主管部门会同逐个评定。应由有关企业或主管部门调查后按附录 D 中表 D.6～D.16 填写上报，地震主管部门会同相关部门、行业共同调查核实。

7.4.2.2 生命线系统的工程结构损失可按照重置造价乘以损失比来计算。部分生命线系统工程结构的破坏损失比，应按照结构类别、破坏等级和修复难易，在附录 A 中表 A.11 规定范围内适当选取。

7.4.2.3 对于 4.6.2 规定的道路、铁路、管线和渠道，其损失宜按单位长度重置造价乘以绝对破坏长度计算。

7.4.2.4 铁路和公路的破坏损失，应计入清理滑坡、塌方和修复支护所增加的费用。

7.4.2.5 生命线系统的生产用房屋破坏损失应按照房屋破坏损失评估方法进行。

7.4.2.6 生命线系统地震直接经济损失应为工程结构损失和生产用房屋损失之和。

7.4.3 其他各种工程结构和设施的直接经济损失

其他如水利系统等各种工程结构和设施的直接经济损失，可参照上述规定逐个计算。

7.4.4 企业直接经济损失

7.4.4.1 企业工程结构损失应与有关企业或主管部门会同逐个评定。应由地震主管部门根据附录 B 中表 B.7 的抽样调查结果和附录 D 中表 D.17 报表资料，会同相关部门共同调查核实。

7.4.4.2 企业的生产用房屋破坏损失应按照房屋破坏损失评估方法进行。

7.4.4.3 企业地震直接经济损失应为工程结构损失和生产用房屋损失之和。

7.5 地震直接经济损失计算

7.5.1 地震直接经济损失应包括房屋、装修、室内外财产以及所有工程结构破坏直接经济损失之和。应按照附录C中表C.4填写，提供按照行政管理和业务管理系统分别统计的损失值。

7.5.2 因特殊环境无法进行现场调查时，可采用修正系数予以修正，修正系数的取值，可根据实际情况在1.0~1.3内选取。

7.5.3 可对全部地震直接经济损失修正，也可对部分项目修正，应根据实际情况确定。

7.5.4 经济损失值应按地震发生时的当地价格（人民币）计算，同时给出经济损失占灾区所在省、市和自治区上一年国内生产总值的比例。

8 地震救灾投入费用

8.1 地震救灾投入费用，宜根据现场调查和地方政府上报综合得到。

8.2 在无法得到确切投入费用时，可按下列方法估计：

    a) 6级以下（不含6级）地震：可取地震直接经济损失的1.5%；

    b) 6~7级（不含7级）地震：可取地震直接经济损失的3.5%；

    c) 7级以上（含7级）地震：可取地震直接经济损失的6.0%。

9 地震直接损失初步评估

9.1 地震直接损失初步评估的原则

9.1.1 震后3天内，宜同时采用简化方法进行初步评估。

9.1.2 初步评估内容为人员伤亡和直接经济损失，宜给出损失值估计范围，不宜给出确切数字。

9.2 人员伤亡和失踪人数估计

9.2.1 人员伤亡宜根据地方政府上报数字估计。

9.2.2 失踪人数应根据现场调查和地方政府上报综合估计。

9.3 地震直接经济损失初步评估方法

9.3.1 房屋和室内外财产损失

9.3.1.1 房屋破坏比，宜根据灾区破坏分布，在各评估子区选择不少于6个有代表性的城市和农村抽样点调查得到破坏比，也可参考近年来灾区及其附近地震损失评估得到的经验统计破坏比。

9.3.1.2 单位面积室内财产损失值，可按4.5.1规定通过抽样调查确定。

9.3.1.3 房屋破坏损失和室内财产损失，应按7.1~7.3的规定计算。

9.3.1.4 室外财产损失，可根据抽样调查评定。

9.3.2 行业直接经济损失

9.3.2.1 由生命线各系统、水利、企业、卫生、教育等管理部门分别上报本系统的工程结构、生产用房屋、室内设备损失估计值。

9.3.2.2 在各评估子区中按行业选择重点抽样调查核实单价、数量和破坏程度，给出行业直接经济损失初步估计。

10 续发地震损失评估

10.1 续发地震损失评估，应在前一次地震损失评估结束到震区恢复重建完成之前进行。

10.2 续发地震损失的地震灾区中与前发地震灾区不重合的区域，应划为新的评估子区。

10.3 续发地震损失的地震灾区中与前发地震灾区重合的区域，其损失评估的项目、计算方法应与前发地震损失评估相同，但应扣除前发各次地震损失之和：

  a) 对房屋建筑，计算续发地震的破坏比时应从最终的破坏比减去前发地震的破坏比；

  b) 对室内财产，计算续发地震的单位面积损失值时应减去前发地震的值；

  c) 对生命线系统和其他工程结构，应逐个调查续发地震的破坏等级并计算损失，再减去前发地震的损失。

10.4 多次续发地震损失的总和，不应超过实物财产的总价值。

10.5 当重合的评估子区面积较小时，可适当减少抽样点数目，但抽样点不应少于5个。

11 汇总和报告内容

附 录 A
（规范性附录）
计 算 参 数

表 A.1～表 A.5 分别给出了"中高档装修房屋所占比例 ξ""房屋装修费用与主体造价的比值 η""修正系数 γ_1""修正系数 γ_2"以及"生命线系统工程结构破坏损失比"。

表 A.1 中高档装修房屋数量所占比例 ξ
用百分比（%）表示

城市规模		房屋类型	
		钢筋混凝土房屋	砌体房屋
大城市	范围	31～55	12～25
	中值	43	19
中等城市	范围	17～35	5～11
	中值	26	8
小城市	范围	8～15	2～5
	中值	12	4
注：城市规模的划分标准根据国家统计局规定，以"市区非农业人口数"为指标，分为三个等级：大城市（≥100 万人）、中等城市（20 万人～100 万人）、小城市（≤20 万人）。			

表 A.2 房屋装修费用与主体造价的比值 η
用百分比（%）表示

城市规模		房屋类型	
		钢筋混凝土房屋	砌体房屋
大城市	范围	26～48	20～34
	中值	37	27
中等城市	范围	19～38	16～25
	中值	29	21
小城市	范围	15～30	10～20
	中值	23	15
注：城市规模的划分标准根据国家统计局规定，以"市区非农业人口数"为指标，分为三个等级：大城市（≥100 万人）、中等城市（20 万人～100 万人）、小城市（≤20 万人）。			

表A.3 修正系数 γ_1

经济发展水平	发达	较发达	一般
修正系数	1.3	1.15	1.0

注：经济发展水平的划分标准根据国家统计局规定，以"人均GDP"为指标，分为三个等级：发达（≥30000元）、较发达（15000～30000元）、一般（≤15000元）。

表A.4 修正系数 γ_2

用途	住宅	教育卫生	公共
修正系数	1.0～1.1	0.8～1.0	1.1～1.2

表A.5 生命线系统工程结构破坏损失比

用百分比（%）表示

类别			破坏等级				
			基本完好	轻微破坏	中等破坏	严重破坏	毁坏
系统名称	分项名称						
交通	公路、桥梁、隧道	范围	0～10	11～20	21～40	41～70	71～100
供（排）水	水处理厂、取水井站或供水泵站、供（排）水管网、水池或水处理池	中值	5	16	31	56	86
供油	炼油厂、输油泵站、油库、输油管道	范围	0～5	6～15	16～35	35～55	56～80
供气	门站、储气罐、输气管网						
电力	发电厂、变（配）电站						
通信	通信中心控制室	中值	3	11	26	46	68
水利	土石坝、重力坝、拱坝						
其他	挡土墙	范围	0～4	5～8	9～35	36～70	71～100
交通	铁道线路						
电力	输电线路						
通信	通信线路	中值	2	7	22	53	86
其他	烟囱、水塔						

注1：对于划分为两个破坏等级的设备：基本完好取（0～20）%，毁坏取（80～100）%。

注2：对于划分为三个破坏等级的设备：基本完好取（0～20）%，破坏取（30～50）%，毁坏取（80～100）%。

附 录 B

（规范性附录）

地震灾害直接损失调查表

各内容调查表见表 B.1～表 B.11。

表 B.1 评估区中高档装修房屋所占比例的抽样调查表

用百分比（%）表示

评估子区序号	钢筋混凝土房屋	砌体房屋
1		
2		
3		

调查人		复核人		调查日期	年 月 日

表 B.2 抽样点房屋面积抽样调查汇总表

m²

评估子区名称		抽样点名称		GPS 坐标	经度：	纬度：

结构类型	破坏面积					合计
	基本完好	轻微破坏	中等破坏	严重破坏	毁坏	
钢结构房屋						
钢筋混凝土房屋						
砌体房屋						
砖木房屋						
土、木、石结构房屋						
工业厂房						
公共空旷房屋						
合计						
调查人		复核人		调查日期		年 月 日

表 B.3 评估子区房屋抽样调查汇总表

m²

评估子区名称			抽样点总建筑面积					
序号	抽样点名称	结构类型	破坏面积					合计
			基本完好	轻微破坏	中等破坏	严重破坏	毁坏	
1								
2								
3								
…								
合计								
汇总人			复核人			汇总日期		年 月 日
注："结构类型"一列请在以下分类中选择其相应代码填写：Ⅰ）钢结构房屋，Ⅱ）钢筋混凝土房屋，Ⅲ）砌体房屋，Ⅳ）砖木房屋，Ⅴ）土、木、石结构房屋，Ⅵ）工业厂房，Ⅶ）公共空旷房屋。								

表 B.4 评估区房屋破坏比汇总表

序号	评估子区名称	结构类型	基本完好	轻微破坏	中等破坏	严重破坏	毁坏
1							
2							
3							
…							
汇总人			复核人		汇总日期		年 月 日
注："结构类型"一列请在以下分类中选择其相应代码填写：Ⅰ）钢结构房屋，Ⅱ）钢筋混凝土房屋，Ⅲ）砌体房屋，Ⅳ）砖木房屋，Ⅴ）土、木、石结构房屋，Ⅵ）工业厂房，Ⅶ）公共空旷房屋。							

表 B.5 房屋室内财产损失抽样调查表

评估子区名称		抽样点名称		GPS 坐标	经度：	纬度：
序号	抽样房屋名称	结构类型	建筑面积/m²	破坏等级	主要损失物品	损失值/元	单位面积损失值/（元/m²）
1							
2							
3							
…							
调查人			复核人		调查日期		年 月 日

注1："结构类型"一列请在以下分类中选择其相应代码填写：Ⅰ）钢结构房屋，Ⅱ）钢筋混凝土房屋，Ⅲ）砌体房屋，Ⅳ）砖木房屋，Ⅴ）土、木、石结构房屋，Ⅵ）工业厂房，Ⅶ）公共空旷房屋；

注2："破坏等级"一列请在以下分类中选择其相应代码填写：Ⅰ）基本完好，Ⅱ）轻微破坏，Ⅲ）中等破坏，Ⅳ）严重破坏，Ⅴ）毁坏。

表 B.6 房屋单位面积室内财产损失汇总表

元/m²

抽样点		评估子区名称	结构类型	单位面积财产损失				
序号	名称			基本完好	轻微破坏	中等破坏	严重破坏	毁坏
1								
2								
3								
…								
汇总人			复核人		汇总日期		年 月 日	

注："结构类型"一列请在以下分类中选择其相应代码填写：Ⅰ）钢结构房屋，Ⅱ）钢筋混凝土房屋，Ⅲ）砌体房屋，Ⅳ）砖木房屋，Ⅴ）土、木、石结构房屋，Ⅵ）工业厂房，Ⅶ）公共空旷房屋。

表 B.7　企事业单位设备损失调查表

序号	企事业名称	设备名称	生产年代	原价/元	现价/元	破坏状况	损失值/元
1							
2							
3							
…							
合计							
调查人		复核人			调查日期		年　月　日

表 B.8　室外财产损失抽样调查表

抽样点名称		GPS 坐标		经度：		纬度：	
序号	项目类别	计量单位	单价/元	数量	损失状况	损失值/元	
1	农田						
2	牲畜						
3	棚圈						
4	围墙						
5	蓄水池						
6	烤烟房						
7	汽车						
8	农用车 （摩托、助力车）						
…							
合计							
调查人		复核人		调查日期		年　月　日	

表 B.9 人员伤亡调查表

市（州、盟、地区）		县（市、旗、区）		乡（镇、苏木、街道）		行政村（居委会）		地震烈度	
序号	姓名	性别	年龄	伤亡情况				死亡原因	
				死亡	失踪	重伤	轻伤		
1									
2									
3									
4									
5									
6									
…									
合计									
调查人		复核人			调查日期			年 月 日	

注1："伤亡情况"一列，应在"死亡""失踪""重伤""轻伤"下面打钩"√"；

注2："死亡原因"一列，应说明其死亡地点、住房结构类型及致死原因等；因救灾遇险、地震次生灾害导致死伤的人数应加以说明。

表 B.10 人员伤亡调查汇总表

市（州、盟、地区）		县（市、旗、区）			乡（镇、苏木、街道）				
序号	行政村（居委会）名称	地震烈度	死亡人数	失踪人数	重伤人数	轻伤人数	总人口	备注	
1									
2									
3									
4									
5									

表 **B**.10（续）

序号	行政村（居委会）名称	地震烈度	死亡人数	失踪人数	重伤人数	轻伤人数	总人口	备注
6								
…								
合计								

调查人		复核人		调查日期		年 月 日	

注："备注"一列，应说明其死亡地点、住房结构类型及致死原因等；因救灾遇险、地震次生灾害导致死伤的人数应加以说明；出现因地震而失踪人员时，应加以说明。

表 **B**.11　生命线工程结构及其他工程结构损失调查表

工程名称				结构类型			
所属单位			所在地点		GPS 坐标	经度：纬度：	
被调查项目		数据	破坏现象描述：		附属用房破坏情况		
结构形式					结构类型		
尺寸	长度/m				结构单价/（元·m^{-2}）		
	宽度/m						
	高度/m						
	面积/m^2						
	容积/m^3						
使用材料					破坏情况		
建造年代							
场地、地基情况			经济损失计算方法的详细描述：				
原建造单价/（元·m^{-2}）							
现建造单价/（元·m^{-2}）					估计损失/元		
现总造价/（元·m^{-2}）							
破坏等级					备注		
损失比							
损失值/元							
调查人		复核人		调查日期		年 月 日	

附 录 C

（规范性附录）
地震灾害直接损失调查汇总表

各汇总表见表 C.1～表 C.4。

表 C.1 按用途分类的房屋破坏面积汇总表

m²

房屋用途	破坏面积					备注
	基本完好	轻微破坏	中等破坏	严重破坏	毁坏	
农村住宅						
农村公用						
城市住宅						
城市公用						
政府办公						
教育						
卫生						
总计						
汇总人		复核人			汇总日期	年 月 日

注1："城市公用"主要是指除了政府办公、教育、卫生以外的其他城市用房。
注2：土、木、石房屋破坏等级按3档划分时，"破坏"的破坏比归入"中等破坏"栏，"毁坏"的破坏比归入"毁坏"栏。

表 C.2 按行政区分类的房屋破坏面积汇总表

行政区	结构类型	破坏面积/m²				
		基本完好	轻微破坏	中等破坏	严重破坏	毁坏
	钢结构房屋					
	钢筋混凝土房屋					
	砌体房屋					
	砖木房屋					

表 C.2（续）

行政区	结构类型	破坏面积/m²				
		基本完好	轻微破坏	中等破坏	严重破坏	毁坏
	土、木、石结构房屋					
	工业厂房					
	公共空旷房屋					
	小计					
...	钢结构房屋					
	钢筋混凝土房屋					
	砌体房屋					
	砖木房屋					
	土、木、石结构房屋					
	工业厂房					
	公共空旷房屋					
	小计					
总计						
百分比/%						
汇总人		复核人		汇总日期	年 月 日	

注：土、木、石房屋破坏等级按3档划分时，"破坏"的破坏比归入"中等破坏"栏，"毁坏"的破坏比归入"毁坏"栏。

表 C.3 房屋破坏比汇总表

序号	地震烈度	结构类型	破坏等级				
			基本完好	轻微破坏	中等破坏	严重破坏	毁坏
1							
2							
3							

表 C.3（续）

序号	地震烈度	结构类型	破坏等级				
			基本完好	轻微破坏	中等破坏	严重破坏	毁坏
…							
合计							

汇总人		复核人		汇总日期		年　月　日

注1："结构类型"一列请在以下分类中选择其相应代码填写：Ⅰ）钢结构房屋，Ⅱ）钢筋混凝土房屋，Ⅲ）砌体房屋，Ⅳ）砖木房屋，Ⅴ）土、木、石结构房屋，Ⅵ）工业厂房，Ⅶ）公共空旷房屋。

注2：土、木、石房屋破坏等级按3档划分时，"破坏"的破坏比归入"中等破坏"栏，"毁坏"的破坏比归入"毁坏"栏。

表 C.4　地震灾害直接经济损失汇总表

万元

行政区	评估项目																			合计
	房屋						生命线系统					企业	水利	农田	其他	室内、外财产				
	农村住宅	农村公用	城市住宅	城市公用	政府办公	教育系统	卫生系统	电力	交通	通信	供排水	其他					室内财产	牲畜	围墙	其他	
…																				
小计																				
分项合计																				
百分比/%																				

地震事件名称		发生时间	年　月　日　时　分　秒

附 录 D

（规范性附录）

房屋基础资料与地震灾害直接损失报表

表 D.1 居住房屋基础资料报表

市（州、盟、地区）		县（市、旗、区）			乡（镇、苏木、街道）			
序号	行政单位名称（行政村、居委会等）	自然村/个	户数/户	人口/人	户均面积/（m²/户）	户均财产/（元/户）	房屋总面积/m²（或间）				

序号	行政单位名称（行政村、居委会等）	自然村/个	户数/户	人口/人	户均面积/（m²/户）	户均财产/（元/户）	钢筋混凝土	砌体	砖木	土、木、石	…
1											
2											
3											
4											
5											
6											
…											
单价/(元·m⁻²)											
平均每间面积/m²											
填表人		联系电话			填报日期		年 月 日				

注1：各类房屋资料请列出震前面积、财产等基础资料，而不是列出地震造成破坏的面积。

注2：如果农村房屋面积按间数统计，则必须填写平均每间平方米数。

注3：表中"结构类型"未列全，可根据当地具体情况按以下分类选择填写：Ⅰ）钢结构房屋，Ⅱ）钢筋混凝土房屋，Ⅲ）砌体房屋，Ⅳ）砖木房屋，Ⅴ）土、木、石结构房屋，Ⅵ）工业厂房，Ⅶ）公共空旷房屋。

表 D.2 政府办公用房基础资料报表

市（州、盟、地区）		县（市、旗、区）		乡（镇、苏木、街道）				

序号	行政单位名称（行政村、居委会等）	房屋所属单位	用途	平均室内财产/（元/m²）	房屋总面积/m²				
					钢筋混凝土	砌体	砖木		…
1									
2									
3									
…									
单价/（元·m⁻²）									

填表人		联系电话		填报日期		年　月　日

注1：各类房屋资料请列出震前面积、财产等基础资料，而不是列出地震造成破坏的面积。

注2：表中"结构类型"未列全，可根据当地具体情况按以下分类选择填写：Ⅰ）钢结构房屋，Ⅱ）钢筋混凝土房屋，Ⅲ）砌体房屋，Ⅳ）砖木房屋，Ⅴ）土、木、石结构房屋，Ⅵ）工业厂房，Ⅶ）公共空旷房屋。

表 D.3 其他房屋基础资料报表

市（州、盟、地区）		县（市、旗、区）		乡（镇、苏木、街道）					

序号	行政单位名称（行政村、居委会等）	房屋所属单位	用途	平均室内财产/（元/m²）	房屋总面积/m²						
					钢筋混凝土	砌体	砖木	土、木、石	工业厂房	公共空旷房屋	…
1											
2											
3											
4											
5											

表 D.3（续）

序号	行政单位名称（行政村、居委会等）	房屋所属单位	用途	平均室内财产/（元/m²）	房屋总面积/m²						
					钢筋混凝土	砌体	砖木	土、木、石	工业厂房	公共空旷房屋	…
…											
单价/（元·m⁻²）											

填表人		联系电话		填报日期	年　月　日

注1：其他房屋主要包括除居住房屋、政府办公用房以外的商业用房、生产用房等房屋。

注2：各类房屋资料请列出展前面积、财产等基础资料，而不是列出地震造成破坏的面积。

注3：表中房屋用途一列请选择：学校、医疗卫生、体育场馆和影剧院、宾馆酒店写字楼、金融、工厂、其他。

注4：表中"结构类型"未列全，可根据当地具体情况按以下分类选择填写：Ⅰ）钢结构房屋，Ⅱ）钢筋混凝土房屋，Ⅲ）砌体房屋，Ⅳ）砖木房屋，Ⅴ）土、木、石结构房屋，Ⅵ）工业厂房，Ⅶ）公共空旷房屋。

表 D.4 ＿＿＿＿＿建（构）筑物地震灾害损失报表

市（州、盟、地区）			县（市、旗、区）		乡（镇、苏木、街道）			村委会（居委会）		

项目	分类	总数量/m²	平均造价/（元·m⁻²）		破坏面积/m²						经济损失/万元
			土建	装修	基本完好	轻微破坏	中等破坏	严重破坏	毁坏		
建筑物	钢结构房屋										
	钢筋混凝土房屋										
	砌体房屋										
	砖木房屋										
	土、木、石结构房屋										
	公共空旷房屋										
	…										
	合计										

表 D. 4（续）

项目	分类	总数量/m²	平均造价/(元·m⁻²)		破坏面积/m²						经济损失/万元
			土建	装修	基本完好	轻微破坏	中等破坏	严重破坏	毁坏		
构筑物	分类	总数量	平均造价	计量单位	破坏现象描述						经济损失/万元
	水塔										
	烟囱										
	…										
	合计										
联系人			联系电话				填报日期		年 月 日		

注1：此表用来填报城市和农村民房、各行业系统（教育、卫生、行政管理事业单位、商用等）、生命线系统（电力、供排水、供气、供热、交通、长输油（气）管道、水利、通信、广播电视、市政、铁路）、企业、文物部门等的建（构）筑物地震灾害损失。

注2：土、木、石结构房屋破坏等级按3档划分时，"破坏"的面积归入中等破坏栏，"毁坏"的面积归入毁坏栏。

表 D. 5 _____地震灾害室内（外）财产损失报表

市（州、盟、地区）		县（市、旗、区）		乡（镇、苏木、街道）		村委会（居委会）	
序号	项目类别	计量单位	单价/元	数量	损失值/元	备注	
1							
2							
3							
4							
5							

表D.5（续）

序号	项目类别	计量单位	单价/元	数量	损失值/元	备注
...						
合计	—	—	—			—
填表人		联系电话			填报日期	年 月 日

注1：此表用来填报城市和农村民房、各行业系统（教育、卫生、行政管理事业单位、商用等）用房、生命线系统（电力、供排水、供气、供热、交通、长输油（气）管道、水利、通信、广播电视、市政、铁路）用房等的室内（外）财产损失地震灾害损失。

注2：此表不包括企业、文物古迹单位的室内（外）财产损失。

注3：填写"室内财产损失"时，"项目类别"一列可选择：居住房屋内的家电和家具（洗衣机、电冰箱、电脑、电视机、摄像机、照相机等）；教育系统的教学设备（桌椅、实验室设备、电教设备等）、卫生系统的医疗设备（病床、药品药剂、医疗设备、器具等）、办公设备（办公桌椅、电器、会议多媒体等）等。

注4：填写"室外财产损失"时，"项目类别"一列可选择：农田、农作物、牲畜、棚圈、围墙、蓄水池、沼气池、烤烟房、汽车、农用车（摩托、助力车）等。

表D.6 电力系统设施、设备地震损失报表

市（州、盟、地区）				县（市、旗、区）			乡（镇、苏木、街道）			
分项	序号	设施、设备概况				地震灾情程度				经济损失估算		备注

分项	序号	设施、设备	规模型号	原值/万元	现有总数	破坏状况描述	破坏数量			应急抢修情况或建议	估算依据	估计损失/万元	备注
							损坏	破坏	毁坏				
发电设施	1												
	2												
	...												
输变电设施	1												
	2												
	...												

表 D.6（续）

分项	序号	设施、设备概况				地震灾情程度					经济损失估算		备注
		设施、设备	规模型号	原值/万元	现有总数	破坏状况描述	破坏数量			应急抢修情况或建议	估算依据	估计损失/万元	
							损坏	破坏	毁坏				
其他	1												
	2												
	...												
										损失合计			
联系人			联系电话						填报日期			年　月　日	

注1：主要填写地震致损的价值20万元以上设施、设备情况，20万元以下设施、设备在其他项中分类汇总填写。

注2："地震灾情程度"栏中，"破坏状况描述"包括破坏数量及破坏情况的简单描述；"毁坏""破坏"和"损坏"处填写相应损坏程度的数量；"应急抢修情况"指经应急抢修后功能恢复情况。

注3："估算依据"中简要表述损失估算根据。

注4：毁坏：功能完全丧失，无法修复；破坏：部分功能丧失，可修复；损坏：局部受损，经简单抢修可继续使用。

表 D.7　供排水系统设施、设备地震损失报表

市（州、盟、地区）			县（市、旗、区）			乡（镇、苏木、街道）		

分项	序号	设施、设备概况				地震灾情程度					经济损失估算		备注
		设施、设备	规模型号	原值/万元	现有总数	破坏状况描述	破坏数量			应急抢修情况或建议	估算依据	估计损失/万元	
							损坏	破坏	毁坏				
供水设施	1												
	2												
	...												
排水设施	1												
	2												
	...												

表 **D.7**（续）

分项	序号	设施、设备概况				地震灾情程度					经济损失估算		备注
		设施、设备	规模型号	原值/万元	现有总数	破坏状况描述	破坏数量			应急抢修情况或建议	估算依据	估计损失/万元	
							损坏	破坏	毁坏				
其他	1												
	2												
	…												
										损失合计			

联系人			联系电话			填报日期		年　月　日

注1：主要填写地震致损的价值20万元以上设施、设备和构筑物情况，20万元以下设施、设备在其他项中分类汇总填写。

注2："地震灾情程度"栏中，"破坏状况描述"包括破坏数量及破坏情况的简单描述；"毁坏""破坏"和"损坏"处填写相应损坏程度的数量；"应急抢修情况"指经应急抢修后功能恢复情况。

注3：供水设施包括水源（取水设施）、净水厂（水处理）、输配水管网、加压设备等，排水设施包括污水处理厂、排水管线、排水泵站等。管线在"规模型号"应填写材质、管径等信息。

注4：毁坏：功能完全丧失，无法修复；破坏：部分功能丧失，可修复；损坏：局部受损，经简单抢修可继续使用。

表 **D.8** 供气系统设施、设备地震损失报表

市（州、盟、地区）			县（市、旗、区）			乡（镇、苏木、街道）		

分项	序号	设施、设备概况				地震灾情程度					经济损失估算		备注
		设施、设备	规模型号	原值/万元	现有总数	破坏状况描述	破坏数量			应急抢修情况或建议	估算依据	估计损失/万元	
							损坏	破坏	毁坏				
气源厂设施	1												
	2												
	3												
	…												

表 D. 8（续）

分项	序号	设施、设备概况				地震灾情程度					经济损失估算		备注
		设施、设备	规模型号	原值/万元	现有总数	破坏状况描述	破坏数量			应急抢修情况或建议	估算依据	估计损失/万元	
							损坏	破坏	毁坏				
门站设施	1												
	2												
	3												
	...												
输配气管网	1												
	2												
	3												
	...												
其他	1												
	2												
	...												
										损失合计			
联系人				联系电话					填报日期			年　月　日	

注1：主要填写地震致损的价值20万元以上设施、设备和构筑物情况，20万元以下设施、设备在其他项中分类汇总填写。

注2："地震灾情程度"栏中，"破坏状况描述"包括破坏数量及破坏情况的简单描述；"毁坏""破坏"和"损坏"处填写相应损坏程度的数量；"应急抢修情况"指经应急抢修后功能恢复情况。

注3：管线网在"规模型号"应填写材质、管径等信息。

注4：毁坏：功能完全丧失，无法修复；破坏：部分功能丧失，可修复；损坏：局部受损，经简单抢修可继续使用。

表D.9 供热系统设施、设备地震损失报表

市（州、盟、地区）			县（市、旗、区）			乡（镇、苏木、街道）		

分项	序号	设施、设备概况				地震灾情程度					经济损失估算		备注
		设施、设备	规模型号	原值/万元	现有总数	破坏状况描述	破坏数量			应急抢修情况或建议	估算依据	估计损失/万元	
							损坏	破坏	毁坏				
热源厂设施	1												
	2												
	3												
	…												
热力管网	1												
	2												
	3												
	…												
其他	1												
	2												
	…												
损失合计													

联系人			联系电话			填报日期		年 月 日

注1：主要填写地震致损的价值20万元以上设施、设备和构筑物情况，20万元以下设施、设备在其他项中分类汇总填写。

注2："地震灾情程度"栏中，"破坏状况描述"包括破坏数量及破坏情况的简单描述；"毁坏""破坏"和"损坏"处填写相应损坏程度的数量；"应急抢修情况"指经应急抢修后功能恢复情况。

注3：管线网在"规模型号"应填写材质、管径等信息。

注4：毁坏；功能完全丧失，无法修复；破坏：部分功能丧失，可修复；损坏：局部受损，经简单抢修可继续使用。

表 D.10　交通系统设施、设备地震损失报表

分项	序号	设施、设备概况				地震灾情程度					经济损失估算		备注
		工程名称	等级规模	单位原值/万元	地点	破坏状况描述	破坏数量			应急抢修情况或建议	估算依据	估计损失/万元	
							损坏	破坏	毁坏				
公路	1												
	2												
	…												
桥梁	1												
	2												
	…												
涵洞隧道	1												
	2												
	…												
其他													
损失合计													
联系人				联系电话				填报日期			年　月　日		

注1：公路破坏量应包括公路路段名称和破坏公里数，路基塌方等破坏单位为立方米，桥梁破坏单位为延米，隧道破坏单位为延米。

注2："地震灾情程度"栏中，"破坏状况描述"包括破坏数量及破坏情况的简单描述；"毁坏""破坏"和"损坏"处填写相应损坏程度的数量；"应急抢修情况"指经应急抢修后功能恢复情况。

注3：管线网在"规模型号"应填写材质、管径等信息。

注4：毁坏：中断、危险，无法修复；破坏：经抢修勉强通行，需修复；损坏：局部受损，经简单抢修可继续使用。

表 D.11 长输油、气管道地震损失报表

市（州、盟、地区）				县（市、旗、区）				乡（镇、苏木、街道）		

分项	序号	设施、设备概况				地震灾情程度					经济损失估算		备注
		设施、设备	等级规模	单位原值/万元	地点	破坏状况描述	破坏数量			应急抢修情况或建议	估算依据	估计损失/万元	
							损坏	破坏	毁坏				
炼油	1												
	2												
	…												
输油泵站	1												
	2												
	…												
油库	1												
	2												
	…												
输油管道	1												
	2												
	…												
其他													
损失合计													

联系人		联系电话		填报日期		年 月 日

注1："地震灾情程度"栏中，"破坏状况描述"包括破坏数量及破坏情况的简单描述；"毁坏"
"破坏"和"损坏"处填写相应损坏程度的数量；"应急抢修情况"指经应急抢修后功能恢
复情况。

注2：管线网在"规模型号"应填写材质、管径等信息。

注3：毁坏：功能完全丧失，无法修复；破坏：部分功能丧失，可修复；损坏：局部受损，经简
单抢修可继续使用。

267

表 D.12 水利系统设施、设备地震损失报表

市（州、盟、地区）				县（市、旗、区）			乡（镇、苏木、街道）		

分项	序号	设施、设备概况					地震灾情程度				经济损失估算			备注
		设施、设备	规模及震前状况	坝型	原值/万元	地点	破坏状况描述	破坏数量			应急抢修情况或建议	估算依据	估计损失/万元	
								损坏	破坏	毁坏				
库坝	1													
	2													
	…													
闸门	1													
	2													
	…													
渠道	1													
	2													
	…													
其他														
损失合计														

联系人		联系电话		填报日期	年 月 日

注1："设施、设备概况"栏中，库坝的"规模及震前状况"应包括库容、震前坝体病险等情况描述。

注2："地震灾情程度"栏中，"破坏状况描述"包括破坏数量及破坏情况的简单描述；"毁坏""破坏"和"损坏"处填写相应损坏程度的数量；"应急抢修情况"指经应急抢修后功能恢复情况。

注3：毁坏：溃坝或非常危险，无法修复、需重建；破坏：局部破坏但不影响安全，需修复；损坏：局部受损，经简单抢修可继续使用。

表 D.13 通信系统设施、设备地震损失报表

| 市（州、盟、地区） | | | 县（市、旗、区） | | 移动公司（或联通公司、电信公司） | | | | |

分项	序号	设施、设备概况				地震灾情程度					经济损失估算		备注
		局房名称	中心局的等级	结构类型和建造年代	设备设施概况和总值	破坏状况描述	破坏数量			应急抢修情况或建议	估算依据	估计损失/万元	
							损坏	破坏	毁坏				
通信枢纽	1												
	2												
	…												
通信基站	序号	基站名称	机房类型	机房设备	通信铁塔	破坏状况描述	破坏数量			应急抢修情况或建议	估算依据	估计损失/万元	
							损坏	破坏	毁坏				
	1												
	2												
	…												
通信线路	序号	线路名称	线路等级	长度/km	架设方式（杆路/埋地）	破坏状况描述	破坏数量			应急抢修情况或建议	估算依据	估计损失/万元	
							损坏	破坏	毁坏				
	1												
	2												
	…												
其他													
									损失合计				

| 联系人 | | 联系电话 | | 填报日期 | 年 月 日 |

注1："地震灾情程度"栏中，"破坏状况描述"包括破坏数量及破坏情况的简单描述；"毁坏"
　　 "破坏"和"损坏"处填写相应损坏程度的数量；"应急抢修情况"指经应急抢修后功能恢
　　 复情况。

注2：毁坏：功能完全丧失，无法修复；破坏：部分功能丧失，可修复；损坏：局部受损，经简
　　 单抢修可继续使用。

注3："其他"根据实际情况填写。

表 D.14　广播电视系统设施、设备地震损失报表

市（州、盟、地区）					县（市、旗、区）						
分项	序号	设施、设备概况				地震灾情程度				经济损失估算		备注
		设施、设备	等级规模	原值/万元	地点	破坏状况描述	破坏数量			应急抢修情况或建议	估算依据	估计损失/万元	
							损坏	破坏	毁坏				
广电中心	1												
	2												
	…												
广电网络	1												
	2												
	…												
发射塔/转播站	1												
	2												
	…												
									损失合计				
联系人			联系电话				填报日期			年　月　日		

注1："破坏状况描述"包括破坏数量及破坏情况的简单描述，"毁坏""破坏"和"损坏"处填写相应损坏程度的数量；"应急抢修情况"指经应急抢修后功能恢复情况。

注2：设备包括村村通、有线网络、卫星接收和流动放映车等设备。

注3：毁坏：功能完全丧失，无法修复；破坏：部分功能丧失，可修复；损坏：局部受损，经简单抢修可继续使用。

表 D.15 市政设施地震损失报表

市（州、盟、地区）					县（市、旗、区）						

分项	序号	设施、设备概况				地震灾情程度					经济损失估算		备注
		设施、设备	等级规模	原值/万元	地点	破坏状况描述	破坏数量			应急抢修情况或建议	估算依据	估计损失/万元	
							损坏	破坏	毁坏				
城市道桥	1												
	2												
	...												
环卫设施	1												
	2												
	...												
路灯	1												
	2												
	...												
其他													
损失合计													

联系人		联系电话		填报日期	年 月 日

注1："破坏状况描述"包括破坏数量及破坏情况简单描述，"毁坏""破坏"和"损坏"处填写相应损坏程度的数量；"应急抢修情况"指经应急抢修后功能恢复情况。

注2："估算依据"中简要表述损失估算根据。

注3：毁坏：功能完全丧失，无法修复；破坏；部分功能丧失，可修复；损坏：局部受损，经简单抢修可继续使用。

表 D.16　铁路系统设施、设备地震损失报表

铁路局						分局				段	

分项	序号	设施、设备概况				地震灾情程度					经济损失估算		备注
		工程名称	等级规模	原值/万元	地点	破坏状况描述	破坏数量			应急抢修情况或建议	估算依据	估计损失/万元	
							损坏	破坏	毁坏				
车站	1												
	2												
	…												
线路	1												
	2												
	…												
路基	1												
	2												
	…												
桥梁/隧道/涵洞	1												
	2												
	…												
机车/车辆设备	1												
	2												
	…												
其他													
										损失合计			

联系人			联系电话			填报日期		年　月　日

注1：“破坏状况描述”包括破坏数量及破坏情况的简单描述，“毁坏”“破坏”和“损坏”处填写相应损坏程度的数量；“应急抢修情况”指经应急抢修后功能恢复情况。

注2：线路破坏量应包括路段名称和破坏延长千米数，路基塌方等破坏单位为立方米，桥梁破坏量单位为延米，隧道、涵洞破坏量单位为延米。

注3：“其他”根据实际情况填写。

表 D.17 企业地震损失报表

市（州、盟、地区）			县（市、旗、区）			乡（镇、苏木、街道）					
企业名称			隶属关系			主要产品					
年产值/万元			固定资产总值万元			流动资产总值（包括原料、产成品和在制品）/万元					

	资产分类	资产名称	原值/万元	购置/建造时间	破坏状态描述	破坏等级	损失/万元	恢复方式	恢复时间/d	停减产损失/万元	恢复投资/万元
固定资产	设备										
		…									
	合计	—									

	资产分类	资产名称	原值/万元	总数量	破坏状态描述	损失/万元
流动资产	产成品					
		…				
	在制品					
		…				
	合计	—				

备注	
联系人	联系电话 □ 填报日期 □ 年 月 日

注1：此表所指"固定资产"是指企业所属的设施、设备，不包括建（构）筑物。

注2："结构类型"一列请在以下分类中选择其相应代码填写：Ⅰ）钢结构房屋，Ⅱ）钢筋混凝土房屋，Ⅲ）砌体房屋，Ⅳ）砖木房屋，Ⅴ）土、木、石结构房屋，Ⅵ）工业厂房，Ⅶ）公共空旷房屋。

注3："破坏等级"一列请在以下分类中选择其相应代码填写：Ⅰ）基本完好，Ⅱ）轻微破坏，Ⅲ）中等破坏，Ⅳ）严重破坏，Ⅴ）毁坏。

表 D.18　文物古迹地震损失报表

市（州、盟、地区）			县（市、旗、区）				乡（镇、苏木、街道）			

	名称		建造时间	保护级别	建筑面积/m²	结构类型	破坏状态描述	破坏等级	损失/万元	恢复方式	修复投资/万元
建（构）筑物	古建筑										
	...										
合计	—		—	—		—	—	—		—	

	名称		总价值/万元	破坏状态描述			损失/万元	修复投资/万元
文物/配套设备	文物							
	...							
	配套设备							
	...							
合计	—			—				

联系人			联系电话			填报日期		年　月　日

注1："建（构）筑物"一栏主要包括古建筑，不包括文物古迹部门的配套用房。

注2："建筑面积"与"总价值"一列请列出震前该类结构的总量，而不是列出地震造成破坏的总量。

注3："结构类型"一列请在以下分类中选择其相应代码填写：Ⅰ）钢结构房屋，Ⅱ）钢筋混凝土房屋，Ⅲ）砌体房屋，Ⅳ）砖木房屋，Ⅴ）土、木、石结构房屋，Ⅵ）工业厂房，Ⅶ）公共空旷房屋。

注4："破坏等级"一列请在以下分类中选择其相应代码填写：Ⅰ）基本完好，Ⅱ）轻微破坏，Ⅲ）中等破坏，Ⅳ）严重破坏，Ⅴ）毁坏。

附录2 《地震灾害间接经济损失评估方法》

（GB/T 27932—2011）

1 范围

本标准规定了地震造成的企业停减产损失、地价损失、产业关联损失以及区域间接经济损失的评估方法。

本标准适用于地震造成的间接经济损失的评估。

2 规范性引用文件

下列文件对于本文件的应用是必不可少的。凡是注日期的引用文件，仅所注日期的版本适用于本文件。凡是不注日期的引用文件，其最新版本（包括所有的修改单）适用于本文件。

GB/T 18208.4 地震现场工作 第4部分：灾害直接损失评估

3 术语和定义

下列术语和定义适用于本文件。

3.1

地震间接经济损失 earthquake – caused indirect economic loss

由于地震灾害间接导致正常的社会经济活动受到影响而产生的经济损失，包括企业停减产损失、产业关联损失、地价损失等。

3.2

企业停减产损失 earthquake – caused production stop and/or reduction loss of enterprise

地震造成企业完全或部分丧失生产能力导致的经济损失。

3.3

地价损失 earthquake – caused land value reduction loss

地震造成的土地价格降低导致的经济损失。

3.4

产业关联损失 production sections – connected loss

地震使各个产业间协调关系遭到破坏，形成局部生产资源（包括生产力资源）的呆滞和积累而造成的经济损失。

3.5

投入产出表 sections input – output table

根据各产业的投入来源和产品的分配使用去向排列而成的一张棋盘式平衡表。

4 基本规定

4.1 地震灾害间接经济损失评估的内容包括：企业停减产损失、地价损失、区域间接经济损失、产业关联损失。可根据不同的评估目标选择相应的评估方法。

4.2 企业停减产损失评估应对地震灾区内各个企业的停减产损失进行评估，最后汇总成整个灾区的企业停减产损失。

4.3 区域间接经济损失评估可根据需要，对地震灾区中的区域、城市，或整个灾区进行地震灾害间接经济损失评估。

4.4 地价损失应对地震灾区因地震影响造成地价降低的所有区域进行评估。

4.5 产业关联损失应对各个产业之间的经济行为受到影响而造成的损失进行评估。

4.6 地震灾害直接经济损失评估应按 GB/T 18208.4 的规定进行。

4.7 GDP 应采用上一年度的统计数据。

5 企业停减产损失评估方法

5.1 企业停减产损失应按式（1）计算：

$$L = \sum_{i=1}^{N_s} P_s + \sum_{i=1}^{N_r} P_r = N_s \times P_s + N_r \times P_r \tag{1}$$

式中 L——企业停减产损失，万元；

P_s——企业的日均产值，万元；

P_r——企业的日均产值减少额，万元；

N_s——企业停产时间，d；

N_r——企业减产时间，d。

5.2 地震灾区总的企业停减产损失应按式（2）计算：

$$L_T = \sum_{i=1}^{n} L_i \tag{2}$$

式中 L_T——总的企业停减产损失，万元；

L_i——第 i 个企业的停减产损失，万元。

5.3 企业的日均产值应按地震前 30 d 企业日产值的平均值确定。

5.4 企业的日均产值减产额应按实际的减少额确定。

5.5 企业的停产时间应按实际停产天数来计算，或和企业共同确定。

5.6 企业的减产时间应按实际减产天数来计算，或和企业共同确定。

6 地价损失评估方法

6.1 地价损失应按式（3）计算：

$$V_1 = S \times P_1 \tag{3}$$

式中 V_1——地价损失，万元；

S——受影响的土地面积，m^2；

P_1——单位面积地价减少额，万元/m^2。

6.2 地震造成地价降低的土地面积应按实际影响面积计算，或与当地土地管理部门共同确定。

6.3 单位面积地价减少额应按实际减少额计算，或与当地土地管理部门共同确定。

7 区域间接经济损失评估方法

7.1 区域间接经济损失，可按附录A中的西部和东部地区的农村、城市以及特大城市5种分区进行评估（台湾省、香港特别行政区和澳门特别行政区除外）。

7.2 区域间接经济损失应按式（4）计算：

$$L_A = C \times L_D \tag{4}$$

式中 L_A——区域间接经济损失，万元；

L_D——地震直接经济损失，万元；

C——比例系数，根据地震直接经济损失与区域GDP之比按表1取值。

表1 比例系数 C 取值

地震直接经济损失与区域GDP之比	西部地区		东部地区		特大城市
	农村	城市	农村	城市	
≤10%	0.5～0.7	0.7～0.9	0.7～0.9	0.9～1.1	1.2～1.6
>10%～50%	0.7～0.9	1.1～1.3	0.9～1.1	1.5～1.7	1.6～2.0
>50%	1.1～1.3	1.5～1.7	1.3～1.5	1.7～1.9	2.0～2.5

8 产业关联损失评估方法

8.1 产业关联损失可通过投入产出表建立模型进行评估。

8.2 投入产出表的基本内容和相互关系应符合附录B的规定。

8.3 投入产出表中，总产品和最终产品之间可按式（5）建立平衡关系：

$$X = (I - A)^{-1} Y \tag{5}$$

式中 X——总产品矩阵；

I——单位矩阵；

A——直接消耗系数矩阵（见附录 B）；

Y——最终产品矩阵。

8.4 第 i 产业由于地震造成的停减产损失使该产业受到影响的最终产品 Y_i' 应按式（6）计算：

$$Y_i' = (Y_i^0 / X_i^0) \times L_i \tag{6}$$

式中 Y_i'——第 i 个产业受到地震影响时的最终产品，万元；

Y_i^0——第 i 个产业未受到地震影响时的最终产品，万元；

X_i^0——第 i 个产业未受到地震影响时的总产品，万元；

L_i——第 i 个产业的停减产损失，万元。

8.5 第 j 产业受第 i 产业停减产损失的影响值应按式（7）计算：

$$Y_j^i = (Y_j^0 / Y_i^0) \times Y_i' \tag{7}$$

式中 Y_j^i——第 j 产业受第 i 产业停减产损失的影响值，万元；

Y_i^0——第 i 个产业未受到地震影响时的最终产品，万元；

Y_j^0——第 j 个产业未受到地震影响时的最终产品，万元；

Y_i'——第 i 个产业受到地震影响时的最终产品，万元。

8.6 地震灾害对第 i 产业最终产品影响值应按式（8）计算：

$$\overline{Y_i} = \max(Y_i^1, Y_i^2, \cdots, Y_i^j, \cdots Y_i^n) \tag{8}$$

式中 $\overline{Y_i}$——地震对第 i 个产业最终产品的影响值，万元；

Y_i^j——第 i 产业受第 j 产业停减产损失的影响值，万元。

8.7 第 i 产业总的间接经济损失应按式（9）计算：

$$L_{Ti} = \sum_{j=1}^{n} \overline{a_{ij}} \times \overline{Y_j} \tag{9}$$

式中 L_{Ti}——第 i 产业总的间接经济损失，万元；

$\overline{a_{ij}}$——$(I - A)^{-1}$ 矩阵第 i 行第 j 列的值；

$\overline{Y_j}$——地震对第 j 个产业最终产品的影响值，万元。

8.8 第 i 产业的产业关联损失应按式（10）计算：

$$G_i = L_{Ti} - L_i \tag{10}$$

式中 G_i——第 i 产业的产业关联损失，万元；

L_{Ti}——第 i 产业总的间接经济损失，万元；

L_i——第 i 产业的停减产损失，万元。

8.9 所有产业总的产业关联损失应按式（11）计算：

$$G_T = \sum_{i=1}^{n} G_i \tag{11}$$

式中 G_T——总的产业关联损失，万元；

G_i——第 i 产业的产业关联损失，万元。

8.10 产业的停减产损失应对产业内所有企业的停减产损失求和来计算，企业的停减产损失应按5.1执行。

8.11 投入产出表应采用地震发生上一年度的统计数据。

附 录 A

（规范性附录）

分 区 方 法

A.1 东部地区

东部地区包括：北京市、天津市、河北省、辽宁省、上海市、江苏省、浙江省、福建省、山东省、广东省、广西壮族自治区、海南省、黑龙江省、吉林省、河南省、湖北省、湖南省、安徽省和江西省。

A.2 西部地区

西部地区包括：内蒙古自治区、山西省、宁夏回族自治区、陕西省、甘肃省、青海省、新疆维吾尔自治区、西藏自治区、四川省、重庆市、云南省和贵州省。

A.3 特大城市

特大城市包括北京市、上海市、天津市和重庆市，以及沈阳市、长春市、哈尔滨市、南京市、济南市、武汉市、广州市、杭州市、成都市、西安市、大连市、宁波市、厦门市、青岛市和深圳市的城区。

A.4 城市和农村

除特大城市外的，设区、市的城区划为城市，其余划为农村。

附 录 B

(规范性附录)
投入产出表的内容和关系

B.1 典型投入产出表见表B.1。

表B.1 投入产出表

投入 (消耗来源)		产出（分配去向）							
		中间需求				最终产品			总产品
		物质生产产业			中间需求 合计	固定资产 更新、大修理	消费、积累、 调出	合计	
		1	2	⋯	n					
物质 消耗 产业	1	X_{11}	X_{12}	⋯	X_{1n}	U_1			Y_1	X_1
	2	X_{21}	X_{22}	⋯	X_{2n}	U_2			Y_2	X_2
	⋯	⋯	⋯		⋯	⋯			⋯	⋯
	n	X_{n1}	X_{n2}	⋯	X_{nn}	U_n			Y_n	X_n
	合计	C_1	C_2	⋯	C_n	C			Y	X
初始 投入	折旧	D_1	D_2	⋯	D_n	D				
	劳动报酬	V_1	V_2	⋯	V_n	V				
	社会纯收入	M_1	M_2	⋯	M_n	M				
	合计	N_1	N_2	⋯	N_n	N				
总投入		X_1	X_2	⋯	X_n	X				

注1：投入产出表主要由三大部分组成："初始投入""中间需求""最终产品"。

注2："中间需求"也称为"中间产品"，表示某一产业为其他产业的生产活动所提供的物资和服务；或称为"中间投入"，表示某一产业在生产过程中所消耗其他产业的物资和服务。

注3："最终产品"，包括"消费、积累、调出"和"固定资产更新、大修"。体现了国内生产总值经过分配和再分配后的最终使用。

注4："初始投入"，表明各产业的初始投入的形成过程和构成情况，体现了国内生产总值的初次分配。

B.2 投入产出表中总产品、中间产品和最终产品有式（B.1）的关系：

$$AX + Y = X \qquad (B.1)$$

式中　A——直接消耗系数矩阵；

　　　X——总产品矩阵；

　　　Y——最终产品矩阵。

式（B.1）可以转换为

$$Y = (I - A)X$$

或者

$$A = \begin{bmatrix} a_{11} & a_{12} & \cdots & a_{1n} \\ a_{21} & a_{22} & \cdots & a_{2n} \\ \cdots & \cdots & \cdots & \cdots \\ a_{n1} & a_{n2} & \cdots & a_{nn} \end{bmatrix} \qquad (B.2)$$

$$X = \begin{bmatrix} x_1 \\ x_2 \\ \cdots \\ x_n \end{bmatrix} \qquad (B.3)$$

$$Y = \begin{bmatrix} y_1 \\ y_2 \\ \cdots \\ y_n \end{bmatrix} \qquad (B.4)$$

a_{ij}——直接消耗系数，可通过式（B.5）表示，表示产业生产单位产品要消耗 i 产业的产品数量。

$$a_{ij} = \frac{B_{ij}}{X_{jj}} \qquad (B.5)$$

式（B.1）可以转换为

$$Y = (I - A)X \qquad (B.6)$$

或者

$$X = (I - A)^{-1}Y \qquad (B.7)$$

式中　I——单位矩阵。

附 录 C
(资料性附录)
产业关联损失评估实例

C.1 某地区的投入产出表，见表 C.1。

表 C.1 投入产出表

万元

	第一产业	第二产业	第三产业	中间使用合计	最终使用	总产品
第一产业	248575.1	356445.6	53470.7	658491.4	2081452.6	2739944.0
第二产业	643537.3	6470239.8	1141747.3	8255527.1	2722891.9	10978419.0
第三产业	243377.6	1235416.6	938353.3	2417257.5	2657661.5	5074919.0
中间投入合计	1135490.0	8062102.0	2133684.0	11331276.0	7462006.0	18793282.0
初始投入合计	1604454.0	2916317.0	2941235.0	7462006.0		
总投入	2739944.0	10978419.0	5074919.0	18793282.0		

C.2 假设在地震中各产业的停减产损失值，见表 C.2。

表 C.2 各产业的停减产损失

万元

	第一产业	第二产业	第三产业
停减产损失	0	45000	36000

C.3 根据表 C.1 可得到 Y_i^0/X_i^0 的值，见表 C.3。

表 C.3 Y_i^0/X_i^0 值

	第一产业	第二产业	第三产业
Y_i^0/X_i^0	0.75	0.25	0.52

C.4 根据式（6）可得到 Y_i' 的值，见表 C.4。

表 C.4 Y_i' 计算值

万元

	第一产业	第二产业	第三产业
Y_i'	0.0	11250	18720

C.5 根据表 C.1 可得到 Y_j^0/Y_i^0 的值，见表 C.5。

表 C.5 Y_j^0/Y_i^0 计算值

	Y_1^0	Y_2^0	Y_3^0
Y_1^0	1 Y_1^0/Y_1^0	0.76 Y_1^0/Y_2^0	0.78 Y_1^0/Y_3^0
Y_2^0	1.32 Y_2^0/Y_1^0	1 Y_2^0/Y_2^0	1.02 Y_2^0/Y_3^0
Y_3^0	1.28 Y_3^0/Y_1^0	0.98 Y_3^0/Y_2^0	1 Y_3^0/Y_3^0

C.6 则根据式（7）得到 Y_j^i 的值，见表 C.6。

表 C.6 Y_j^i 计算值

万元

	第一产业	第二产业	第三产业
第一产业	0.0	8550	14601
第二产业	0.0	11250	19094
第三产业	0.0	11025	18720

C.7 根据式（8），按每一行取最大值，得到地震灾害对产业最终产品的影响值，见表 C.7。

表 C.7 最终产品影响值最大值 $\overline{Y_i}$

万元

第一产业	第二产业	第三产业
14601	19094	18720

C.8 根据附录 B 中直接消耗系数的公式 $a_{ij} = B_{ij}/X_j$，可计算得到直接消耗系数，见表 C.8。

表 C.8 直接消耗系数

	第一产业	第二产业	第三产业
第一产业	0.09	0.13	0.02
第二产业	0.06	0.59	0.10
第三产业	0.05	0.24	0.18

C.9 则由直接消耗系数矩阵

$$A = \begin{bmatrix} 0.09 & 0.13 & 0.02 \\ 0.06 & 0.59 & 0.10 \\ 0.05 & 0.24 & 0.18 \end{bmatrix}$$

可以计算得到:

$$(I-A)^{-1} = \begin{bmatrix} 1.27 & 0.45 & 0.09 \\ 0.22 & 2.71 & 0.34 \\ 0.14 & 0.82 & 1.32 \end{bmatrix}$$

由式(9)和式(10)可计算得到各产业的产业关联损失,见表C.9。

表 C.9 各产业的产业关联损失

万元

	第一产业	第二产业	第三产业
产业关联损失	28891	16163	6492

参 考 文 献

[1] 都吉夔,张勤,宋立军,等. 四川汶川 8.0 级地震间接经济损失评估方法 [J]. 灾害学,2008,23 (4):130 – 133.

[2] 高庆华,马宗晋,张业成,等. 自然灾害评估 [M]. 北京:气象出版社,2007.

[3] 国家减灾委员会与科学技术部抗震救灾专家组. 汶川地震灾害综合分析与评估 [M]. 北京:科学出版社,2008.

[4] 胡爱军. 基于一般均衡理论的灾害间接经济损失评估:以 2008 年湖南低温雨雪冰冻灾害为例 [D]. 北京:北京师范大学,2010.

[5] 李洪心. 可计算的一般均衡模型:建模与仿真 [M]. 北京:机械工业出版社,2008.

[6] 李宁,张正涛,陈曦,等. 论自然灾害经济损失评估研究的重要性 [J]. 地理科学进展,2017,36 (2):256 – 263.

[7] 林均岐,钟江荣. 地震灾害产业关联损失评估 [J]. 世界地震工程,2007,23(2):37 – 40.

[8] 刘起运,陈璋,苏汝劼. 投入产出分析 [M]. 2 版. 北京:中国人民大学出版社,2011.

[9] 《芦山强烈地震雅安抗震救灾志》编纂委员会. 芦山强烈地震雅安抗震救灾志 [M]. 北京:中国文史出版社,2020.

[10] 卢永坤,周光全,安小伟,等. 汶川 8.0 级地震四川灾区间接经济损失评估初探 [J]. 地震研究,2008,31:521 – 524.

[11] 潘浩然. 可计算一般均衡建模初级教程 [M]. 北京:中国人口出版社,2016.

[12] 谭玲. 城市暴雨洪涝灾害的经济损失评估研究:基于数据融合的视角 [D]. 南京:南京信息工程大学,2022.

[13] 王海滋,黄渝祥. 地震灾害产业关联间接经济损失评估 [J]. 自然灾害学报,1998,7(1):40 – 45.

[14] 魏本勇,苏桂武. 基于投入产出分析的汶川地震灾害间接经济损失评估 [J]. 地震地质,2016,38 (4):1082 – 1094.

[15] 魏传江,王浩,谢新民,等. GAMS 用户指南 [M]. 北京:中国水利水电出版社,2009.

[16] 吴吉东. 基于适用区域投入产出模型的四川省汶川地震间接经济损失评估 [D]. 北京:北京师范大学,2010.

[17] 吴吉东,解伟,李宁. 自然灾害经济影响评估理论与实践 [M]. 北京:科学出版社,2018.

[18] 解伟. 自然灾害的经济影响与恢复策略:基于 CGE 模型的评估分析 [D]. 北京:北京师范大学,2014.

[19] 徐嵩龄. 灾害经济损失概念及产业关联型间接经济损失计量 [J]. 自然灾害学报,1998,7(4):7 – 15.

[20] 叶珊珊,翟国方. 地震经济损失评估研究综述 [J]. 地理科学进展,2010,29(6):684 – 692.

[21] 赵阿兴,马宗晋. 自然灾害损失评估指标体系的研究 [J]. 自然灾害学报,1993(3):1 – 7.

[22] 赵直,尹之潜. 震后企业停产减产损失估计方法的研究 [J]. 地震工程与工程振动,2001,21(1):152 – 154.

[23] 张欣. 可计算一般均衡模型的基本原理与编程 [M]. 上海:上海人民出版社,2010.

[24] 细江敦弘,长泽建二,桥本秀夫. 可计算一般均衡模型导论:模型构建与政策模拟 [M]. 赵伟,向国成,译. 大连:东北财经大学出版社,2014.

[25] 中国地震局. 地震现场工作 第 4 部分:灾害直接损失评估:GB/T 18208.4—2011 [S]. 北京:中国标准出版社,2011.

［26］中国地震局. 地震灾害间接经济损失评估方法：GB/T 27932—2011［S］. 北京：中国标准出版社，2011.

［27］中国地震局监测预报司. 中国大陆地震灾害损失评估汇编(1996—2000)［M］. 北京：地震出版社，2001.

［28］中国地震局监测预报司. 2001—2005 年中国大陆地震灾害损失评估汇编［M］. 北京：地震出版社，2010.

［29］中国地震局震灾应急救援司. 2006—2010 年中国大陆地震灾害损失评估汇编［M］. 北京：地震出版社，2015.

［30］ARROW K J, DEBREU G. Existence of Equilibrium for a Competitive Economy［J］. Econometrica, 1954 (22)：265 − 290.

［31］LEONTIEF W. The Structure of American Economy, 1919—1929：An Empirical Application of Equilibrium Analysis［M］. Harvard University Press, 1941.

［32］LEONTIEF W. Studies in the Structure of the American Economy［M］. Oxford University Press, 1953.

［33］MILLER R, Blaire P. Input − Output Analysis：Foundations and Extensions［M］. Cambridge University Press, 2009.

［34］NARAYAN P K. Macroeconomic Impact of Natural Disasters on a Small Island Economy：Evidence from a CGE model［J］. Applied Economics Letters, 2003, 10(11)：721 − 723.

［35］OKUYAMA Y. Modeling Spatial Economic Impacts of an Earthquake：Input − Output Approaches［J］. Disaster Prevention and Management, 2004, 13(4)：297 − 306.

［36］World Bank Group. Global Rapid Post − Disaster Damage Estimation Report［R］. Kahramanmaraş Earthquakes Türkiye Report, 2023.

图书在版编目（CIP）数据

地震灾害经济损失评估／袁庆禄，谢琳著 . -- 北京：应急管理出版社，2024

防灾减灾系列教材

ISBN 978 – 7 – 5237 – 0167 – 6

Ⅰ . ①地… Ⅱ . ①袁… ②谢… Ⅲ . ①地震灾害—损失—经济评价—教材 Ⅳ . ①P315.9

中国国家版本馆 CIP 数据核字（2024）第 004276 号

地震灾害经济损失评估（防灾减灾系列教材）

著　　者	袁庆禄　谢　琳
责任编辑	肖　力
责任校对	张艳蕾
封面设计	千　沃
审 图 号	GS 京（2024）0173 号

出版发行　应急管理出版社（北京市朝阳区芍药居35号　100029）
电　话　010 – 84657898（总编室）　010 – 84657880（读者服务部）
网　址　www. cciph. com. cn
印　刷　北京地大彩印有限公司
经　销　全国新华书店

开　本　787mm×1092mm¹⁄₁₆　**印张**　18¹⁄₂　**字数**　437 千字
版　次　2024 年 4 月第 1 版　2024 年 4 月第 1 次印刷
社内编号　20230773　　　　　**定价**　64.00 元